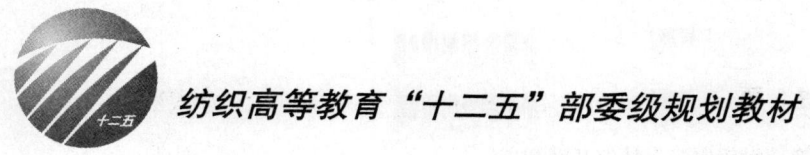
纺织高等教育"十二五"部委级规划教材

针织服装设计与 CAD 应用

匡丽赟 编著

中国纺织出版社

内 容 提 要

本书共分两篇。第一篇主要介绍针织服装设计的基础知识及用 Illustrator 和 Photoshop 进行针织服装设计的方法,可以帮助读者快速熟悉和掌握该软件的使用。第二篇具体讲解了使用法国力克公司的 Kaledo 设计软件进行针织面料组织结构设计,使读者对目前针织服装设计软件的使用有清楚、完整的了解。

本书可作为高等纺织院校相关专业的教材,也可供针织企业及针织服装企业的生产技术人员、产品设计人员、营销及管理人员阅读。

图书在版编目(CIP)数据

针织服装设计与 CAD 应用/匡丽赟编著. ——北京:中国纺织出版社,2012.4
纺织高等教育"十二五"部委级规划教材
ISBN 978 – 7 – 5064 – 8286 – 8
Ⅰ.①针… Ⅱ.①匡… Ⅲ.①针织物:服装 – 计算机辅助设计 – 高等学校 – 教材 Ⅳ.①TS186.3 – 39
中国版本图书馆 CIP 数据核字(2012)第 014036 号

策划编辑:孔会云　　责任编辑:张冬霞　　责任校对:寇晨晨
责任设计:李　然　　责任印制:何　艳

中国纺织出版社出版发行
地址:北京东直门南大街6号　邮政编码:100027
邮购电话:010—64168110　传真:010—64168231
http://www.c-textilep.com
E-mail:faxing@c-textilep.com
北京鹏润伟业印刷有限公司印刷　各地新华书店经销
2012 年 4 月第 1 版第 1 次印刷
开本:787×1092　1/16　印张:17
字数:196 千字　定价:39.00 元

凡购本书,如有缺页、倒页、脱页,由本社图书营销中心调换

出版者的话

《国家中长期教育改革和发展规划纲要》中提出"全面提高高等教育质量","提高人才培养质量"。教高[2007]1号文件"关于实施高等学校本科教学质量与教学改革工程的意见"中,明确了"继续推进国家精品课程建设","积极推进网络教育资源开发和共享平台建设,建设面向全国高校的精品课程和立体化教材的数字化资源中心",对高等教育教材的质量和立体化模式都提出了更高、更具体的要求。

"着力培养信念执著、品德优良、知识丰富、本领过硬的高素质专门人才和拔尖创新人才",已成为当今本科教育的主题。教材建设作为教学的重要组成部分,如何适应新形势下我国教学改革要求,配合教育部"卓越工程师教育培养计划"的实施,满足应用型人才培养的需要,在人才培养中发挥作用,成为院校和出版人共同努力的目标。中国纺织服装教育学会协同中国纺织出版社,认真组织制订"十二五"部委级教材规划,组织专家对各院校上报的"十二五"规划教材选题进行认真评选,力求使教材出版与教学改革和课程建设发展相适应,充分体现教材的适用性、科学性、系统性和新颖性,使教材内容具有以下三个特点:

(1)围绕一个核心——育人目标。根据教育规律和课程设置特点,从提高学生分析问题、解决问题的能力入手,教材附有课程设置指导,并于章首介绍本章知识点、重点、难点及专业技能,增加相关学科的最新研究理论、研究热点或历史背景,章后附形式多样的思考题等,提高教材的可读性,增加学生学习兴趣和自学能力,提升学生科技素养和人文素养。

(2)突出一个环节——实践环节。教材出版突出应用性学科的特点,注重理论与生产实践的结合,有针对性地设置教材内容,增加实践、实验内容,并通过多媒体等形式,直观反映生产实践的最新成果。

(3)实现一个立体——开发立体化教材体系。充分利用现代教育技术手段,构建数字教育资源平台,开发教学课件、音像制品、素材库、试题库等多种立体化的配套教材,以直观的形式和丰富的表达充分展现教学内容。

教材出版是教育发展中的重要组成部分,为出版高质量的教材,出版社严格甄选作者,组织专家评审,并对出版全过程进行跟踪,及时了解教材编写进度、编写质量,力求做到作者权威、编辑专业、审读严格、精品出版。我们愿与院校一起,共同探讨、完善教材出版,不断推出精品教材,以适应我国高等教育的发展要求。

中国纺织出版社
教材出版中心

前言

针织业是纺织工业的重要组成部分，随着人们的生活水平和文化品位日益提高，着装理念在悄然地发生着新的变化。由过去传统的注重结实耐穿、防寒保暖转变为当今崇尚运动休闲、舒适合体、个性与时尚能够完美结合的服装，针织服装恰恰迎合了人们的这些需求。

纺织高等院校既承担着为国家培养人才的任务，又肩负着研究新技术、创建新理念的使命。其针织教学的课程设置、教学内容的选取、教学方法的改进无不与社会发展和经济进步密切相关。利用每一门课开阔学生的知识领域并让他们融会贯通，挖掘学生潜在的智力和能力，提升并训练学生的科学思维和创新能力是每一名高校教师所不倦追求的目标。

目前，纺织工程类针织专业本科毕业生就业总体有三个方向：针织面料设计生产企业、针织机械制造企业和针织服装生产企业。具有原创性的产品设计成为针织企业发展的第一要务，然而企业与高校的供需矛盾尚有出入。为企业培养人才的高校与企业实际情况的矛盾具体表现在：针织专业实属纺织类科学，录取生源多为理工科高中生；而企业发展所需要的设计者是既懂艺术设计又具有服装设计能力的针织专业人才。目前高校所培养的针织专业学生要么重工艺轻设计，要么重设计而轻工艺，对于学美术的艺术生来说，针织产品的织造原理是他们在设计中难以攻克的难题。

为满足社会需求，适应针织服装教学的需要，需让理工科学生更快更好地掌握艺术设计能力，同时也要让艺术类学生结合自身的艺术基本功系统学习针织工艺，这是本书的讲授重点。

本书是一本利用计算机平面设计软件和法国力克公司的 Kaledo 设计软件进行针织服装设计的实用书籍，本书共分两篇。第一篇主要介绍针织服装设计的基础知识及利用 Illustrastor 和 Photoshop 进行针织服装设计，第二篇是通过使用法国力克公司的 Kaledo 设计软件对针织面料组织结构设计进行具体讲解。可以使读者在较短的时间内去感受和经历较为丰富的实践，利用计算机迅速提高针织服装设计能力。在此，感谢为本书提供作品支持的文俊希、殷宁忆、孙琦皓、王江镞、张婷婷、赵玲、黄代伟、郑惠、常美媛、郭梅英、张瑞祥等同志。

由于编者水平有限，书中难免有不足之处，敬请专家和读者批评指正。

编著者

2011 年 10 月

课程设置指导

篇　章		建议课时	训练目的	教学方法	教学要求
绪　论		2	帮助学生了解针织服装发展历史，认识针织服装的发展趋势和方向，掌握针织服装分类方法以及针织服装原料特性，为针织服装设计打下坚实的基础	面授	具备多媒体教学设备
第一篇　针织服装在通用型软件中的设计实践	第一章　针织服装设计技法	10	了解服装设计的表现分类和表达方法，认识设计的表达特性，掌握人体基本比例特征以及人体主要表现部位，熟悉掌握 Illustrator 和 Photoshop 设计软件的操作方法，通过以上两个通用软件的使用可以描绘服装效果图	面授和案例分析相结合	具备网络教室，能够进行计算机网络教学
	第二章　针织服装造型设计	4	了解针织服装设计廓型分类，认识针织服装领、肩、袖、袋、下摆以及门襟等局部细节设计方法，通过对形式美法则的理解和掌握，利用 Illustrato 或 Photoshop 设计软件充分表达针织服装结构设计	面授分析讲解，帮助学生建立个人服装资料库	具备网络教室，能够进行计算机网络教学
	第三章　针织服装图案设计	8	使学生了解服装图案设计的含义以及在针织服装设计中的应用方法，重点让学生认识和理解图案的分类和设计构图方法。通过案例实际操作，让学生在 Illustrator 或 Photoshop 设计软件中熟练掌握单独纹样、二方连续纹样以及四方连续纹样的设计方法，并能够合理运用到针织服装设计中	面授和案例分析相结合	具备网络教室，能够进行计算机网络教学
	第四章　针织服装色彩设计	16	以色彩为中心帮助学生了解针织原料的特点，理解针织织物组织结构与色彩设计的对应关系，能够将色彩设计及流行色应用于针织服装设计中	面授和案例分析相结合	具备网络教室，能够进行计算机网络教学
	第五章　针织面料的肌理设计和应用	2	帮助学生了解肌理设计在服装设计中的重要性，使学生通过针织原材料和织物组织结构的灵活选择搭配，将肌理设计方法运用到针织面料设计中，引导学生拓宽针织服装设计思维	面授和案例分析相结合	具备网络教室，能够进行计算机网络教学

续表

篇 章		建议课时	训练目的	教学方法	教学要求
第二篇 针织服装在专业型软件中的设计实践	第六章 软件介绍	1	帮助学生了解目前国内外针织服装专业设计软件发展状况，重点介绍法国力克公司旗下的Kaledo系列设计系统	面授为主，演示为辅	具备网络教室，能够进行计算机网络教学
	第七章 Kaledo Print 设计方法	7	使学生认识Kaledo Print设计软件的基本工具，通过实战案例的演示教学帮助学生掌握季节调节板设计、图形剪贴板设计、图案画笔设计、面料花型设计和系列色彩组合设计以及调色数据版设计方法、重复设置方法和纹理设计模拟技能	面授和动态演示教学	具备网络教室，能够进行计算机网络教学
	第八章 Kaledo Knit 设计方法	8	使学生认识Kaledo Knit设计软件的基本工具，通过实战案例的演示教学帮助学生灵活掌握织物面板设置、针织物纱线设计和不同组织结构组合设计以及针织调色织物、提花织物的设计方法	面授和动态演示教学	具备网络教室，能够进行计算机网络教学

目录

绪论 ··· 1
  第一节 针织服装的发展历史 ·· 1
  第二节 针织服装分类 ·· 3
    一、按针织服装穿用方式分类 ··· 3
    二、按针织服装生产方式分类 ··· 5
  第三节 针织面料 ··· 5
    一、针织面料概述 ·· 5
    二、针织面料的特性 ·· 6

第一篇 针织服装在通用型软件中的设计实践

第一章 针织服装设计技法 ·· 9
  第一节 设计表现的分类与意义 ·· 9
    一、书面表现形式 ·· 9
    二、口头表述形式 ··· 14
  第二节 针织服装设计的表达特征 ··· 14
    一、时装画与时装效果图的对比 ··· 14
    二、服装设计表达的特征 ·· 14
  第三节 针织服装设计的表达方法 ··· 16
    一、工具材料的介绍 ··· 16
    二、服装设计的表达方法 ·· 16
  第四节 针织设计的表达技巧 ·· 17
    一、人体构成及比例 ··· 17
    二、人体主要部位的表现描述 ··· 21
  第五节 Adobe Illustrator CS2 基础学习 ··· 28
    一、认识 Illustrator 图形设计软件 ··· 28
    二、Illustrator 在针织服装设计中的操作使用 ·· 31
    三、服装设计效果图绘画步骤 ··· 37
  第六节 Photoshop CS3 基础学习 ·· 40
    一、认识 Photoshop 图像设计软件 ·· 40
    二、Photoshop 在针织服装设计中的操作使用 ··· 46

第二章　针织服装造型设计 …… 63
第一节　针织服装的廓型 …… 63
　　一、廓型的定义 …… 63
　　二、廓型的变化 …… 63
　　三、影响廓型的因素 …… 64
第二节　针织服装的局部设计 …… 65
　　一、领子设计 …… 65
　　二、肩型和袖型设计 …… 67
　　三、口袋设计 …… 69
　　四、门襟设计 …… 70
　　五、下摆设计 …… 70
　　六、裤口设计 …… 72
第三节　针织服装的结构设计 …… 72
　　一、分割设计 …… 72
　　二、结构线设计 …… 75
第四节　针织服装的形式美设计 …… 77
　　一、服装的形式美 …… 77
　　二、针织服装形式美的要素 …… 78

第三章　针织服装图案设计 …… 85
第一节　图案概述 …… 85
　　一、针织服装图案设计含义 …… 85
　　二、针织服装图案设计的三要素 …… 85
第二节　图案构图 …… 87
　　一、独立性图案构图 …… 87
　　二、连续性图案构图 …… 91
第三节　图案设计的绘制 …… 96
　　一、单独纹样的绘制方法 …… 96
　　二、适合纹样的绘制方法 …… 99
　　三、二方连续纹样的绘制方法 …… 103
　　四、四方连续纹样的绘制方法 …… 107

第四章　针织服装色彩设计 …… 111
第一节　针织面料材质、花型与色彩的关系 …… 111
　　一、针织原料的基本要求 …… 111
　　二、针织面料材质与色彩的关系 …… 112

第二节　色彩与织物组织结构的关系 ················· 117
　　一、组织结构对色彩的影响 ················· 117
　　二、组织结构与色纱和图案配合的效果 ················· 130
第三节　针织服装色彩的配合对比设计 ················· 137
　　一、以色相变化为基础的色彩配合对比 ················· 137
　　二、以明度变化为基础的色彩配合 ················· 141
　　三、以纯度变化为基础的色彩配合 ················· 144
　　四、色调配色 ················· 147
　　五、强调配色 ················· 148
第四节　针织服装色彩设计与面料创作 ················· 149
　　一、色彩的联想 ················· 149
　　二、针织面料灵感来源创作 ················· 149
　　三、针织服装综合创作设计 ················· 157
第五节　流行色在针织服装中的应用 ················· 170
　　一、流行色的定义 ················· 170
　　二、流行色的产生 ················· 171
　　三、流行色的研究、发布机构 ················· 171
　　四、流行色预测制定的依据 ················· 172
　　五、流行色在针织服装设计中的应用 ················· 173

第五章　针织面料的肌理设计和应用 ················· 177
　　一、针织面料的肌理设计 ················· 177
　　二、面料肌理设计在服装设计中的运用 ················· 180
　　三、面料肌理设计要求艺术与科技相结合 ················· 181

第二篇　针织服装在专业型软件中的设计实践

第六章　软件介绍 ················· 183
第一节　国内各品牌针织设计软件介绍 ················· 183
第二节　法国力克辅助设计软件 ················· 184
　　一、力克公司简介 ················· 184
　　二、力克的产品和服务 ················· 184
　　三、力克设计软件的特点 ················· 184
　　四、力克Kaledo系列设计系统 ················· 185

第七章　Kaledo Print 设计方法 ················· 186

第一节　Kaledo Print 界面 ·· 186
　　一、Kaledo Print 工作环境 ·· 186
　　二、Kaledo Print 常用工具 ·· 187
　第二节　Kaledo Print 设计案例 ·· 187
　　一、Kaledo Print 在面料设计中的操作使用 ·· 187
　　二、调色板数据设计 ·· 200
　　三、重复设置 ··· 204
　　四、纹理设计模拟 ··· 207

第八章　Kaledo Knit 设计方法 ·· 215
　第一节　Kaledo Knit 界面 ·· 215
　　一、Kaledo Knit 工作环境 ·· 215
　　二、设置线迹和面板 ·· 216
　第二节　纱线设计 ·· 217
　　一、创建纱线 ··· 217
　　二、移动和交换纱线 ·· 220
　第三节　针织面料设计 ·· 222
　　一、素色针织物设计 ·· 223
　　二、色彩提花针织物设计 ·· 238
　　三、Kaledo Knit 针织服装设计作品欣赏 ··· 252

参考文献 ··· 258

附录 ··· 259

绪论

第一节 针织服装的发展历史

如今时尚界对于针织品的定义是相当宽泛的，无论是用手工棒针、用环形针或者是使用编织机完成的编织物，都可以被称为针织品。针织衫的英文原名Knitwear，其中使用的Knit一词，是来自欧洲最初常见的棒针编织法，这种编织法需要使用一只编织环，以人手操作。针织服装的发展历史经历了3000多年的演变，从公元前1000年左右，在西亚幼发拉底河和底格里斯河流域出现的手编毛针织衫开始，到21世纪新型环保及再生针织材料的出现。针织服装的发展伴随着人类文化的进步演绎着全新的形象。从墓室出土的一双袜子证明在公元前4世纪的埃及已出现了针织线圈结构。纵观整个针织发展历史，可以分为三个阶段：

第一阶段是公元前1000年左右，在西亚幼发拉底河和底格里斯河流域出现的手编毛针织衫开始，在公元4～5世纪，编织开始流行于世界各地，从棉制的手套到真丝的袜子，手工编织成为人类服饰文明史的一个重要组成部分。

第二阶段是从1589年第一台针织机（钩针袜机）在英国诞生算起。公元1862年，美国人R.I.W.拉姆发明了双反面横机，在其上先生产成形衣片，然后缝合成服装，这标志着机器编织针织服装的开始。在19世纪之前，针织品技术的应用范围只限于袜子、内衣以及中下阶层的自制衣，直到普林格（Pringle）将针织引上时尚前沿之后，才有越来越多的设计师将眼光抛向了可塑性极强的针织时装。在20世纪初期，有三位设计师分别对传统针织衫的样式和风格进行了革命。巴黎高级时装的鼻祖之一让·巴度（Jean Patou），在立体派艺术运动盛行的时期创造了极为出色的针织品；在1916年，可可·香奈儿（Coco Chanel）则将针织运动衫，变成了时髦女郎都在使用并且偏爱的物品。而来自奥地利的设计师，奥托·薇姿（Otto Weisz），则创新设计了女士针织服装两件套。据称，20世纪30～60年代的女性每星期至少会穿一次这种两件套。由此可见，针织服装在当时的影响力有多么强大。值得一提的是，索尼娅·里基尔（Sonia Rykiel）、雅昵斯·比（Agnes b），两位成名于新浪潮时期的女设计师，都以针织方法为主要设计，完成了一系列富有自由、灵动、率直气息的时装。尤其是在1968年五月风暴前夕，在圣日耳曼大街上开设精品店的索尼娅·里基尔（Sonia Rykiel），她的"穷男孩针织衫"不但深受时装迷欢迎，同时还受到当时一些著名诗人、艺术家和持少数派政见领袖的欢迎。经过学潮的洗礼后，这款接缝露在外面、明显带有"不良品"特质的针织衫，也成了"不褪潮流"的无季节明星单品。以"时尚针织Knitwear in Fashion"为主题，在安特卫普时装博物馆举办的大型时装回顾展中，主办方依照时间脉络，依次呈现了20世纪第一代

1

设计师巴度（Patou）、香奈儿（Chanel）、斯基亚帕雷利（Schiapparelli），如今时尚界的元老级人物索尼娅·里基尔（Sonia Rykiel）、维维安·韦斯特伍德（Vivienne Westwood），以及新一代大师桑德拉·巴克伦（Sandra Backlund）、梅森马丁·马吉拉（Maison Martin Margela）等设计的针织品杰作。展品中包含了为数众多的融合传统与创新、大众化而又多彩多姿的针织品，而这些作品在毛料、色彩、缝纫各方面都有不同的讲究。有的以图案见长，有的则采用打褶的细节处理充分发挥毛料柔软而弹性良好的潜质，还有的采用带有空间感、体积感的蓬松纱线制成，在廓型上诠释出夸张的袖子、领口和肩线，体现出了设计师在制衣技艺方面的创新。此外，还有数款由新锐设计师完成的肥大无结构廓型的针织时装，它们的出现也吸引了一批前卫时尚拥趸的视线。

随着时代和观念的变化，现在针织服装已经不再被以往单一、传统的套衫、开衫所局限，而是出现了有各种组织、颜色、款式的时尚针织服装。针织服装具有原料适应性广、组织变化多、弹性和保暖性好、舒适随意、无紧束感等诸多特点，使得针织服装成为设计师们的新宠，更大大拓展了设计师的设计领域，多元化、个性化已成为服装设计的潮流和趋势。各种新材料、新技术的出现开始了针织服装发展的第三阶段，其主要表现在以下两个方面：

1. 推进技术进步，增加科技含量

近几年，针织行业大力引进新设备，以提高硬件装备水平，适应快速变化的市场需求。与此同时，利用新原料、新染料、新助剂、新工艺开发具有高附加值的产品，提高针织服装的科技含量，以满足人们不断追求时尚的需求。

（1）功能、保健产品。人们对功能、保健针织服装的需求已越来越大。不但要穿着美观舒适，而且希望穿着时有益于健康，起到防病、治病的作用。功能性和高科技纤维，在针织服装中的运用最为丰富，赋予针织服装优异的保健、阻燃、调温等多种功能；利用PTT、竹炭纤维、EKS吸湿发热纤维以及阻燃纤维的功能，分别可与棉、Modal等混纺，以增加服装的柔软性能和弹性；利用科技处理的纯锦纶丝X-static纤维，使织物具有优异的抗菌、抗臭、抗静电和调温功能。因此，开发具有卫生保健功能的天然纤维来制作针织服装的前景广阔，是针织服装发展的一个重要趋势。

（2）环保产品。"绿色消费"是一种现代消费理念。为顺应安全、环保的市场需求，行业内各商家更加注重纯天然针织面料的开发应用。环保针织面料中再生绿色纤维Lyocell、天丝与氨纶裸丝交织的针织平针组织(汗布)、罗纹、双罗纹(棉毛)及其变化组织的面料，因其质地柔软、布面平整光滑、弹性好，被广泛应用于针织服装的设计中。因为绿色纯天然纤维产品风格飘逸，具有丝绸的外观，悬垂性、透气性和水洗稳定性良好，都是设计流行性紧身时装、休闲装、运动装的理想高档面料。

（3）舒适、美观型产品。当前人们对针织服装舒适、美观的要求越来越高，如利用新工艺开发出针织仿毛、仿真丝、仿麻、仿皮等针织面料，生产出高弹、塑身，具有良好手感的针织面料，尤其是塑身针织产品，越来越受到人们的青睐。目前市场上出现的莫代尔针织产品就是在针织圆纬机(大圆机)上，采用莫代尔纤维和氨纶裸丝交织的单/双面针织面料，该面料柔软滑爽、富有弹性、悬垂飘逸、光泽艳丽、吸湿透气，并具有丝绸般的手感，用这种面料设计的服装，能最大限度地体现人体曲线，雕塑出女性胴体的性感和魅力，是前卫时尚族青睐的高品位针织服装。

2. 掌握流行趋势，搞好市场调研，明确市场定位，提高设计水平

人们在选择针织服装时，一改过去只注重保暖的购买需求，而是更加保暖、保健的同时，要求舒适，伸展自如，更能体现形体美。针对不同的追求，商家把目标投入到把握国际流行趋势，起到引导消费上来。作为针织服装设计师，无论从面料的选择、板型、做工还是辅料的选择，都要做到面面俱到，提高针织服装的设计水平，从而避免针织服装市场中模仿、抄袭和千篇一律的现象。任何产品在投入生产之前都应搞好市场调研，深入细致地研究消费者的需求，明确市场定位。

针织服装现在已经进入多功能化和高档化的发展阶段，人们将科技融入到了针织服装的开发和设计中去，从而赋予了针织服装更新的功能和服用性能。各种肌理效应、不同功能的新型针织面料被开发出来，给针织服装带来前所未有的感官效果和视觉效果。所以针织服装设计师想要在于新的国际市场中游刃有余，就一定要转变传统的设计思路，重视社会环境对产品的影响。研发新型环保及再生针织材料是适应国际市场环境的明智之举，这会为针织服装提供了更广阔的展现空间。

第二节　针织服装分类

针织服装的分类方法很多，可以根据不同情况进行以下几种分类。

一、按针织服装穿用方式分类

根据针织服装穿用方式的不同，从广义上可分为针织内衣、针织中衣、针织外衣和服饰配套用品四大类。按照针织服装的行业习惯，并参考国际惯例，针织服装可以分为针织毛衫、运动服、内衣、外套、袜品和服饰配套用品（各种围巾、披肩、帽子、手套等）六大类。

（一）针织内衣

所谓内衣，是指穿着于外衣里面与体肤比较接近的衣服。针织内衣是纺织服装市场最受消费者关注的服装品种之一，有"人体第二皮肤"之称。内衣的主要功能是保温、吸汗、保护人的体肤及避免弄污外衣等。随着人们生活水平的提高，现代内衣还要求能调整人体体型、起装饰和保健的作用，因此内衣的概念已经发生了很大变化，除了一般贴身内衣外，还有补整内衣、装饰内衣、塑身内衣和练功衣等。现分述如下。

1. 贴身内衣

男士常见的贴身内衣品种有圆领半襟衫、短袖开襟衫、罗纹圆领衫、鸡心领长袖衫、背心、小开口衣裤、衬裤、三角裤、平脚裤等；女士常见的贴身内衣有汗衫、衬裤、三角裤等。

2. 补整内衣及塑身内衣

爱美是人的天性，完美的体型、健美的身材是人们追求的目标，特别是女性消费者。补整内衣及塑身内衣起源于20世纪30年代初期,其主要品种有文胸、塑腰、裙撑等。补整内衣及塑身内衣具有弥补形体上的缺陷、塑造形体的功能。

(二)针织中衣

所谓中衣,是指穿于内衣和外衣之间的衣服,主要起到保暖、护体的作用,也可以作为家居服穿用。

(三)针织外衣

由于针织面料具有良好的弹性,使针织外衣更适合作为休闲装和运动装穿用。按用途,针织外衣可分为以下几大类。

1. 针织运动服装

运动服装是针织外衣的传统领域,在针织外衣市场中占有重要地位。根据不同季节、运动项目和服用场合的不同,针织运动服装也有所不同。针织运动服装品种繁多,款式也很丰富。

2. 休闲服装

随着人们越来越倾向于着装的舒适性、休闲性,休闲性的服装已经成为服装发展的潮流,而针织休闲装正在成为这个领域的主打产品。例如,T恤、旅游休闲装、学生服及日常用休闲服装等。

3. 针织社交礼服

利用针织面料的特性,如针织面料的弹性、悬垂性等特点,制成各种社交礼服,具有优雅华贵的效果。

(四)服饰配套用品

服饰配套用品作为针织服装配饰,不仅要具有功能性,还要具有时尚感。服装配套用品主要有以下几类:

1. 针织袜子

袜子的基本服用要求是弹性与延伸性好、耐磨、吸汗、柔软、透气和吸湿。目前袜品消费正在呈现新趋势,袜类产品紧跟服装时尚潮流,个性化的袜子开始走俏,品牌消费初现端倪。按原料一般分为棉、锦纶长丝、锦纶弹力丝袜等;按长度分为短筒、中筒、长筒和连裤袜;按花色分为素袜和花袜两大类。

2. 针织手套

手套分为成型编织和非成型编织两种,又有装饰用、保暖用和劳保用三类。手套的主要作用是保暖和御寒,目前装饰作用也深入到手套设计中,要求产品美观大方,并已成为服装整体设计的一部分。一些防护用手套还有特殊的阻燃、绝缘等防护功能。

3. 针织围巾和披肩

围巾和披肩一直作为配饰,适合于不同服装的搭配需要,其图案颜色丰富多彩。

4. 针织帽子

随着流行时尚舞台的引导,针织帽子大行其道,从单纯的保暖变为装饰性十足,已成为针织门类中一大设计单品。

5. 针织提包

近些年提包中也大量使用针织元素,除了使用机械类编织的针织面料作为包体以外,还有大量的手工钩编织的提包。

二、按针织服装生产方式分类

根据针织服装生产方式的不同,可分为成型编织针织服装及非成型编织针织服装两类。

(一)成型编织针织服装

成型编织针织服装是指根据工艺要求,利用各种编织方法,将纱线在针织机上编织出成型衣片或部件,一般不需要裁剪(除个别部位),再经套口缝合加工而成的针织服装。成型编织针织服装常见的品种有:各类横机编织的毛衫,各类成型的针织服装以及袜子、手套等。目前,随着针织技术的不断发展,已出现不需裁剪缝合,而直接在针织机上编织成成衣的全成型针织服装。

(二)非成型编织针织服装

非成型编织针织服装是指将针织坯布(净坯布)按设计的样板经排料方法裁剪成各种衣片,再经缝制加工而成的针织服装。如罗纹圆领衫、V字领长袖衫、T恤、背心、三角裤、补整内衣及各种运动服、休闲装等。

此外,针织服装也可以根据服用方式、原料成分、纺纱工艺、织物结构、产品款式、用途、编织机械、修饰花型、整理工艺等方面进行分类(下表),以下品种只是大致进行的分类,各种分类的品种并没有列举完全,仅供参考。

针织服装分类表

原料成分	纺纱工艺	织物结构	产品款式	编织机械	修饰花型	整理工艺
纯毛类	精纺	平针	开衫	横机	绣花	染色
纯毛混纺类	粗纺	罗纹	套衫	圆机	印花	拉绒
毛纤混纺类	花式纱	双罗纹	背心	—	植绒	缩绒
纯化纤类	—	双反面	裙类	—	簇绒	特殊整理
化纤混纺类	—	复合组织	裤类	—	手绘	—

针织服装还可以按照消费者的性别、年龄和服装档次等分类。按消费者性别可分为男装和女装;按消费者年龄可分为婴儿装、儿童装、成人装(青年服、中年服、老年服);按服装档次可分为高档针织服装、中档针织服装和低档针织服装。

第三节 针织面料

一、针织面料概述

针织面料是由线圈相互串套而制成的。根据构成针织面料的原料可分为纯纺、混纺和交织针织面料。纯纺针织面料是由单一原料编织而成,如纯棉、纯毛、纯丝、纯涤纶、纯锦纶、纯腈纶等。混纺针织面料是由两种或两种以上的纤维混纺而成，其主要特点是能体现组成原料中各种纤维的优越性能，以提高面料的服用性能并扩大服装的适用性。如涤／棉、毛／腈、棉／维、涤／腈、毛／涤等针织面料。交织针织面料是由两种或两种以上原料的纱线或长丝交织而成，如棉纱与低弹涤纶丝交织，低弹涤纶丝与高弹锦纶丝交织，氨纶丝与其他纱线交织等。

针织面料按生产加工方式可分为纬编面料和经编面料两大类。纬编面料由纬编针织机将纬向喂入的纱线顺序地弯曲成圈，并相互串套形成。纬编面料的横向延伸性较大，有一定弹性，但脱散性较大。经编面料由经编针织机将径向喂入的一组或几组平行排列的纱线同时进行成圈而形成。经编面料延伸性小，回弹性较好，脱散性小，尺寸稳定性较好，其性能接近机织面料。但根据所使用的原材料不同，其弹性和延伸性有所不同。

二、针织面料的特性

针织面料的特性对服装款式造型、缝制加工有重要影响，设计前必须对这些特性进行了解，才能扬长避短，保证设计的合理性和正确性。

（一）拉伸性

由于针织面料是由线圈串套而成，在受外力作用时，线圈中的圈柱与圈弧发生转移，针织物能沿各个方向拉伸变形，称为拉伸性，当外力去除后，线圈结构又能恢复到原来形状，恢复的过程被称为回弹性。这种变化的发生程度与原料种类、弹性、线密度、线圈长度以及染整加工过程等因素有关。因此，针织服装富有弹性，穿着舒适，能适应人体伸展弯曲变化，显现人体线条。在针织服装设计过程中，尤其要注意领口、袖口等部位的拉伸性设计。拉伸性好的针织面料尺寸稳定性相对较差，生产过程中应注意防止产品因受拉伸而变形使服装规格尺寸发生变化。

（二）脱散性

当针织面料在裁剪或受力摩擦时，纱线断裂或线圈失去串套连接后，会按一定方向发生线圈与线圈分离，称为脱散性。这种脱散会越来越大，以致造成对面料外观和服用性能的不良影响，在款式设计与缝制工艺设计时，应充分考虑这一性能，并采取相应的措施加以防止，如采用包缝、绷缝等防脱散的线迹，或采用卷边、滚边、绱罗纹边等措施防止布边脱散。同时，在缝制套口时应注意缝针不能刺断纱线形成针洞，否则会引起坯布脱散，为此，针织坯布一般要经过柔软处理。脱散性与面料使用的原料种类、纱线的摩擦因数、组织结构、织物的未充满系数和纱线的抗弯刚度等因素有关。单面纬平针组织脱散性较大，提花织物、双面织物、经编织物的脱散性较小或不脱散。

（三）卷边性

单面针织面料在自由状态下边缘会产生包卷现象，这种现象称为卷边性。这是由于线圈中弯曲的纱线因内应力不平衡，力图使纱线伸直而引起的。在缝制时，卷边现象会影响缝合套口的操作速度，降低工作效率。目前，国外采用一种喷雾黏合剂喷洒于裁剪后的布边上，以克服卷边现象，或者给针织物热定形，则卷边性可大大减少或基本消除。卷边性与针织面料的组织结构、纱线捻度、组织密度和线圈长度等因素有关。一般单面针织面料的卷边性较严重，双面针织面料没有卷边性。虽然卷边性不利于缝合加工，但是在针织服装设计中通常将这一特性应用于毛衫的领口、袖口、下摆等细节部位，使其反弊为利，同时也配合其他组织结构产生立体浮雕感的独特装饰性设计外观，如下图所示。

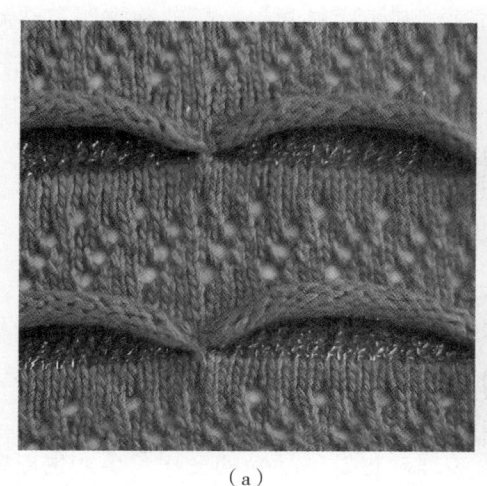 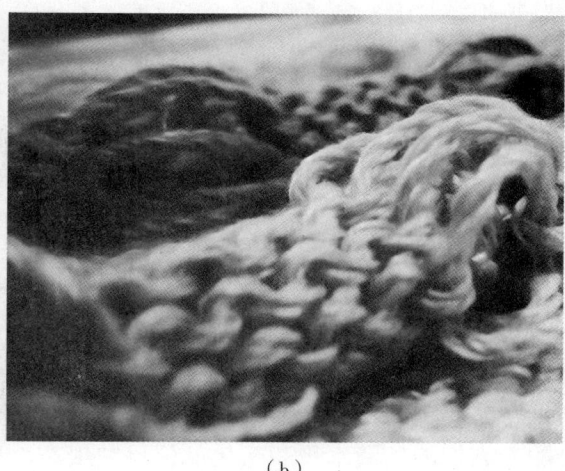

（a）　　　　　　　　　　　　　　（b）

卷边性装饰设计

（四）透气性和吸湿性

针织面料的线圈结构能保存较多的空气，因而透气性、吸湿性都较好，穿着时比较舒适。这一特性是使其成为舒适性面料的必要条件。但针织面料在单纯作为外衣时，保暖性就相对弱一些，另外，在服装成品流通或储存中应注意通风，保持干燥，防止霉变。

（五）钩丝与起毛、起球

面料在使用过程中碰到尖硬的物体时，其中的纤维或纱线就会被钩出，这种现象称为钩丝。在穿着、洗涤过程中，面料不断受到摩擦，纱线表面的纤维端露出面料表面的现象称为起毛；当起毛的纤维端在以后的穿着中不能及时脱落，就会相互纠缠在一起被揉成许多球形小粒，称为起球。针织面料由于纱线和组织结构比较松散，钩丝、起毛、起球现象比机织面料更易发生，因而在设计与缝制中，要根据服装的服用特点选择使用不容易起毛起球的原材料。

（六）抗剪性

针织面料的抗剪性主要是针对于非成形针织服装而言的，表现在两个方面：一是由于面料表面光滑，用电刀裁剪时层与层之间易发生滑移现象，使上下层裁片的尺寸产生差异；二是裁剪化纤面料时，由于电刀速度过快，铺料又较厚，摩擦发热易使化学纤维熔融、黏结。为了改善这一现象，光滑面料裁剪时，不宜铺料过厚，需采用专用的布夹夹住，然后开裁；化学纤维（化纤）面料更不宜铺料过厚，并且要降低电裁刀的速度或采用波形刀口的刀片裁剪等。

(七)纬斜性

纬编针织面料的纵行与横列之间相互不垂直时,就产生了纬斜现象,用这类面料缝制的产品洗涤后就会产生扭曲变形。纬斜主要是由编织纱线的捻度造成的,同时多路编织也会加剧这一现象,故各类织物在裁剪时需有效控制样板与面料纹路的平行或垂直。纬斜性是纬编针织物编织过程中形成的缺点,为了减轻纬斜现象,针织面料的纱线捻度要适中,圆筒纬编进纱路数不宜过多,或者可采用树脂扩幅整理等方法。开幅面料常用拉幅整理来纠正纬斜。同时,各类针织面料在裁剪时,要注意衣片纹路与样板要求的纹路一致;色织面料为了消除纬斜,一般采用沿某纵行剖幅的方法,以便裁剪、缝制时能对格对条。所以,有时在采用条格及对称花型面料设计服装时,应尽量避免成衣的前襟、接缝等纵向结构线歪斜。但是在服装设计中利用纬斜也可以达到意想不到的效果。

(八)工艺回缩性

针织面料在生产加工过程中,其长度与宽度方向会发生一定程度的回缩,其回缩量与原衣片的长、宽尺寸之比称为工艺回缩率。工艺回缩率的大小与织物组织结构、密度、原料种类、线密度、染整加工和后整理的方式等有关。工艺回缩性是针织面料的重要特性,缝制工艺回缩率是样板设计时必须考虑的工艺参数,以确保成品规格准确。

随着人们的生活水平和文化品位日益提高,着装理念也发生了新的变化。事实也证明,近几年来,针织面料以它独特的织物风格特性在流行服装中的比例不断上升。针织服装质地柔软,吸湿透气性能好,具有优良的弹性与延伸性,穿着针织服装能满足人体各部位的弯曲、伸展需求。穿着者会感觉到非常舒适、贴身合体、无束缚感且能充分体现人体曲线。针织服装已由传统的注重结实耐穿、防寒保暖转变为当今的崇尚时尚自由、运动休闲,强调舒适合体、随意自然且美丽大方,消费者更是越来越青睐个性与时尚完美结合的服装。近年来,针织服装在时尚的舞台上正扮演着越来越重要的角色。

第一篇　针织服装在通用型软件中的设计实践

第一章　针织服装设计技法

作为针织服装设计师，设计的领域很广，可以为不同地域、不同年龄、不同性别、不同种族和不同生活方式的人进行设计。从寻找灵感、创作设计主题、进行色彩方案设计，针织服装设计绝非仅仅是在纸面上随手勾画出设计稿这么简单，而是如同软雕塑家一样，要在服装造型的载体——针织面料中创造全新的世界。

第一节　设计表现的分类与意义

无论是服装设计师、建筑设计师还是工业设计师，都属于需要不断接受挑战和创新的职业，针织服装设计师亦是如此。所以，作为针织服装设计师首要的条件是，准确地将自己的构思和想法表达出来，作为表现的手段和方式有以下两种：

一、书面表现形式
作为二维空间的书面表现形式有草图、设计效果图、款式图、工艺意匠图和招贴画等。

（一）草图

草图是设计效果图的雏形，是设计师随自己的设计情感和灵感来粗略展现服装的外形轮廓的表现形式。设计师可以根据个人喜好选择工具，在最短时间内迅速地捕捉服装的灵感来源。如主题形态、廓型以及人物动态。在此阶段，人物的比例关系可以是夸张而非正常的，重在表现服装的主题艺术情感和廓型。在表现方式上，除了画笔以外，也可以通过已有的杂志资料拼贴服装设计草图（图1-1、图1-2）。

（二）设计效果图

设计效果图类似于艺术绘画，有自由的艺术表现形式，设计师可以使用的表现工具多种多样，可以根据个人喜好或者服装质地的要求自由选择绘制工具。一般服装设计效果图是在

▶针织服装设计与CAD应用

图 1-1　服装设计草图速写

图 1-2　服装设计拼贴草图

草图的基础上更加细化了针织服装的内部结构,并且将服装所使用的材料质感展示在画面当中,体现服装在人体上的一种穿着状态和效果。如图1-3～图1-6所示。

图1-3　矢量绘制技法

图1-4　水粉画技法

图1-5　Photoshop绘制技法

图1-6　彩笔绘制技法

(三)款式图

款式图通常以单线白描为主,也有彩色的,是在平面状态下具体表现服装款式的内部结构和比例关系。其分为正面、背面和侧面三种,主要表现针织服装领、袖、肩的工艺结构关系,前门襟造型以及下摆结构。款式图要求非常严谨,目的是充分表现服装各部件之间的比例关系,有特殊需要时,可以进行局部放大的细节表现,如图1-7、图1-8所示。

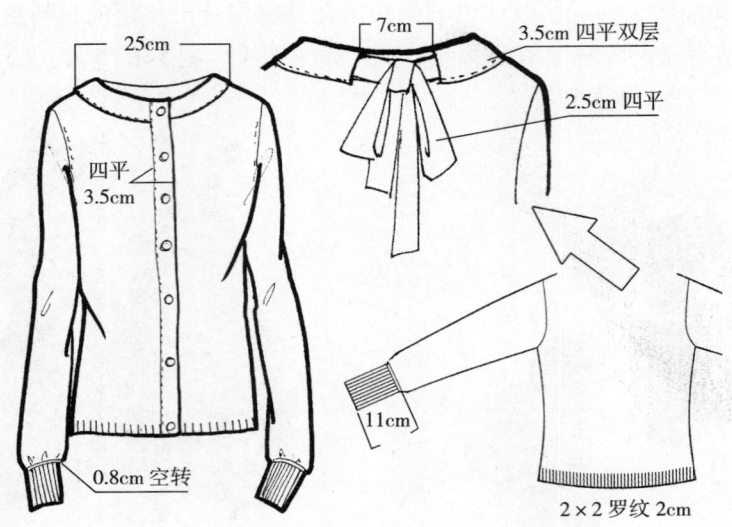

图 1-7　单线白描式款式图

图 1-8　色彩款式图

（四）工艺意匠图

意匠图是把针织结构单元的针法规律，用规定的符号在方格之中表示出来的一种图形，每个方格代表一个线圈，是表现针织工艺结构及针法的具体工艺图。服装设计师需要将设计的针织图案花型转变为工艺意匠图的形式，由样品工艺人员按意匠图纸织造完成，如图1-9所示。

（五）招贴画

针织服装被制作出来，作为商品在商场被售出时，为吸引消费者而设计的一种服装展示图片（图1-10），称为招贴画。

第一章　针织服装设计技法

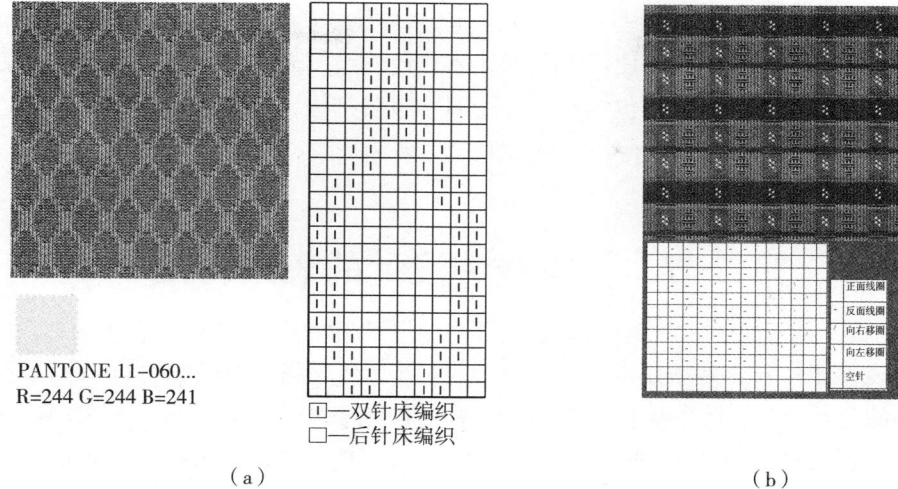

图 1-9　针织花型意匠图

图 1-10　服装招贴画

13

二、口头表述形式

设计师要想将设计思想意图使用口头表述方式传达给第三方,并使之明白和接受,需要具备良好的语言沟通能力。其中包括对款式造型、服装结构、材料质地、色彩配搭、饰品装饰和缝合工艺等外观形态以及创作艺术风格的口头表述。

第二节 针织服装设计的表达特征

针织服装设计的表达是站在服装角度,为表现出针织服装的独特魅力,运用绘画技巧表现人与服装的关系,怎样才能更好地表现设计师对针织服装的创作意图,表达对针织服装的理解,从而引导消费者拥抱时尚呢?作为设计师,首先要学习如何借助设计效果图表现自身的审美倾向和设计风格。

一、时装画与时装效果图的对比

通常设计师是通过时装画或者时装效果图来表达个人设计风格和设计情感的。可是这两种表达形式又有不同,有的设计师不太注意,造成了针织服装纸面设计效果和实际穿着效果的截然不同。总体来讲,时装画相对比较夸张和写意,更多注重表现设计师传神入画的抽象情感意识,而时装效果图比时装画则更加写实化和具体化,在追求一定美感程度上更加注重细节,画面比较接近实际服装的穿着效果(图1-11、图1-12)。

图1-11 时装画

图1-12 时装效果图

二、服装设计表达的特征

(一)构图简洁明了,突出主题

针织服装设计的构图要求以突出针织服装为主,按照系列要求有单人式和组合式,画面着眼点注重表现人物与服装的关系，在表现形式上没有特定的要求。时装画更多追求服装背景环境对人物服装的烘托渲染，表达设计情感更重些。效果图与之不同点在于注重服装结构细节和人物的关系，通常情况下效果图会按要求配以面料小样，帮助设计者更好地直观感受设计效果。整体画面要求简洁明了，突出主题。

（二）人物表现以针织服装为主题

针织服装设计中，刻画的人体比例和动态造型与服装结构细节的表现有着密不可分的关系。人物刻画不要求面面俱到，人体大部分的肌肉和骨骼点到为止。使用比较抽象化的人体骨架结构，更多追求理想化的比例关系。生动的人体动态是表现服装效果的第一步，透过具有强烈节奏感的动态表达展现针织服装中的设计亮点，以最佳角度表现服装款式设计的魅力是时装画和效果图的共同特点，这一点可以参看优秀时装杂志中的时装招贴画。表现服装效果的第二步是指导制作，效果图的细节表现一定要充分，袖口、领口、花纹设计、织物组织、面料材质、配饰一定要按比例表达清楚。设计效果图要以针织服装为主，充分表现服装与人的关系。

（三）色彩配合清晰明确

时装画和效果图要根据设计主题确定色彩表现及技法，使用服装原材料本身的固有色着色，色彩表现应当真实反应材质特点，不受周边环境色的影响，用色要清晰明确，清爽饱和（图1-13）。

（a）

（b）

图1-13　针织服装系列设计效果图

第三节 针织服装设计的表达方法

一、工具材料的介绍

为了更好地完成针织服装设计的艺术表现，设计师需要配备一些专业工具和设备，其中大多数用具都可以在美术用品商店买到，最需要考虑的是工具的质量及个人的绘画习惯。一般的传统绘画工具主要有铅笔，彩色铅笔，色粉笔，水彩颜料，水粉颜料，水墨颜料，油画棒，马克笔……可以说在设计表达方面没有不能使用的工具，设计本身也是设计师寻找工具的过程。另外，配合绘画工具要选择好纸张，在选择彩色纸张时要更多注意服装效果图的整体色彩设计。绘制服装设计图还需要其他辅助工具，如橡皮、裁纸刀、尺子、调色板、夹子、画册……无论使用什么样的工具，最大限度地发挥工具特点表达设计主题都是设计师所必备的能力。

随着社会科学的进步，现在很多设计师更多倾向于使用计算机辅助设计软件直接完成设计绘图，或将草图扫描后利用软件进行涂色和面料表现。本书主要介绍利用不同设计软件进行针织服装设计的方法。

二、服装设计的表达方法

传统绘画工具与现代工具相比较各有利弊。图1-14所示传统绘画工具的表现富有灵气，每一件作品都是独特的，没有复制性。要求设计师有很高的美术绘画功底，在这一点上设计软件带给设计的便捷性更胜一筹。在面料花纹肌理的表现上，完全可以通过计算机软件运作完成，其细腻程度是手绘所达不到的（图1-15）。但随之带来的也是工业化的可模拟性和复

（a）

（b）

（c）

图1-14 传统绘画作品

第一章　针织服装设计技法

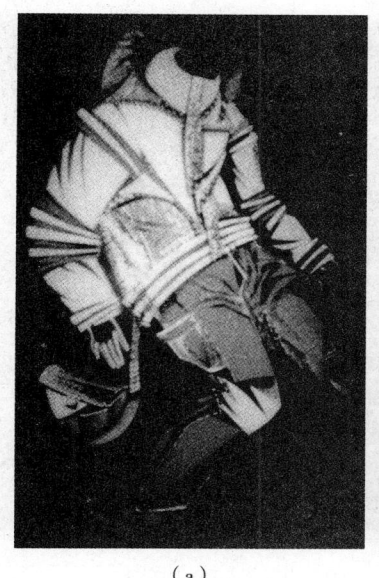

（a）　　　　　　　　　　　　　　　（b）

图 1-15　现代设计作品

制性。总之，针织服装设计师在彰显个性的同时也要适应现代化大生产的需要，应该两者兼顾，在具有扎实美术功底的基础上熟练掌握现代化的设计工具。

第四节　针织设计的表达技巧

人是针织服装设计紧紧围绕的核心。设计要依赖人体穿着和展示才能完成，由于设计受到人体结构的限制，所以设计应密切结合人体的形态特征，利用外部轮廓设计和内在结构设计强调人体优美造型，扬长避短，充分体现人体美，展示服装与人体完美结合的整体魅力。然而，不同地区、不同年龄、不同性别的人的体态骨骼是不相同的，服装在人体运动状态和静止状态中的形态也有所区别，纵然服装款式千变万化，最终还要受到人体的限制。因此，作为针织服装设计师，只有深切地观察、分析、了解人体的结构以及人体在运动中的特征，才能利用各种艺术和技术手段使针织服装艺术得到充分的发挥。

一、人体构成及比例

要想成为一名优秀的针织服装设计师，准确绘制人体和服装，是必须掌握的基本功。人体是服装的支撑，设计师必须先理解和认识人体结构，将人体的运动规律与形式美相结合，使自然属性的人体特征通过适宜的针织服装结构达到外在美的理想标准。

从人体工学角度来看，人体由头部、躯干、上肢和下肢四大部分构成（图 1-16）。躯干包括颈、胸、背、腰，上肢包括肩、上臂、肘、下臂、腕和手，下肢包括髋、大腿、膝、小腿、脚、踝。人体全身有两百多块骨骼和六百多块肌肉（图 1-17、图 1-18）。人体所有的运动都是通过关

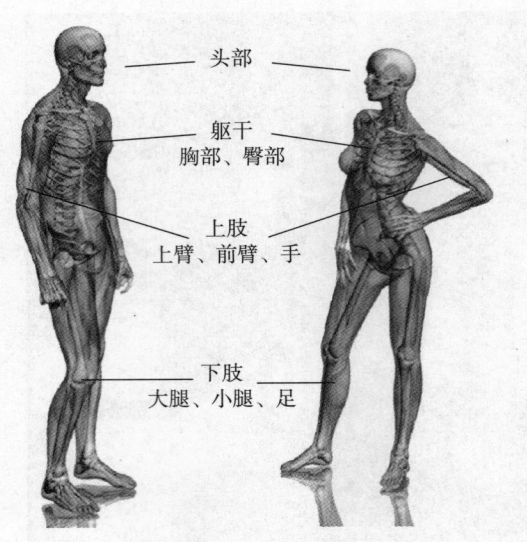
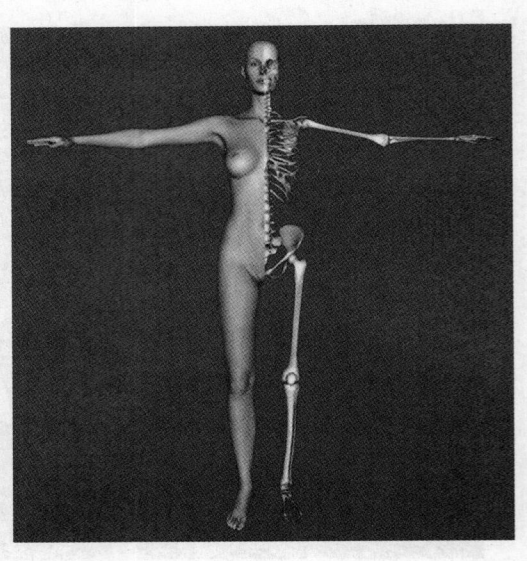

图 1-16　人体四大组成部分　　　　　　图 1-17　人体骨骼图

节的运动来进行的（图 1-19），除此以外，人体还有皮下脂肪和皮肤，这一切组成了人类丰满体态的外在轮廓形象。然而在绘制服装效果图时，人体可以笼统简单划分为"一竖，二横，三体，四肢"。即"一竖"为人体的脊柱；"二横"为肩胛横线、骨盆横线；"三体"为头、胸阔、骨盆；"四肢"为上肢、下肢。之所以简化人体骨骼肌肉结构，其目的是能够更好地将人的注意力集中在服装设计的表现上。

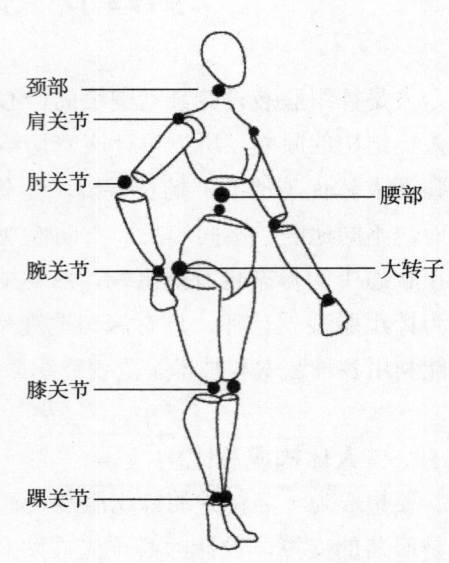

图 1-18　人体肌肉图　　　　　　　　　图 1-19　人体关节示意图

（一）人体比例关系

人体各部位长度比例是人们审美的标准体现，按照地域、种族、年龄和性别不同而有所差异。人体的比例一般以头高为计算单位,通常将成人人体比例划分为两大类标准,即亚洲型七头高和欧洲型八头高的比例。

1. 七头高的人体比例

七头高的人体比例关系,如图1-20所示,从上至下依次为7个头的高度,下颌底至两乳头连接线为一个头高、两乳头连接线至肚脐、肚脐至臀股沟、臀股沟至膝盖骨、膝盖骨至小腿中段,小腿中段至足底,分别都为一个头高。这种比例关系是亚洲成年人的标准人体比例,根据地区和种族的不同稍有差异。从图示中可以看出在人体两臂伸直的状态下,上体和下体的比例关系是3:4;上臂与身高的关系是3:7;下肢和身高的关系是4:7。

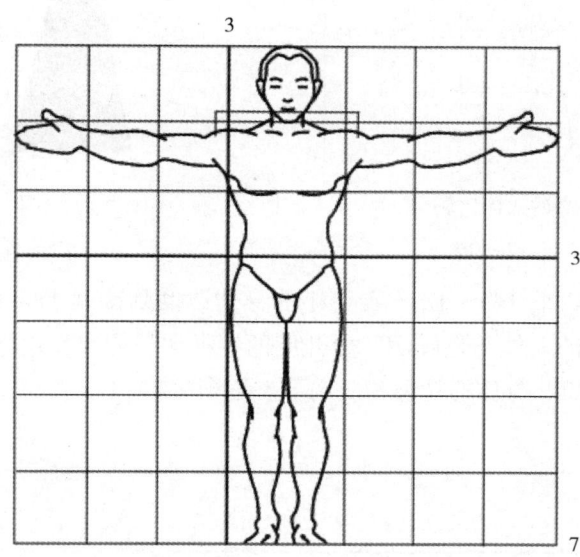

图1-20 七头高的人体比例

2. 八头高的人体比例

八头高的人体比例划分如图1-21所示,两手尖之间的距离等于身高,肩宽是两个头长,另外上半身与七头高的人体比例相同,只是在腰节以下增加了一个头长高度。使得上体和下体的比例关系变为3:5;上臂与身高的关系成为3:8;下肢和身高的关系则是5:8。由于5:8刚好与1:1.618黄金分割比例吻合,因此8个头高的人体比例常被认为是理想的人体比例,这一美学理论是由古希腊的哲学家毕达哥拉斯建立的,一直沿用至今。由此可见,两个高度相同的人体几何图形中,下身长于上身的人体比例要比上身长于下身的人体比例显得修长(图1-22),所以在绘制服装效果图时,设计师为了让服装的效果更加具有美感,通常会刻意拉长模特下半身的长度至八头半甚至到十头的比例关系。

3. 儿童人体比例关系

儿童人体比例关系不同于成人,应当突出其天真活泼的特点,可以适当夸张头部的比例。通常情况下,0~5岁的儿童为4头高比例,6~8岁的儿童一般为5头高比例,9~13岁

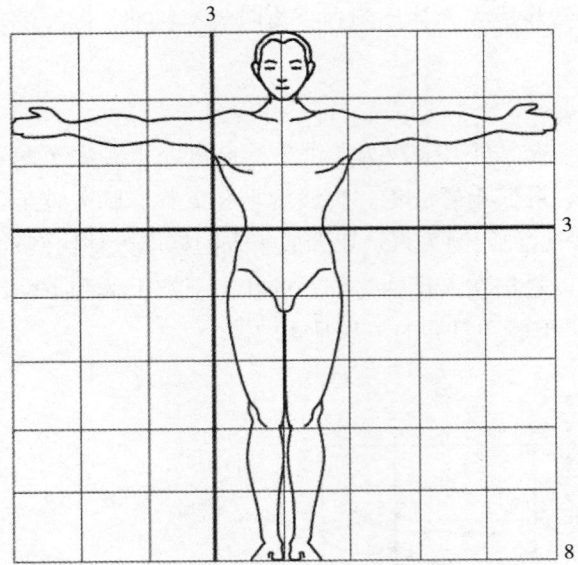

图 1-21 八头高的人体比例

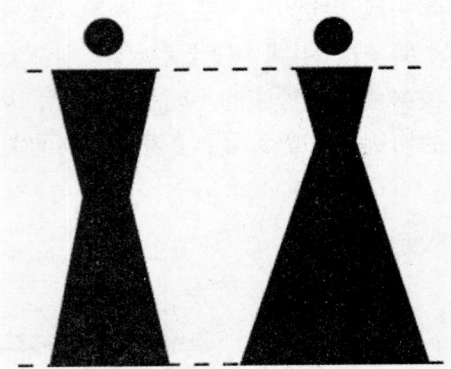

图 1-22 人体比例关系对比

少年为 6～7 头高比例，而 14～18 岁青少年的身体比例则接近于成人（图 1-23）。人体的形态特点为：儿童时期的人体凸显圆润，婴儿肥的特征比较明显，而随着年龄的增大，头部比例逐渐缩小，四肢增长，身体的骨骼和肌肉形态逐渐突出。

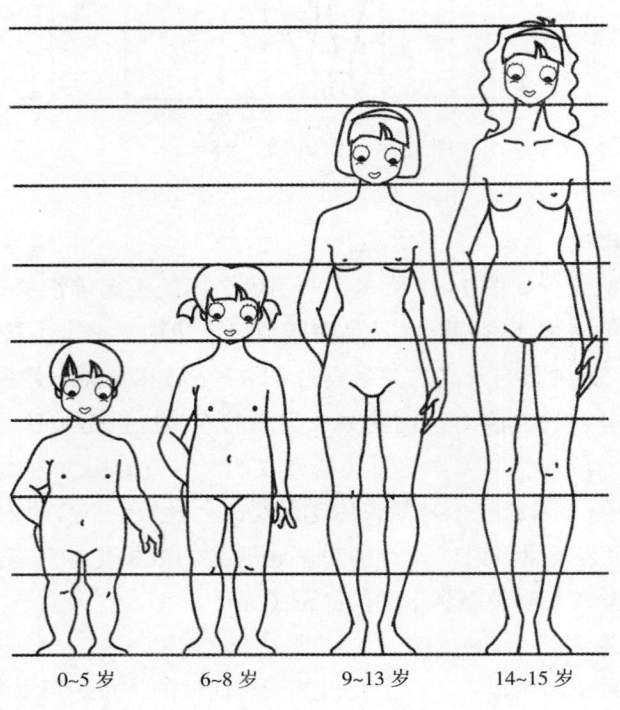

图 1-23 人体比例关系

（二）男女体型差异

宏观上人体比例可以划分为七头高和八头高两类，但是由于生理的缘故，男性和女性在体型上也存在差异，所以在绘制针织服装效果图时要特别注意区别。总体来说，在男性和女性相同身高的情况下，男性服装要比女性大些，但有四个尺寸正好相反，分别是胸厚、臀宽、臀部及大腿的围度（图1-24）。因为男、女胸部乳突量的不同，侧面方向胸部造型上的厚度有所差异。另外女性骨盆较男性宽大，股骨和大转子向外隆出。由于臀部丰满而低垂的原因，使得男性躯体线条起伏落差相对平直，呈现"H"型；女性躯体线条起伏落差较为明显，呈现"S"型。

另外，男性肩线较女性宽，胸廓体积大，骨盆处的臀围线相对女性要窄，形成倒梯形。女性则正好相反，呈现正梯形（图1-25）。正是由于正梯形的形体缘故，造成女性大腿围度要大于男性。

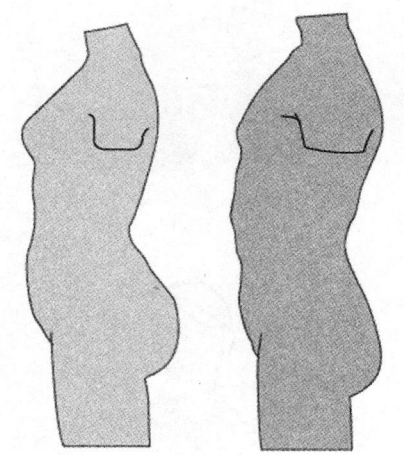

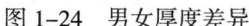

图1-24　男女厚度差异

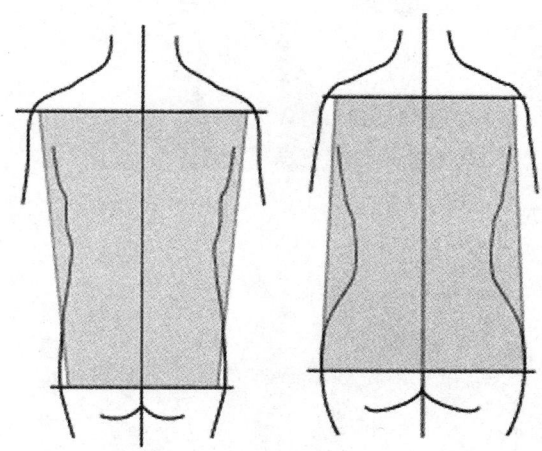

图1-25　男女上体宽度差异

（三）人体姿态与服装表达的关系

人体姿态与服装表达的关系十分密切，根据人体动态的不同，服装与人体的接触面有所不同（图1-26）。在表现服装时，要注意线条表现的虚实粗细关系，服装上的皱褶位置和皱褶方向，使针织服装有真实穿在人体上的感觉。例如，紧身型的针织服装，在表现线条时要符合人体的骨骼肌肉结构的特点，描绘的线条要细腻流畅，如同表现人体肌肤一般。与之相反，羊毛类休闲针织毛衫，则要求线条随着服装的廓型用粗犷的方式来表达，但肩头和衣摆的线条处理要兼顾虚实轻重关系（图1-27、图1-28）。

二、人体主要部位的表现描述

服装由人体支撑，熟练描绘人体姿态是进行服装设计的基础，画出的人体要逼真而且具有丰富的表现力。在效果图中，人体越逼真，线条越流畅，就越能增加针织服装的感染力。初学者可以借助时装杂志中的时装照作为开始时的练习范本，也可以在网络上寻找人体各种

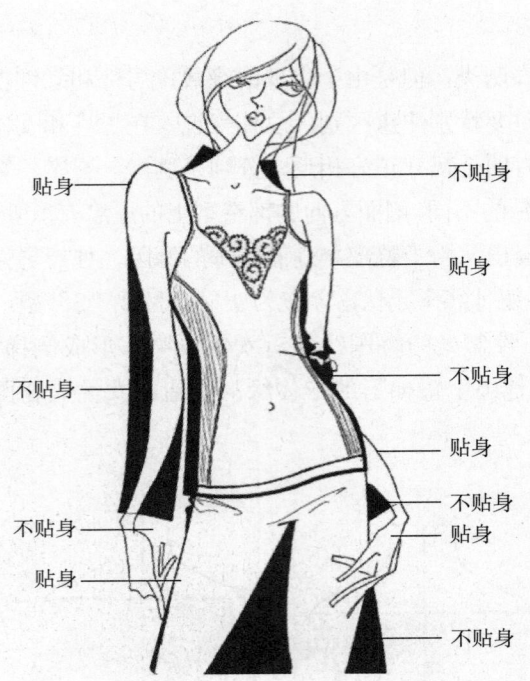 

图 1-26 服装与人体的接触面

 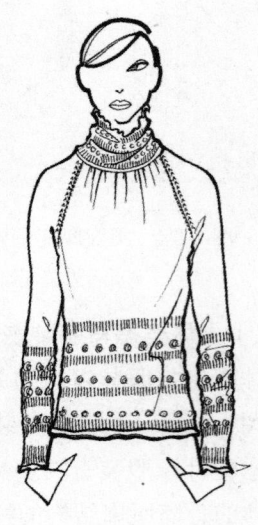

图 1-27 紧身型服装的设计表达　　　　图 1-28 休闲类服装的设计表达

姿势的素材库,训练自己的绘画技巧,提高人体线条的把握能力。在绘制过程中,设计师也可以借助镜子,观察自己的动态改变所带来的身体各部位之间的变化关系。一旦对自然形态的人体绘画充满自信,就可以绘制时装化的夸张形体。总体来看,服装效果图的人体表达,女性应该表现出温柔、娇美的姿态,而男性则应该有刚毅的力量感,儿童应着重表现天真活泼的可爱造型(图1-29)。

（一）人体动态的描绘

人体动态是针织服装展示的表现基础。合适的人体动态，可以完全展示针织服装的全貌，展示服装设计的精神。描绘人体动态最基本的是要掌握人体重心的平衡。人体躯干运动是由头部、胸部、臀部三个部位和四肢的相互协调运动来实现的，俗称三体八线运动关系。头部、胸部、臀部三个部位不同幅度和不同方向的摆动或扭转，可以出现一系列生动多变的姿态。无论这三个体块（俗称三体积）处于怎样的状态，在绘制时都必须保持身体的平衡，也就是说，人体的所有动作都将体现运动的重心平衡规律。作为设计师，需要理解肩胛线与盆骨线在人体活动过程中的对应关系（俗称两横），当身体承受重量的胯部一侧向上提起，盆骨线将向受力的一侧上方倾斜。由于盆骨线倾斜，胸部就会向身体受重一侧放松，从而引起两横线的相对倾斜运动。另外，在其

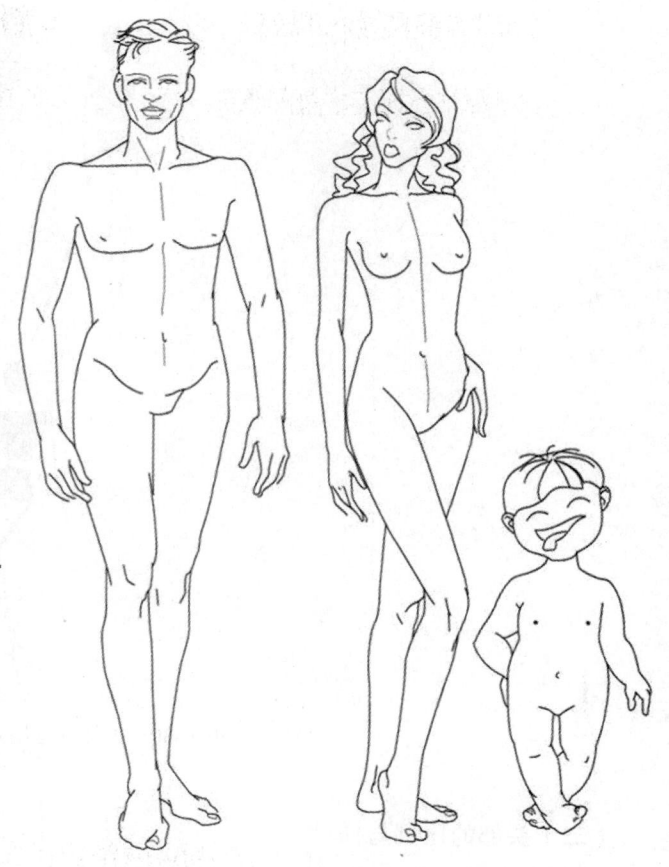

图 1-29　不同人体的表现特点

中起连接作用的脊椎线（俗称一竖），也会发生弯曲变化，用以保持人体的平衡。在此状态下，腿部作为重心的支撑，根据两腿的受力分布，躯体的重心线从颈窝垂直落在其中一只脚或者两脚中间。所以人体每一种姿态的出现都是由躯干运动带动四肢的自然运动，而四肢常常起到保持身体姿态平衡的重心作用。合适的动态能够更好地体现针织服装的设计风格，因此，设计师熟悉和掌握躯干与四肢运动的协调性和相对平衡性是很必要的。其次，人体动态描绘要想更生动地表达服装的设计艺术感染力，人体姿态的节奏感也非常重要，需要设计师更多地去研究和借鉴其他人体的艺术表现形式。

在绘画过程中，首先要确定人体的比例关系，借助重心线、肩胛线和骨盆线确定人体基本动态，由于男女不同的形体结构，在表现人体宽度和厚度时要加以区别。在绘制时，设计师要时刻注意人体的透视关系，使人体在二维纸面上的塑造具有相应的深度空间感。设计师可以将"三体八线"简单理解为几个几何体的连接。如图 1-30 所示，头部可以理解为一个蛋球体；胸部可以看做是一个倒立台体；臀部可以看做是一个正立台体；四肢可以看做是 8 根圆柱体。如此归纳可以帮助设计师更好地把握人体俯仰、弯曲、扭转动态以及对运动动态的准确表达。

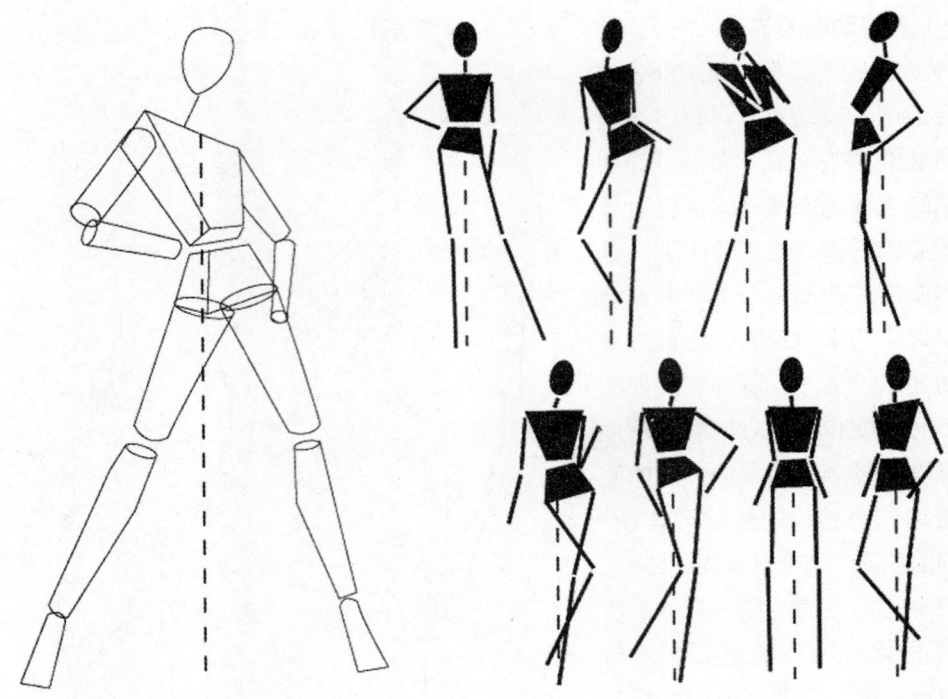

图 1-30　人体动态组合图

（二）头部的比例与描绘

头部动态的变化体现在头与颈肩转动的关系上，主要是胸锁乳突肌与斜方肌的变化。以颈下窝为依据，表现头部的：上扬的侧转、3/4 侧转和正面仰视；平视侧转、3/4 侧转、正面平视；俯视侧转、3/4 侧转和正面俯视，共 9 个角度。此外，还有对五官的刻画，三庭五眼可确定脸部五官位置的比例关系（图 1-31）。随着头部的转动，五官中的眼睛、鼻子和嘴唇也

图 1-31　三庭五眼

会出现正面、侧面、3/4侧面以及仰视、俯视角度的变化，这就需要设计师在效果图表达过程中仔细理解和刻画。但是不同于其他的艺术表现形式，在时装画和服装效果图中，表现头部时应尽量使用简洁、概括的方式表达，避免喧宾夺主。

在绘制人体头部时，头部常使用一个鸡蛋的形状来概括，要想确定五官位置，设计师必须先借助三庭五眼确定几条辅助线，因为它可以帮助设计师正确地描绘出眼睛、鼻子和嘴的所在部位。这些假想的辅助线是绕着头部蛋形体外缘的几条线，如图1-32所示。

图1-32 五官角度的绘制

（三）手脚的比例关系以及动态表现

手脚的比例大小可以人体的头长作为依据，如图1-33所示，标准人体中，手的长度等于脸的长度，脚的长度相当于一个头长。手是效果图中较难表现的部位，掌握手部的解剖结构（骨骼、肌肉、形体、比例）及其特征和动态，是设计师表达手型的基础。手的表达也有规律可循，如图1-34所示，手掌和手指是两个最基本的形体，可以将手掌理解为一个六边体；每根手指都由2～3个圆柱体组成。在绘制过程中，关键是要准确把握指关节与手掌之间的比例关系和运动角度（图1-35）。

在服装效果图中，通常脚与鞋是一个整体，要想将脚的动态表现与全身动态协调统一，设计师除了要了解脚的结构，还要留意它与小腿的关系，以及脚在运动时的方向和透视特点（图1-36）。在学习脚的绘画时，初学者要注意掌握男性、女性，年长者、年轻人等不同人物

▶针织服装设计与CAD应用

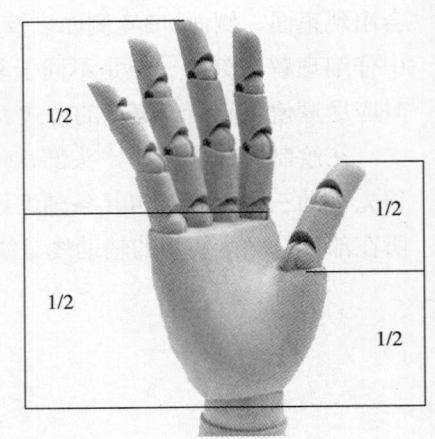

图1-33 手和脚的比例　　　　　　　　　　图1-34 手的比例关系

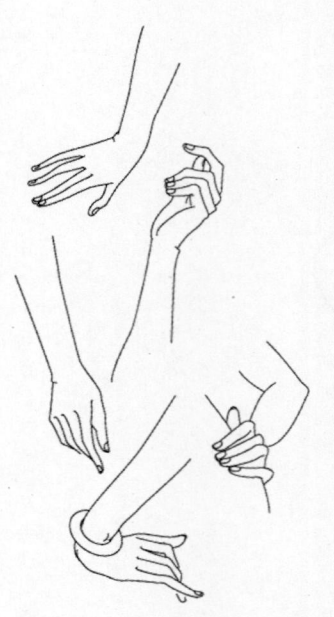

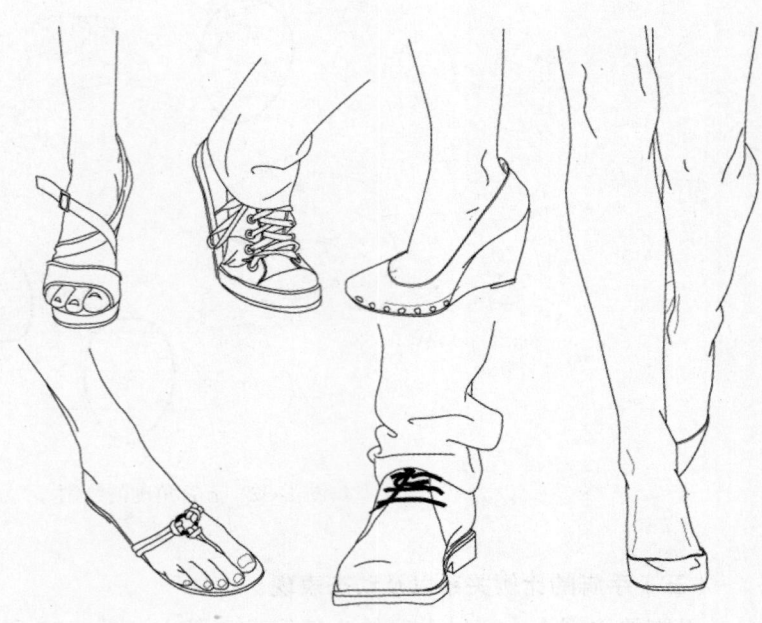

图1-35 手的动态表现　　　　　　　　　　图1-36 脚的动态表现

脚的各部位特点。

（四）配饰设计表现

　　针织服装的设计除了服装自身的因素以外，配饰也可起到画龙点睛和平衡作用。配饰中主要包括眼镜、鞋帽、首饰、腰带和包等。在效果图中，配饰的搭配选择要与针织服装的风格协调统一，注重质感的表现（图1-37）。有时配饰的夸张表现在效果图中也有烘托设计主题的作用。

(a)

(b)

(c)

图1-37 配饰设计

第五节　Adobe Illustrator CS2 基础学习

一、认识 Illustrator 图形设计软件

Adobe Illustrator 是 Adobe 公司开发的专门用于矢量图形图像绘画设计的软件，是当今世界最流行的矢量图形图像设计软件之一。Adobe 公司始创于 1982 年，目前是广告、印刷、出版和 Web 领域首屈一指的图形设计、出版和成像软件设计公司，同时也是世界上第二大桌面软件公司。该公司为图形设计人员、专业出版人员、文档处理机构和 Web 设计人员以及商业用户和消费者提供了高效的软件。使用 Adobe 的软件，用户可以设计、出版和制作具有精彩视觉效果的图像和文件。Adobe Illustrator 软件被广泛应用到插画设计、标志设计、字体设计、海报设计、封面设计、POP 广告、包装设计、产品造型设计、网页制作、出版印刷、服装设计等领域。随着 Illustrator 的不断发展，其在功能上提供了更多的创造性和选择性，已经成为针织服装设计师们最挚爱的软件之一。

（一）Illustrator 软件特点

（1）Illustrator 是一流的绘图工具，可提供许多设计工具和滤镜效果，以方便针织服装设计师使用，能够设计表现不同风格的作品。

（2）Illustrator 作为一款定位于绘画的软件，没有辜负其自身的使用定位，不但有非常完善的绘画功能，而且可以自由变换用户界面，给针织服装设计师良好的操作感觉。

（3）Illustrator 是矢量图形软件，比位图容量小，可以随意放大而不减少像素值。

（4）Illustrator 是 Adobe 公司的一个软件品牌，与众多公司旗下的软件产品有着很好的兼容性与交互性。

（二）Illustrator 的功能与应用

Illustrator 具有强大的绘图功能，拥有"钢笔"工具、"铅笔"工具、"画笔"工具、"直线段"工具、"矩形"工具、"极坐标网格"工具等数量众多的矢量绘图工具，并且拥有强大的图形编辑能力，可创建任何图形效果；使用 Illustrator 实时描摹功能，可以快速准确地将图片、扫描图像或者位图图像转换为可以编辑和可缩放的矢量图形；实时上色功能可以随意为图稿上色并自动对上色间隙进行检测，它能够将颜色运用于图稿的任何区域，还可以利用重叠路径创建新的形状；而封套扭曲的变形功能，可以创建灵活的动态变形效果，创建封套扭曲后可以编辑和修改封套图形以及封面内容，封套扭曲的效果也会发生变化；Illustrator 可创建真实效果的渐变网格，通过对网格点着色来产生平滑的过渡效果，可以精确地控制颜色的变化，使用该功能可以制作出具有照片般真实效果的作品；Illustrator 还拥有 3D 功能，使用 3D 功能，可以将二维图形创建为可编辑的三维图形，还可以添加光源、设置贴图，并且可以随时对效果进行修改；在 Illustrator 中，设计师可以使用符号功能迅速创建大量重复的对象；强大的滤镜功能与 Photoshop 中的滤镜的使用方法及产生的效果是相同的，通过滤镜可以分别处理矢量图形和位图图像；还有实用的图表编辑功能，可以创建各种直观、清晰的表格，包括柱

形图表、堆积柱形图表、条形图表、堆积条形图表、折线图表、面积图表、散点图表、饼形图表和雷达形图表；在 Illustrator 中，专业的设计模板提供了 100 多种 Open Type 字体和 270 个专业的设计模板，还可以将自己的作品保存为模板文件，方便以后使用；数量众多的资源库（图形样式库、画笔库、符号库、色板库），使得创作更加高效；Illustrator 具备超强的兼容性，不仅与 Photoshop 等 Adobe 的软件保持着无缝衔接，而且也能够与 Macromedia Flash、QuarkXPress 和 Microsoft Office 系列协同工作。在 Illustrator 中设置打印时，可以通过直观且功能强大的界面控制分色、透明拼合、页面匹配、拼贴，使打印工作更有效率，确保输出结果的一致性。

（三）Illustrator 颜色模式

颜色模式是指同一属性下不同颜色的集合。在 Illustrator 中绘制图形时，需要根据图像实际用途的不同，使用不同的颜色模式来着色。另外，绘制图形后进行图像输出打印时，也需要根据不同的输出途径使用不同的颜色模式。计算机软件系统为用户提供的颜色模式有 10 余种，在 Illustrator 中常用的颜色模式有 RGB、CMYK、HSB 和灰度模式等，大多数模式之间可以根据处理效果的需要相互进行转换。

（四）Illustrator 文件输出格式

Illustrator 支持多种文件输出格式，针织服装设计中比较常用的有 AI、PDF、SVG、PSD、TIFF、GIF、SWF 等格式。

（1）AI 文件格式：是 Illustrator 程序生成的文件格式，是 Amiga 和 Interchange File Format 的缩写。这种输出格式能保存 Illustrator 特有的图层、蒙版、透明度等信息，使图形保持可继续编辑性。

（2）PDF 格式：Adobe 便携文档格式 PDF 是保留多种应用程序和平台上创建的字体、图像、源文档排版的通用文件格式。它可以保留 Illustrator 数据，可在 Illustrator 中重新打开文件而不丢失数据。

（3）SVG 格式：SVG 格式是一种矢量图格式，也是一种压缩格式。它可以任意放大显示但不会丢失图像的细节。它将图像描述为形状、路径、文本、滤镜效果，生成的文件很紧凑，在 Web、印刷媒体上甚至是资源十分有限的手持设备中都可提供高质量的图形。用户无须牺牲锐利程度、细节或者清晰度，即可在屏幕上放大图像的视图。此外，它还提供对文本和颜色的高级支持，可以确保用户看到的图像和 Illustrator 画板上所显示的一样。

（4）PSD 格式：PSD 格式是由 Photoshop 制成的文件格式，可以保存多个制作信息。Illustrator 支持大部分 Photoshop 数据，包括图层复合、图层、可编辑文本和路径。在 Illustrator 和 Photoshop 之间传输文件，可以使用"打开"命令、"置入"命令、"粘贴"命令和拖放功能将图稿从 PSD 文件带入。

（5）TIFF 格式：TIFF 格式是在印刷和设计软件中应用最多的一种存储格式。它支持多种平台、多样压缩算法，能支持多种色彩。各种输出软件都支持 TIFF 格式图像文件的分色输出，所以它常用于印刷和输出。

（五）Illustrator 在针织服装设计中的常用工具

Illustrator 可以提供众多表现特殊效果的工具，这使得利用 Illustrator 绘制服装款式图显得轻而易举。Illustrator 软件能够表现非常细致的款式局部、面料质感、辅料的搭配及工艺要求等，能满足服装企业用于针织服装设计。用 Illustrator 绘制的服装效果图比传统的手工绘制表达方式简便、具体，效果更好，绘制出的服装款式图更为准确、到位，符合制板师、工艺师的要求。图 1-38 为 Illustrator 的操作界面。

菜单栏：进行 Illustrator 环境设定相关操作的菜单

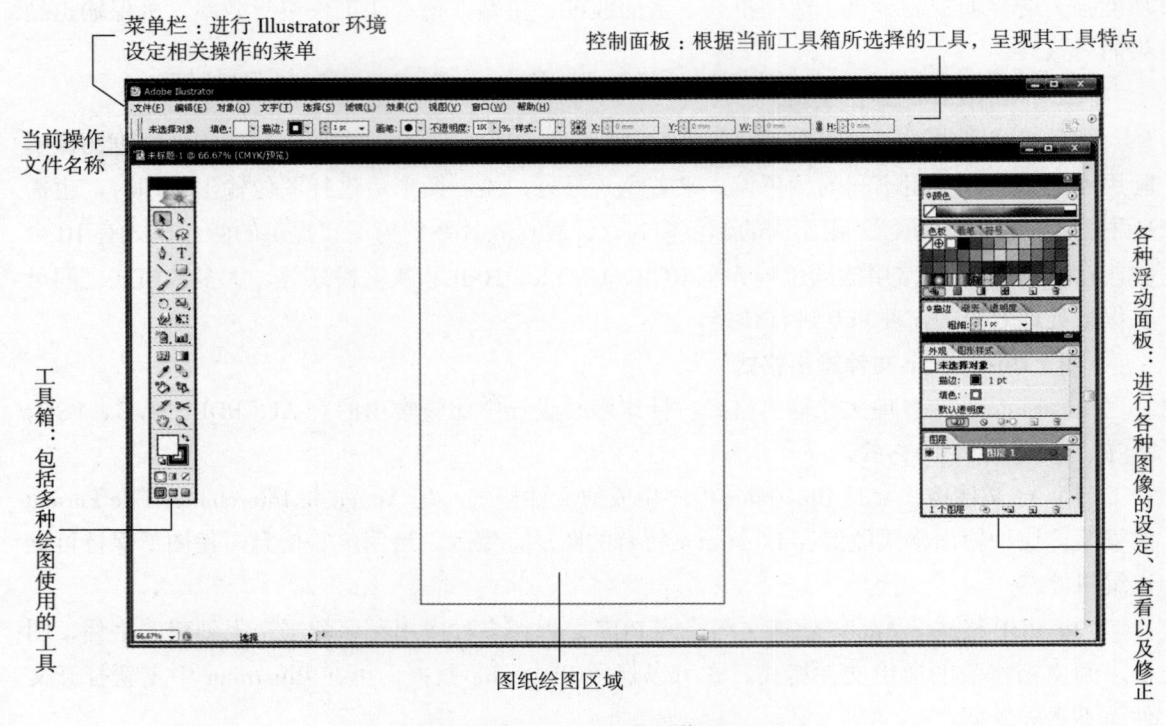

控制面板：根据当前工具箱所选择的工具，呈现其工具特点

当前操作文件名称

工具箱：包括多种绘图使用的工具

各种浮动面板：进行各种图像的设定、查看以及修正

图纸绘图区域

图 1-38　Illustrator 的操作界面

从图 1-38 中可以看到，在 Illustrator 中有许多浮动面板，如图 1-39 所示，它们在具体的操作过程中起到了非常重要的作用。其中包括：颜色面板用以色彩的编辑，可以从面板菜单中的色彩模型进行变换；色板面板可以记录颜色，然后应用于线条或涂色；符号面板可以设定符号；渐变面板用于制作渐变效果的涂色；画笔面板设定画笔的类型样式；描边面板用于设定描边线条的种类与形状；图形样式面板可以记录或者删除自己做成的样式，也可以在对象中应用记录的样式；外观面板可以将线条重叠在一条线或涂色部位上，能够非常简单地追加或删除效果与图像样式；图层面板可以显示图层的状态；透明度面板可以设定对象的模式或不透明度；对齐面板可以横向或纵向排列所选中的物件面板；字符面板方便设计者设定文字的大小以及行距等，也可以设定文字的疏密程度；路径查找器面板用于合并路径，建立复合路径或图形。

操作使用者可以通过执行窗口菜单栏中的命令来打开以上各个浮动面板。此外，Illustrator 的工具箱排列着各种绘图工具，要使用这些工具，只要单击工具图标或者按下工具组合键即可，如图1-40所示，凡是右下角带三角形的都包含子工具，将鼠标放在三角形上可以查看并选择此工具中包含的子工具。

二、Illustrator在针织服装设计中的操作使用

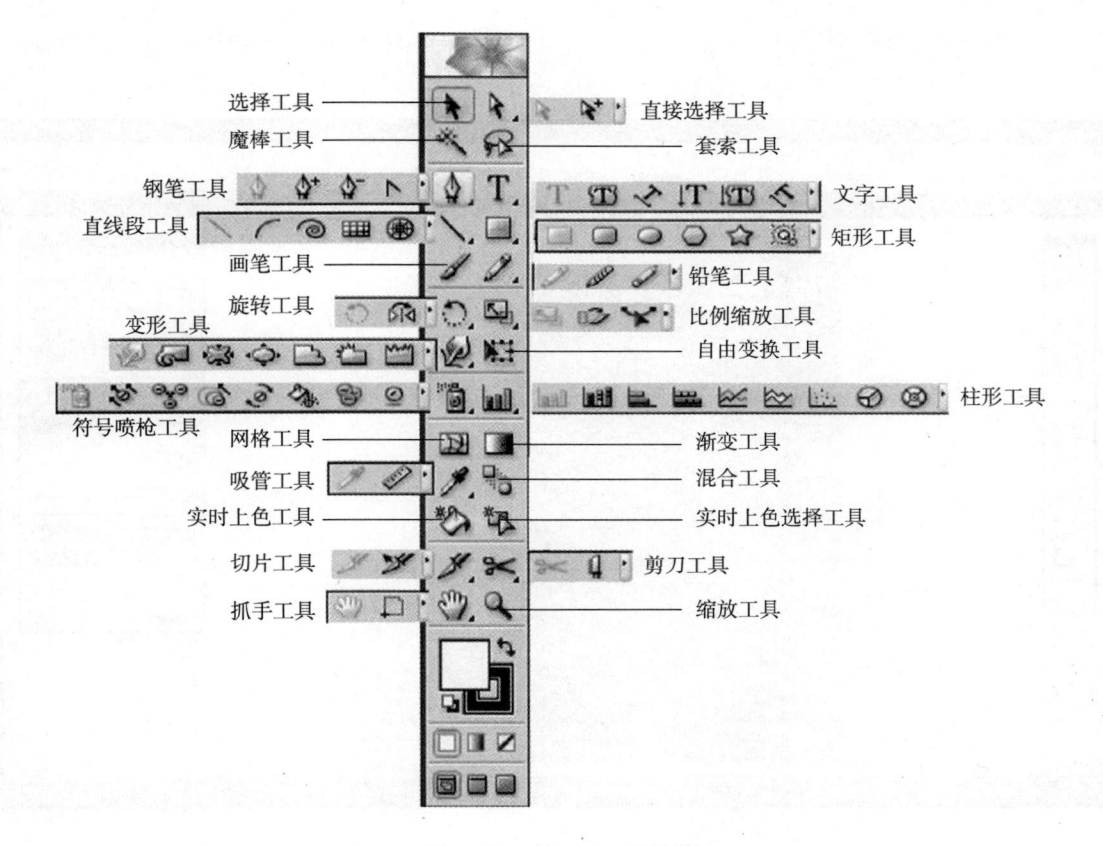

下面通过Illustrator工具箱中【钢笔工具】和【符号喷枪工具】的操作演示，学习绘制服装效果图（图1-54）。具体操作步骤如下：

（1）创建画板：启动Illustrator，可进入其操作界面（图1-38），单击欢迎界面【新建文档】选项。在新建文档对话框中可修改名称，设置画板大小、单位、方向以及色彩模式（图1-41）。

（2）置入设计来源图片：如图1-42所示，打开文件菜单下的【置入】，选择所需要的设计来源图片。使用工具箱中的【选择工具】，选中图片。左手配合shift键，鼠标放在图片任意四个角上，待鼠标变成双向箭头时进行拖动，同比例放大或缩小到合适尺寸（确保所需要的款式在图纸绘制区域内），如图1-43所示。

图1-39　Illustrator浮动面板

图1-40　Illustrator工具箱

▶ 针织服装设计与CAD应用

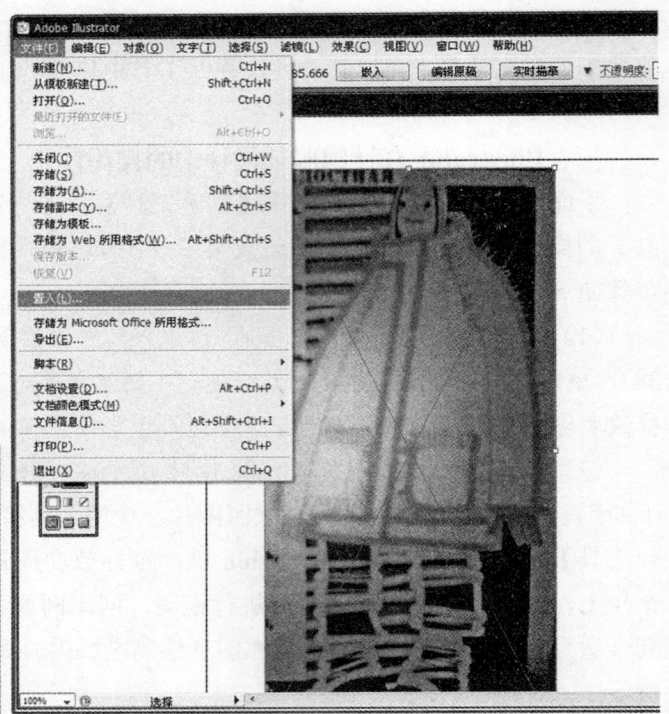

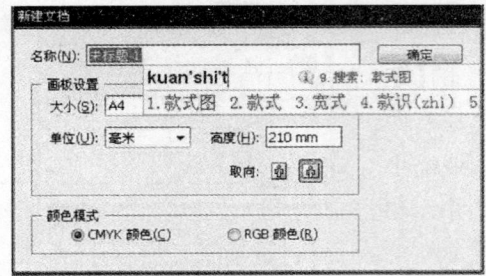

图 1-41 新建文档设置

图 1-42 置入图片

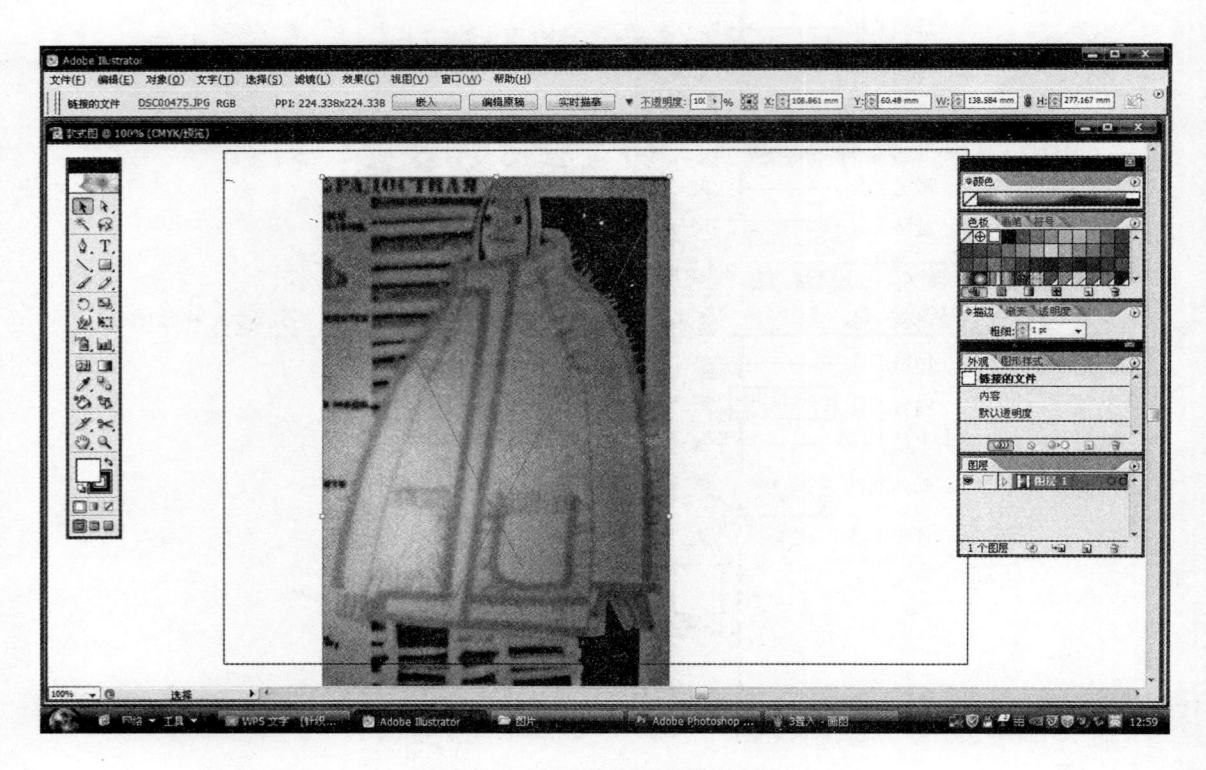

图 1-43 同比例放大或缩小图片

32

（3）新建图层：如图1-44所示，鼠标左键点击图层面板【图层1】左边第二项的小方块，出现锁头标志，证明图层1的所有图像被锁定不能被修改，再次点击可以取消锁头标志，取消锁定状态。然后再点击右下方的【创建新图层】图标，系统默认新创建的图层为图层2（可以双击图层2，更改图层名称为款式）。注意，反显状态下的图层处于工作图层。

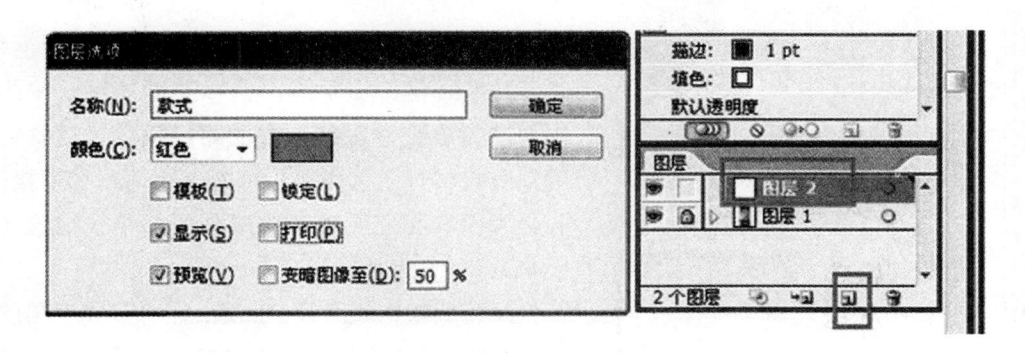

图1-44　新建图层

（4）调整透明度：如图1-45所示，解除图层1锁定的情况下，点击选择图层1使之处于工作图层，鼠标选中被置入的图片，然后鼠标左键点击【透明度面板】，通过不透明度滑动标确定图片的清晰程度，确定之后再次锁定图层1。

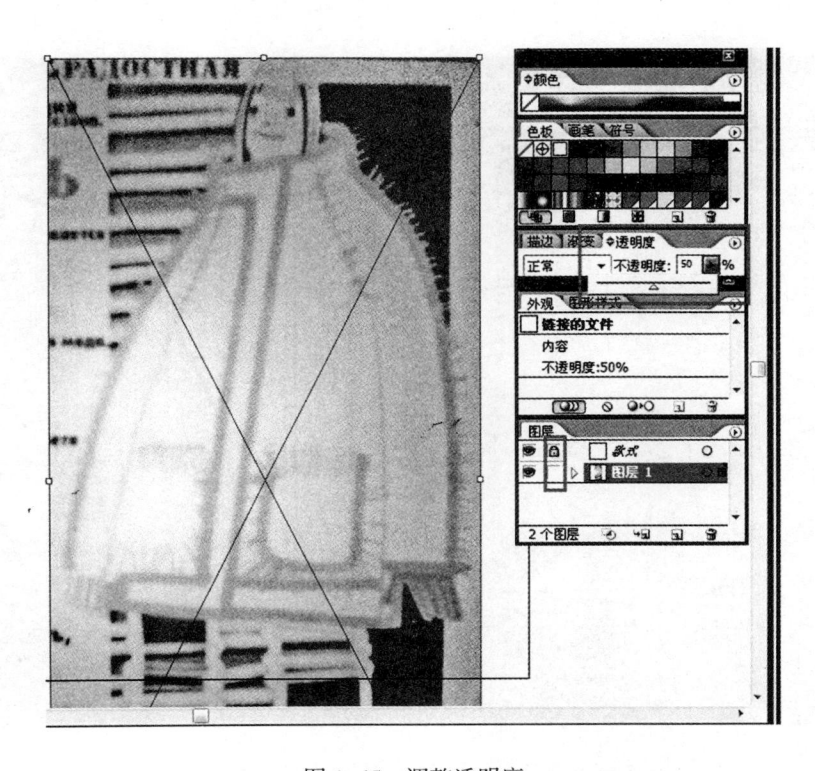

图1-45　调整透明度

▶针织服装设计与CAD应用

（5）使用钢笔工具绘制款式图：如图1-46所示，在工具箱中将填充色设置为无色，描边设置为黑色，钢笔路径PT值为1。单击【钢笔工具】，以点击和拖动手柄方式绘制出所需要的曲线形状。遇到角度转折的情况，左手按住Alt键，改变手柄方向，再释放Alt键。每绘制完成一条钢笔线，左手按Ctrl键，右手点击鼠标左键结束。按此操作方法完成整件服装款式的路径描绘。注意：为后期服装实时上色需要，每两条钢笔路径衔接处，务必确保其相连无空隙完成画面的单线描绘（图1-47）。

（6）调整钢笔路径PT值：在"款式"图层处于工作图层状态下，使用工具箱中的【选择工具】，左手按住Shift键，鼠标左键单击选择所有原画面中较粗的钢笔路径，然后释放Shift键，控制面板中点击PT下拉菜单，选择【6PT】，完成修改路径PT值（图1-48）。

（7）设计路径笔触：新建图层3，并重新命

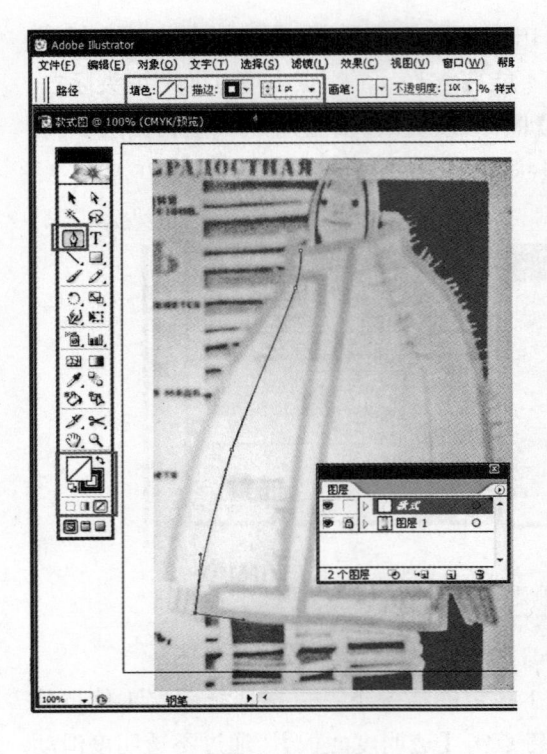

图1-46 钢笔工具绘制曲线

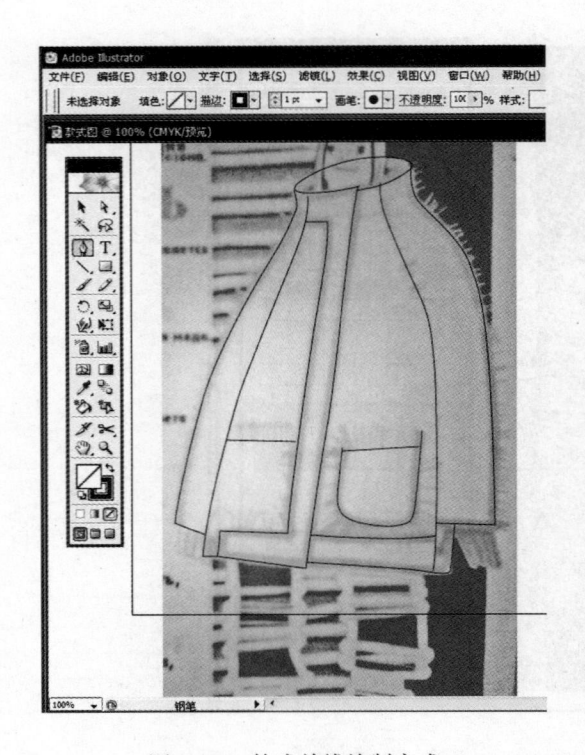

图1-47 款式单线绘制完成

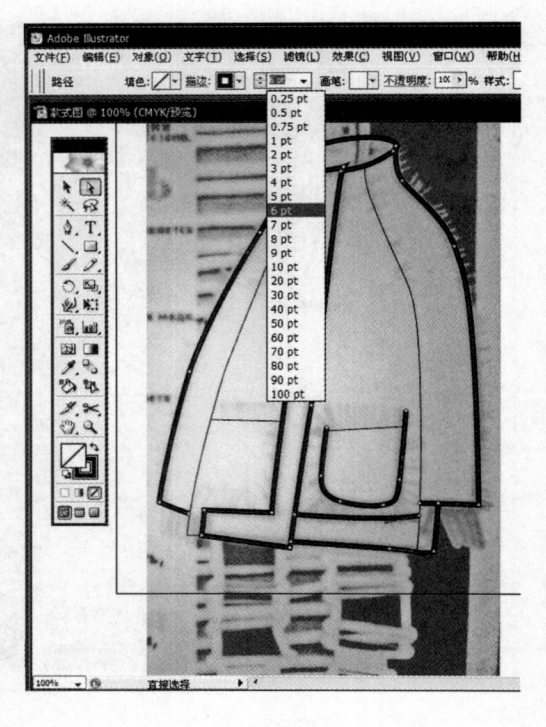

图1-48 调整钢笔路径

34

名为"肌理"，锁定其他两个图层。使用工具箱中的【直线工具】（图 1-49）在画板空白处绘制几组线条。然后使用工具箱中的【直接选择工具】，框选所有线条并拖拽至【符号浮动面板】内（图 1-50）。

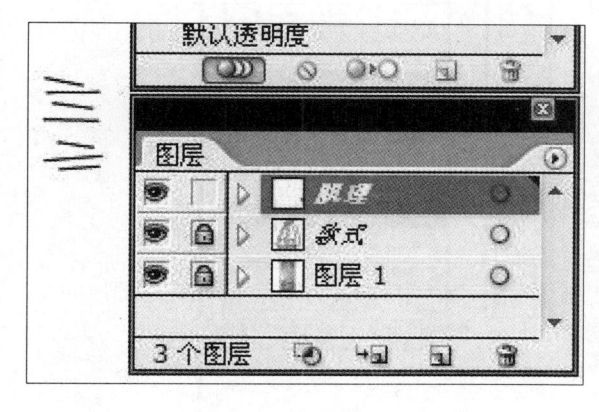

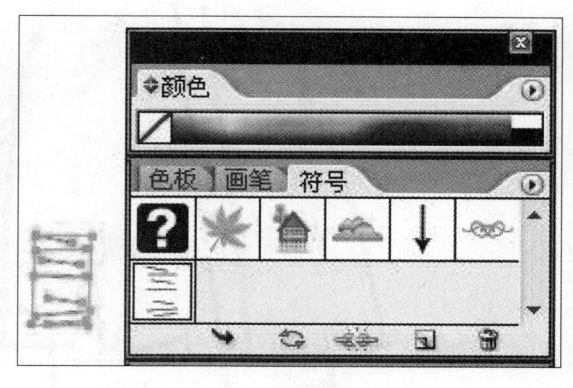

图 1-49　绘制肌理元素

图 1-50　创建符号

（8）绘制肌理：使用工具箱中的【符号喷枪工具】，在如图 1-51 所示位置点击鼠标左键喷绘一个肌理线条，然后再点击右键调整旋转角度，最后 Ctrl+ 鼠标左键结束。如图 1-52 所示，配合左手 Alt 键拖动复制多个肌理线条，并且调整大小和疏密。

（9）完成：点击【图层浮动面板】图层 1 的眼睛，切换可视性，只显示绘制的款式和肌理图层（图 1-53）。

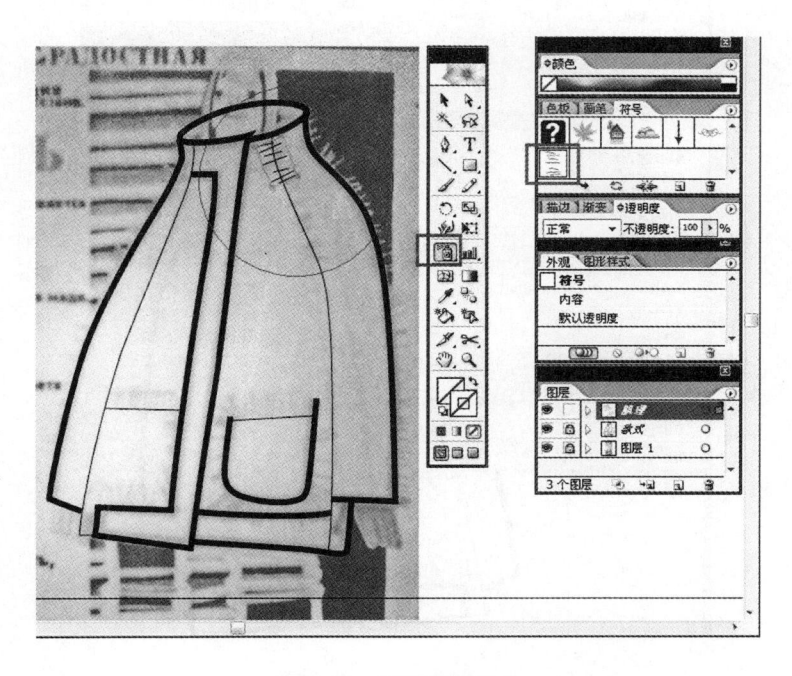

图 1-51　喷绘肌理线条

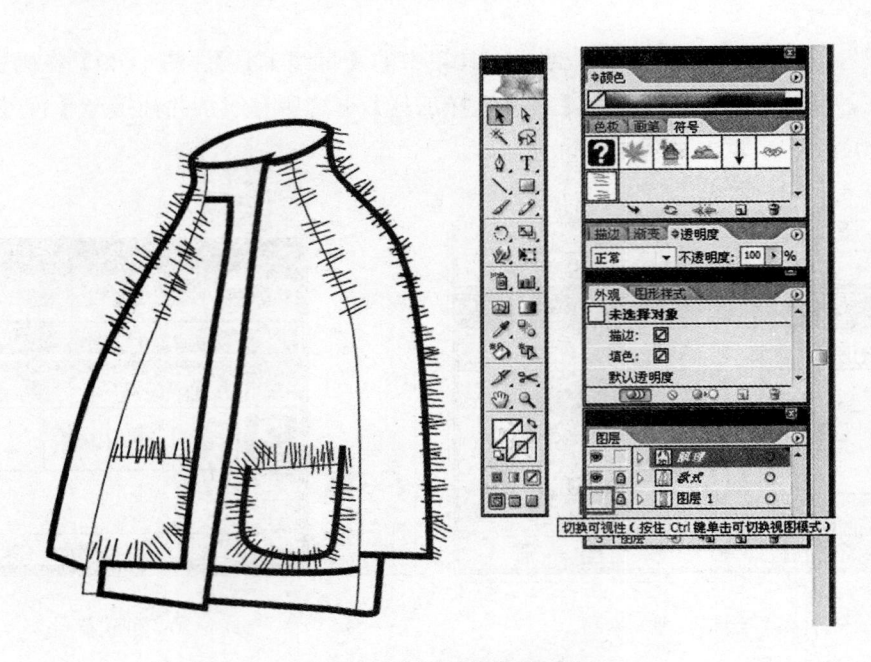

图 1-52　复制完成肌理喷绘

（10）保存 AI 格式：如图 1-53 所示，点击菜单栏文件选项中的【另存为】，格式默认为"AI"，确定文件名，保存即可。软件将默认保存图层顺序。

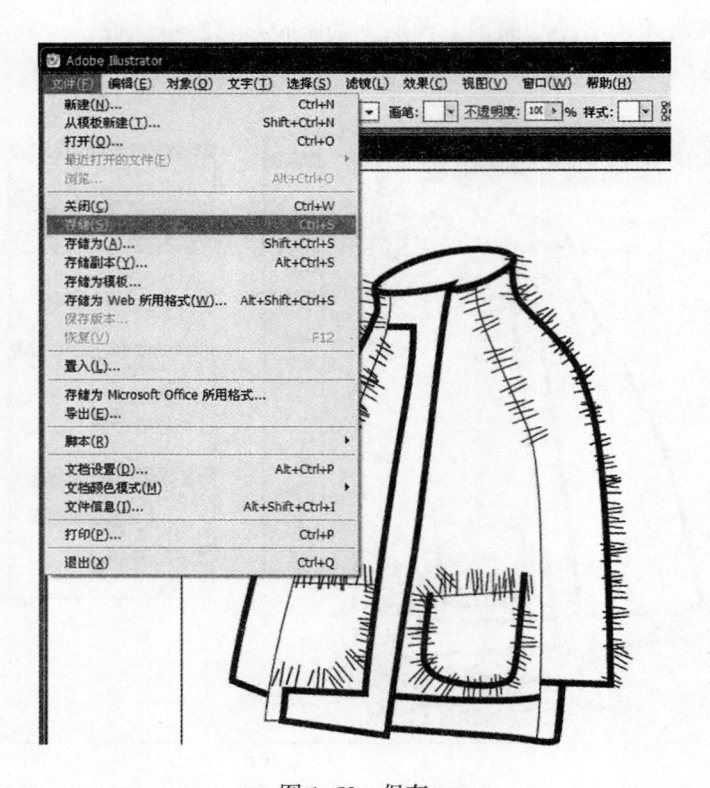

图 1-53　保存

保存 JPEG 格式：点击菜单栏文件选项中的【导出】，格式选择"JPEG"，确定文件名，保存即可。注意导出之前，务必将图层 1 隐藏，图纸绘制区域只显示钢笔路径（图 1-54）。

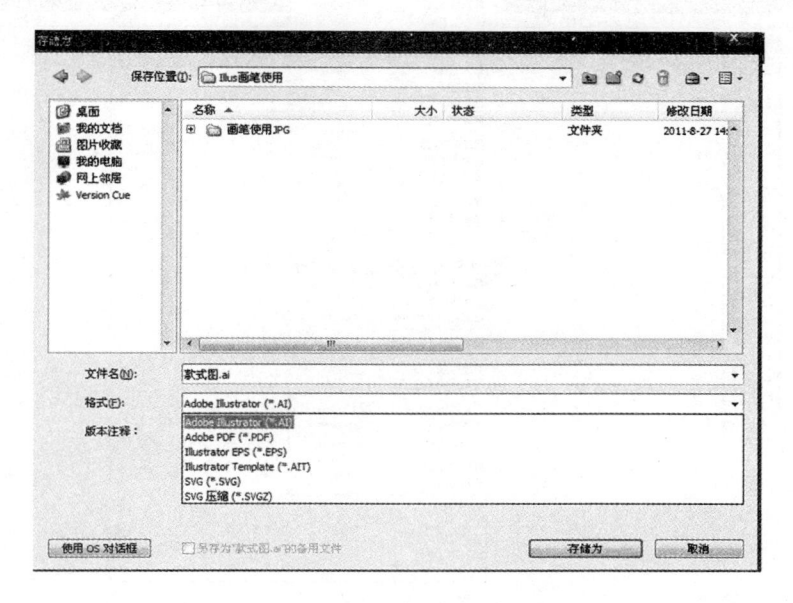

图 1-54　导出命名

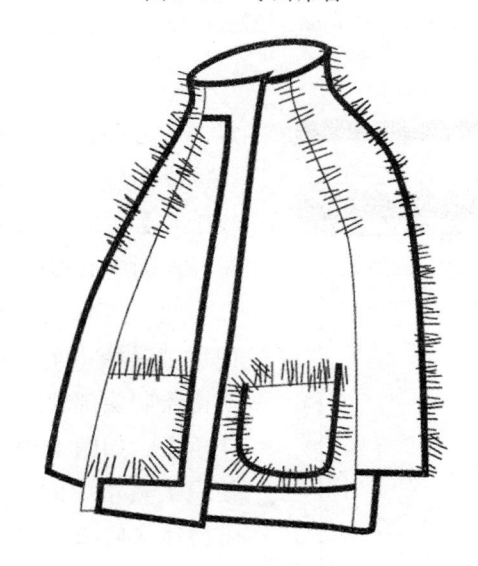

图 1-55　完成服装效果图

三、服装设计效果图绘画步骤

下面通过 Illustrator【标尺辅助线】、工具箱中【钢笔工具】和【直线工具】的操作演示，学习绘制服装人体动态效果图。具体操作步骤如下：

（1）创建画板：启动 Illustrator，可进入其操作界面，创建新的画板，并将其命名为效果图步骤。打开标题栏中的【视图】下拉菜单，选中【显示标尺】，如图 1-56 所示，鼠标左键

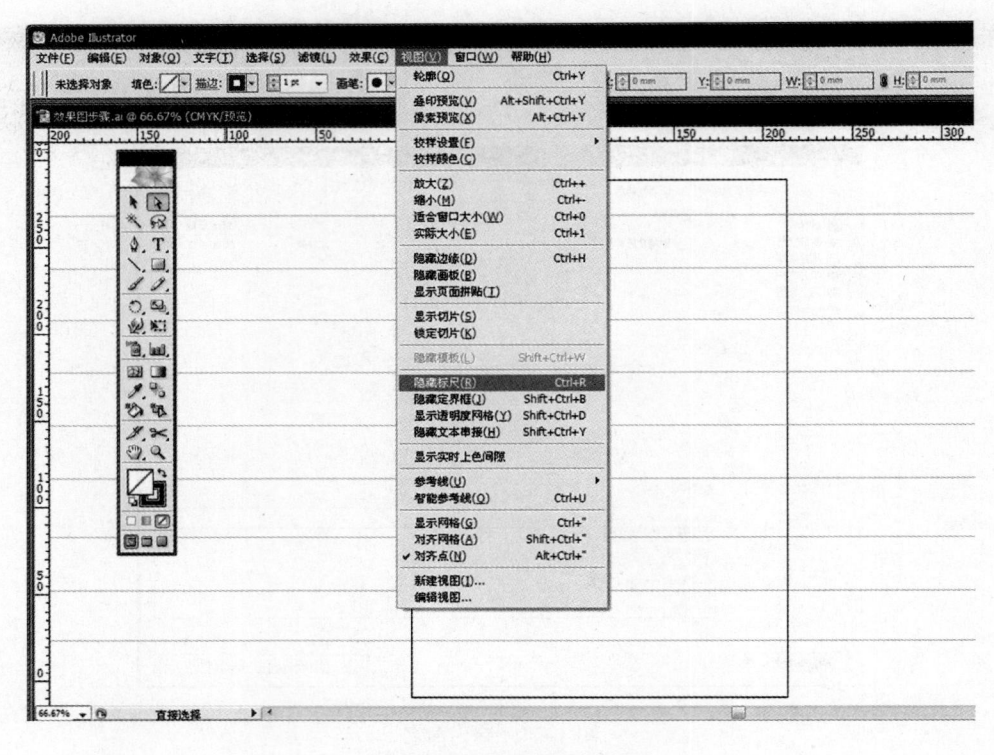

图 1-56　绘制纵向比例格

点击上方的标尺，依次拖出横向辅助线，按照比例纵向排好 8 等份。然后使用工具箱中的【直线工具】，如图 1-57 所示，在画板中绘制纵向路径作为中心线。

（2）人体动态简图：将描边色改为红色，使用工具箱中的【椭圆工具】，在最上面的一横格绘制头部轮廓，点击鼠标右键改变椭圆旋转角度，如图 1-58 所示，然后建立新的图层，使用工具箱中的【直线工具】，确定模特肩胛带横线（肩线）和骨盆带横线（臀围线）的位置和角度。

（3）三体八线图：如图 1-59 所示，使用工具箱中的【直线工具】，按照八头高的人体比例绘制模特动态时胸廓和臀部宽度，以及四肢的位置。如图 1-60 所示，再进一步修饰模特的眼睛、手臂、胸部、腰部、臀部以及下肢等部位，完成人体轮廓的绘制。

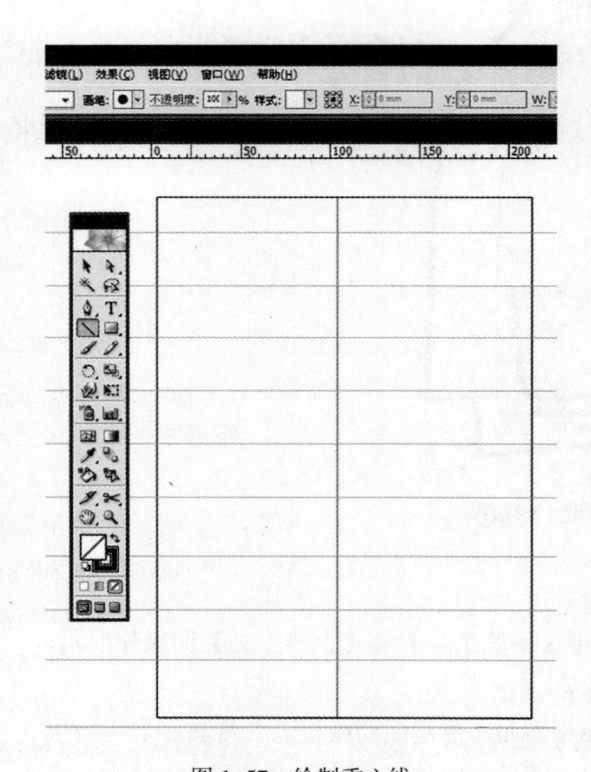

图 1-57　绘制重心线

图 1-58　绘制"一头两线"

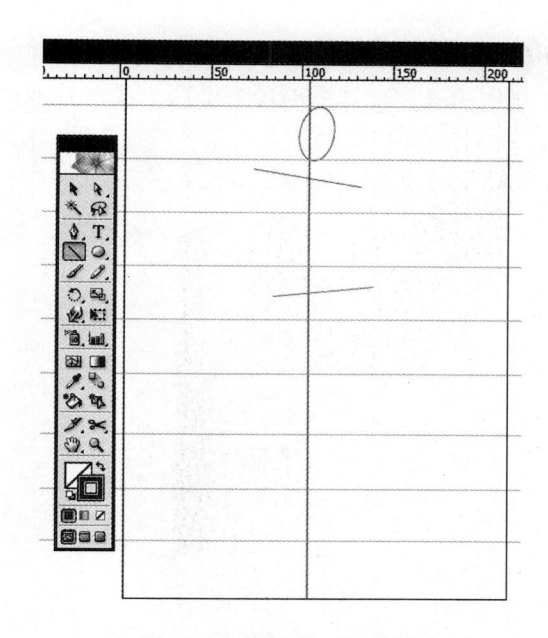

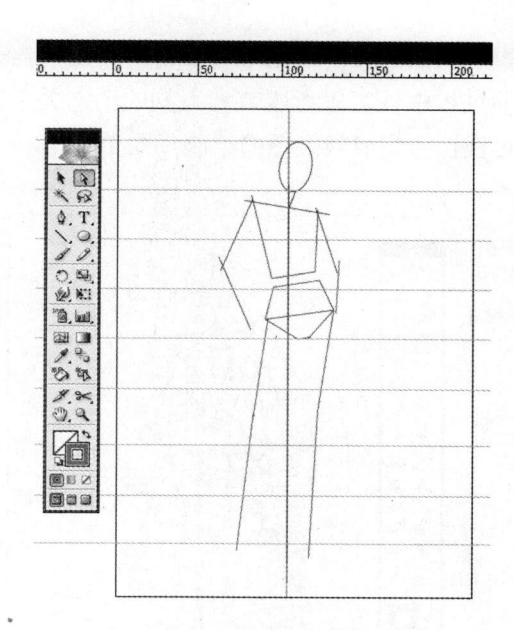

图 1-59　绘制模特动态

（4）服装廓型：点击【图层浮动面板】"三体八线"图层的眼睛，切换可视性，只显示绘制的人体轮廓图层，在此基础上，使用【钢笔工具】绘制出服装的大体轮廓（图 1-61）。

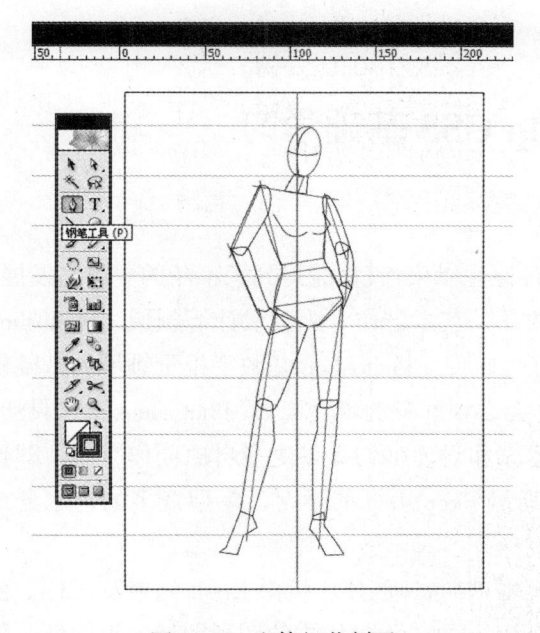

图 1-60　人体细节刻画

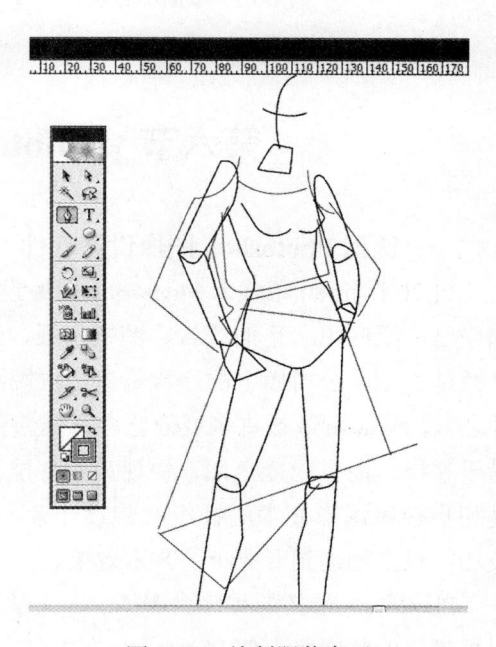

图 1-61　绘制服装廓型

（5）绘制服装效果图细节：如图 1-62 所示，另外新建一个图层，使用【钢笔工具】在服装轮廓内部根据模特动态特点绘制出服装的衣纹动态线条和结构线，并且绘制人体五官、

39

头发以及四肢。这一过程，设计师一定要内心平静，仔细刻画模特及服装的细节，并且在绘画的过程中认真思考服装和人物的动态关系。然后点击【图层浮动面板】关闭之前所有图层的可视性，完成效果图的绘制（图1-63）。

图1-62　绘制服装细节　　　　　　　　　图1-63　服装人体动态效果完成图

第六节　Photoshop CS3 基础学习

一、认识 Photoshop 图像设计软件

自20世纪80年代末 Photoshop 图像设计软件诞生以来，其功能得到了不断的更新与发展，迄今已广泛应用于平面广告、图书出版、影视娱乐、艺术创作、服装设计等领域。Photoshop 已经是 Adobe 公司旗下的一款重量级位图图像处理软件。Photoshop 是数字视觉领域的基础软件之一，Photoshop 被许多视效艺术家视为现代社会必须掌握的软件工具，Photoshop 操作灵活、易于掌握，而且功能全面、快速高效，能给艺术家和设计师们提供更多自由创作空间。即使是初步接触图形艺术的针织服装设计者，也能通过 Photoshop 的学习，掌握众多的艺术处理技巧，轻松地达到专业级的艺术效果。

Photoshop 最初的程序由 Mchigan 大学的研究生 Thomas 创建，后由 Knoll 兄弟及 Adobe 公司程序员的共同努力使 Photoshop 产生巨大的转变，一举成为最优秀的图形图像编辑软件。随着信息技术的发展，数字艺术继续散发着无限的生机与活力，为人们的社会生活融入了更多的色彩。

从功能上看，Photoshop 可分为图像编辑、图像合成、校色调色及特效制作部分。

（1）图像编辑是图像处理的基础，可以对图像做各种变换，如放大、缩小、旋转、倾斜、镜像、透视等，也可进行复制、去除斑点、修补、修饰图像的残损等，进行美化加工，得到让人非常满意的效果。

（2）图像合成是将几幅图像通过图层操作工具应用合成完整的、传达明确意义的图像，这是美术设计的必经之路。Photoshop 提供的绘图工具能让外来图像与创意很好地融合，使图像天衣无缝地合成成为可能。

（3）校色调色可方便快捷地对图像的颜色进行明暗、色偏的调整和校正，也可进行不同颜色的切换以满足图像在不同领域（如网页设计、印刷、多媒体等）的应用。

（4）特效制作在 Photoshop 中主要由滤镜、通道及工具综合应用完成，包括图像的特效创意和特效字的制作，如油画、浮雕、素描等常用的传统美术技巧都可以由 Photoshop 特效完成。由于各种特效字制作的简便，使得很多美术设计师热衷于使用 Photoshop。通过特效制作可以创造出各种极具视觉冲击力的作品。

（一）Photoshop 的颜色模式

Photoshop 的颜色模式除了和 Illustrator 类似的 RGB 模式、CMYK 模式、HSB 模式、灰度模式之外，Photoshop 还可支持或处理其他的颜色模式，这些模式包括位图模式、双色调模式、索引颜色模式、Lab 模式和多通道模式，它们都有其特殊的用途。

1. 位图（Bitmap）模式

位图模式用两种颜色（黑和白）来表示图像中的像素。位图模式的图像叫做黑白图像，也称为 1 位图像。由于位图模式只用黑白色来表示图像的像素，在将图像转换为位图模式时会丢失大量的细节，为此 Photoshop 提供了一些方法来模拟图像中的丢失细节。

2. 双色调模（Duotone）模式

双色调模式采用 2～4 种彩色油墨混合，用色阶来创建双色调（2 种颜色）、三色调（3 种颜色）或四色调（4 种颜色）的图像。在将灰度模式转换为双色调模式的图像过程中，可以对色调进行编辑，产生特殊的效果。双色调模式的重要用途之一是使用尽量少的颜色表现尽量多的颜色层次，这有助于减少印刷成本。因为印刷时，每增加一种色调都需要更大的成本。

3. 索引颜色（Indexed Color）模式

索引颜色模式是在网上和动画中常用的图像模式，当彩色图像转换为索引颜色模式的图像后变成近 256 种颜色。索引颜色图像包含一个颜色表。如果原图像中的颜色不能用 256 色表现，则 Photoshop 会从可以使用的颜色中选出最相近的颜色模式来模拟这些颜色，如此可以减少图像文件大小。颜色表用来存放图像中的颜色并为这些颜色建立颜色索引，颜色表可在转换的过程中定义或在生成索引模式图像后修改。

4. Lab 模式

Lab 模式是 Photoshop 在不同的颜色模式之间转换时使用的中间颜色模式。在 Photoshop 使用的各种颜色模式中，Lab 模式具有最宽的色域。色域是颜色系统可以显示或者打印的颜色范围。人眼看到的色谱比任何颜色模式中的色域都宽。它是在 1931 年国际照明委员会制定的颜色度量国际标准模型基础上建立的。

▶针织服装设计与CAD应用

5. 多通道（Multichannel）模式

多通道模式对于有特殊打印要求的图像非常有用。如果图像中只使用了一两种或者三种颜色时，使用多通道模式可以减少印刷成本并保证图像颜色的正确输出。图1-64为Photoshop拾色器显示出的各种模式。

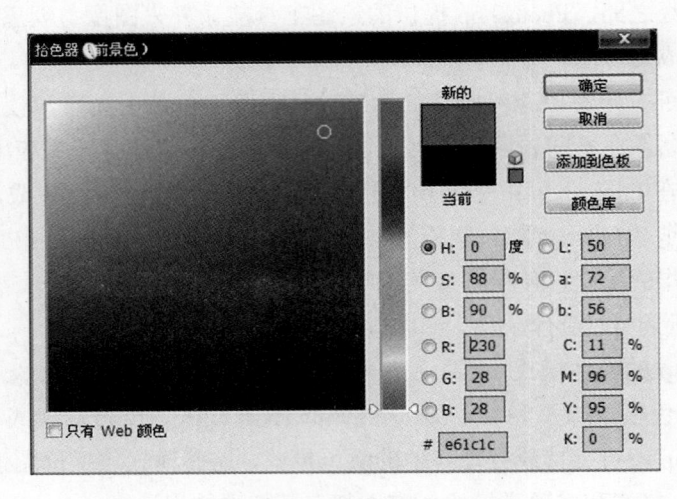

图1-64　Photoshop拾色器

为了能够在不同的场合正确输出图像，有时需要把图像从一种模式转换为另一种模式。Photoshop通过执行【图像】下拉菜单中的【模式】子菜单中的命令（图1-65）来转换需要的颜色模式。这种颜色模式的转换有时会永久性地改变图像中的颜色值。由于有些颜色模式

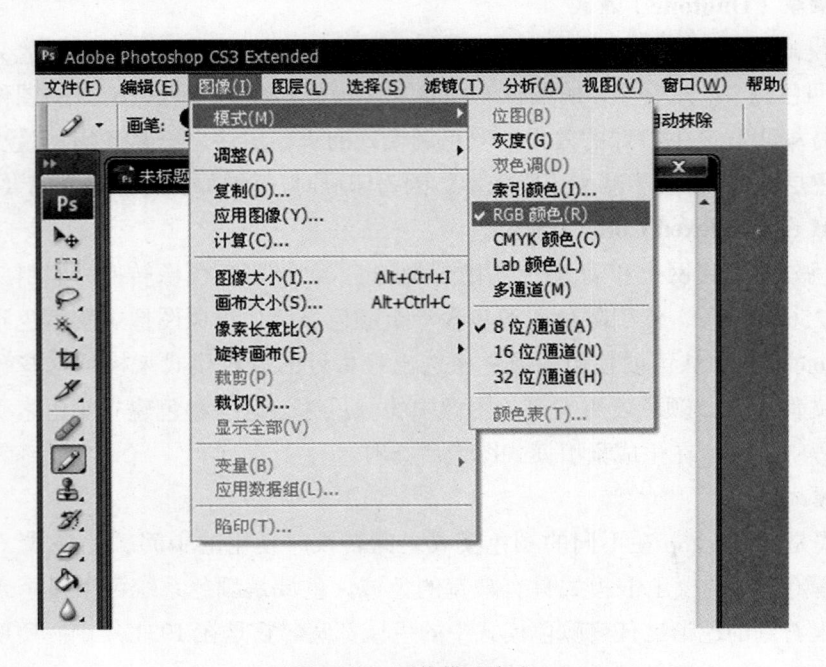

图1-65　图像模式命令

在转换后会损失部分颜色信息，因此，在转换前最好为其保存一个备份文件，以便在必要时恢复图像。

（二）Photoshop 的文件格式

Photoshop 支持 20 多种图像文件格式，可以打开这些格式的文件，进行编辑并转换保存为其他格式。这里介绍常用的几种图像文件格式：

1. PSD 格式

PSD 图像文件格式是 Photoshop 自身生成的文件格式，它能够支持 Photoshop 的全部特征：Alpha 通道、专色通道、多图层以及剪裁路径，另外，它还支持 Photoshop 使用的任何颜色深度或图像模式。如果图像中包含的图层不止一个，或者背景图层重新命名，必须用 Photoshop 自身的格式才能保证不会丢失图层信息。以"*.psd"格式保存的文件虽然在保存时给予了适当的压缩，但图像文件仍然很大，会比其他格式的图像文件占用更多的磁盘空间。

2. GIF 格式

GIF 图像文件格式是万维网上应用最广的图像文件格式之一。GIF 文件格式要求图像中颜色的数量降低到 256 种或者更少。GIF 文件格式同时支持线图、灰度和索引图像。GIF 图像文件格式占用的磁盘空间较少。Photoshop 除了可在"文件"菜单的"存储为"选项中保存外，还可以在"文件"菜单中的"存储为 WEB 所用格式"命令进行保存。

3. BMP 格式

BMP 图像文件格式是一种标准的点阵式图像文件格式，它支持 RGB、索引颜色、灰度和位图色彩模式，但不支持 Alpha 通道。在 Photoshop 中将图像文件保存为 BMP 格式时，系统将打开"BMP 选项"对话框，用户可在此选择文件格式，一般选择"windows"格式，再选"24 位"深度。

4. TIFF 格式

TIFF 图像文件格式可在不同平台和应用软件间交换信息，是为色彩通道图像创建的最有用格式。该格式支持 RGB、CMYK、LAB、Indexed Color、BMP、灰度等多种色彩模式。

5. PDF 格式

PDF 图像文件格式包括矢量图形和位图图形，支持 RGB、索引颜色、CMYK、灰度、位图和 LAB 颜色模式。

6. EPS 格式

EPS 图像文件格式是一种 PostScript 格式，可以用于绘图和排版。它支持 Photoshop 中所有的色彩模式。

7. PCX 格式

PCX 图像文件格式比较简单，适合索引或者线图图像。在 Photoshop 中，它可以支持多达 16MB 色彩的图像。在其他绘图软件中，用户可以放心地将一幅索引、灰度和线图图像以 PCX 格式存储起来然后用 Photoshop 中将其转换为 RGB 格式。

（三）Photoshop 是针织服装设计中常用的工具

利用 Photoshop 制作服装效果图一般从一张线稿图开始，线稿可以是手绘扫描的，也可

▶针织服装设计与CAD应用

以是用 Photoshop 或 Illustrator 直接绘制的，制作效果图所应用的主要是 Photoshop 的色彩处理能力。实际操作时，将线稿图放在底层，在新建的图层上用画笔、铅笔、油漆桶、渐变工具等填充所需要的颜色，这些工具不但能够填充平面色，还可以填充过渡色或渐变色，各个工具的属性栏还提供了"流量"的调节以控制每次填充的颜色数量。图层间不同的图层融合模式也可以产生不同的效果。也可以不填充颜色，而使用材料的纹理来真实地模拟穿着的实际效果。线型上不但有常规的直线、曲线，还有扩展的绒毛等，甚至可以根据需要自己定义。这样综合起来可以使表面效果非常丰富。Photoshop 的另一个魅力在于它可以利用图层样式和滤镜制作意想不到的特殊效果，增强效果图的可视性。用 Photoshop 修改或调整局部色彩时，只需选中要调节的部位，重新填色或者使用调整命令和调整工具改变色调，十分简单易行。使用 Photoshop 绘制出的服装效果图具有独特的美感，表现手法不拘一格，风格变化丰富多彩，它可以超现实地表现（真人、真衣、真物），也可以很写意（印象派效果、仿油画效果），还可以随心所欲地创作出各种虚幻意境、特殊效果的服装效果图。

总之，用 Photoshop 制作服装效果图，比传统的手工绘制表达方式简便、具体得多，效果更好。

图 1-66 为 Photoshop 操作界面，从中我们可以看到，在 Adobe Photoshop 中同样有许多浮动面板，它们在具体的操作过程中起到了非常重要的作用：如颜色面板主要用于色彩的编辑，设计师可以从面板菜单中的色彩模型进行变换；图层面板也就是图层，它就如同透明的胶片，

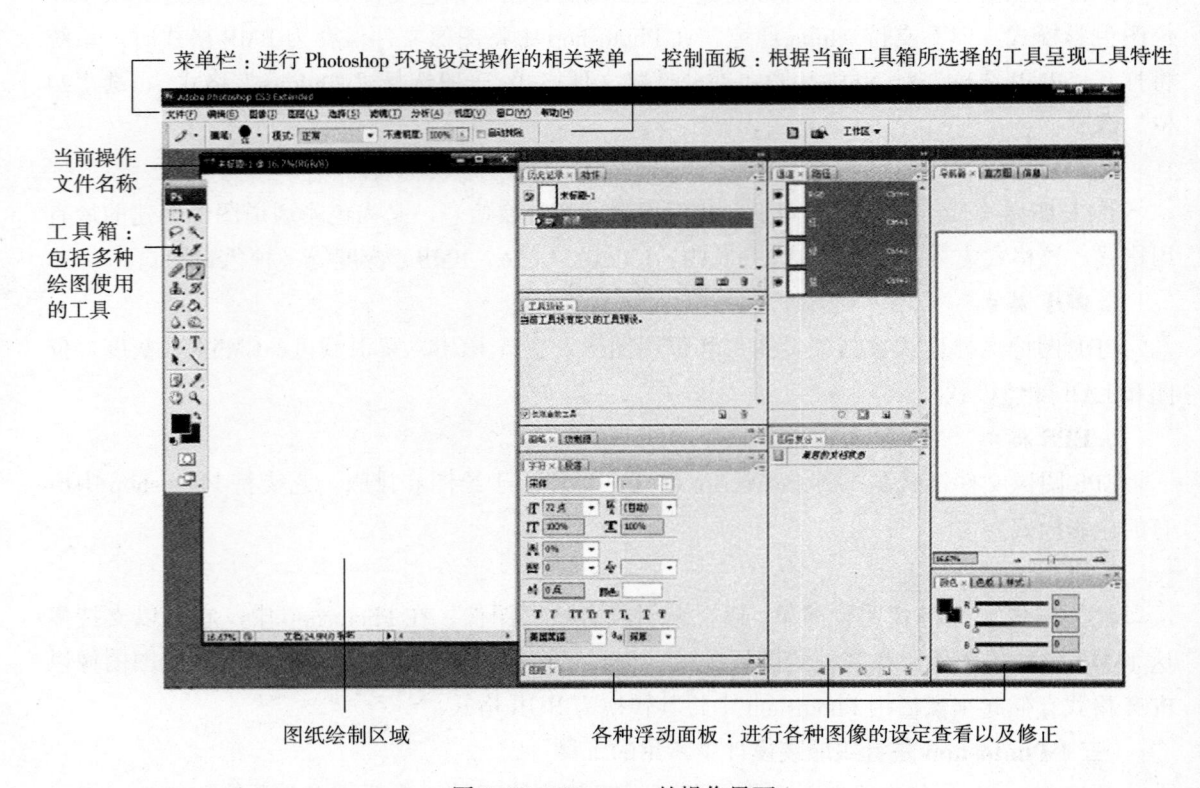

图 1-66　Photoshop 的操作界面

把每张胶片上面的画面重叠起来就形成了一幅画像。不同的图层模式可以改变图层之间的关系，基本类似于 Illustrator；画笔面板是用来对画笔工具的预设进行管理的面板。可以选择各种形状的画笔，或者自己创造自己的画笔等；样式面板方便设计师给文字、图形、图像的图层等选择合适的面板样式，也可以新建样式；而路径面板是用于对路径进行管理工作。设计师可以新建路径、复制路径、给路径涂上颜色等。路径面板中的路径可以复制到 Illustrator 的路径浮动面板中继续使用和编辑。通道面板是将彩色模式的图像通过各个通道表示出来，并进行管理和编辑，也可以将选定范围作为通道保存；在颜色面板中，通过点击面板右上方的三角形，在弹出的菜单中设定颜色模式后，再根据滑块以当前设置的颜色模式进行调色；色板面板属于颜色一览。点击面板上的空栏，可以创作新的颜色。按住 Ctrl 键点击可以删除颜色；历史记录面板是将记录下的操作按照顺序记录和排放，设计师可以通过鼠标单击的形式将操作恢复到指定的历史操作中去；字符面板可以设定文字的大小、行间距、字间距等，也可以设定文字的疏密程度。此外，如图 1-67 所示，Photoshop 的工具箱排列着各种绘图工具，要选择使用这些工具，只要单击工具图标或者按下工具组合键即可。凡是右下角带三角形的都包含子工具，将鼠标放在三角形上可以查看并选择此工具中的子工具。

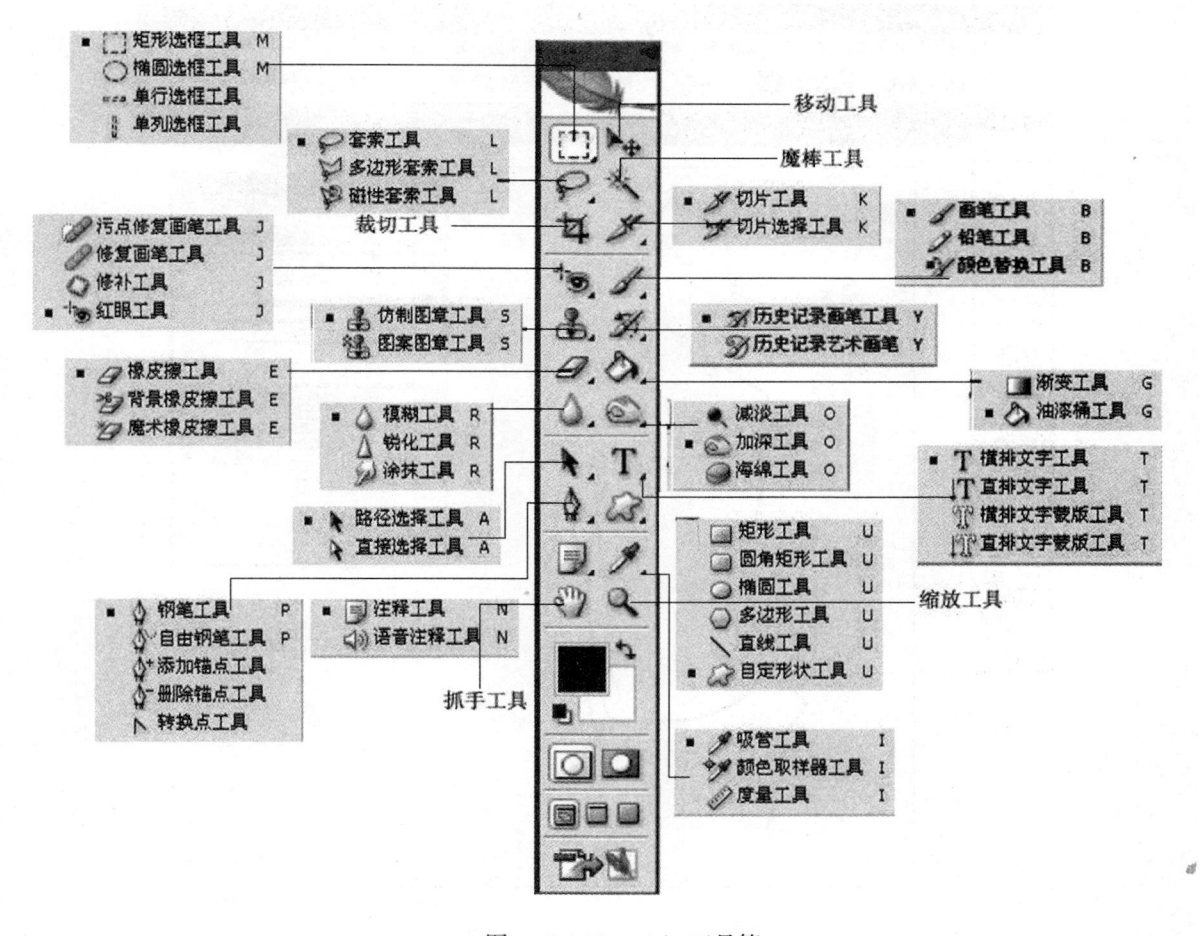

图 1-67　Photoshop 工具箱

二、Photoshop 在针织服装设计中的操作使用

将已有的面料图片填充到服装的外轮廓内,是针织服装设计常用的一种快捷方便的表现技法,主要有两种表现形式:在线描效果图中填充面料,在已有模特照片中填充面料。

(一)在线描效果图中填充面料

通过了解 Photoshop 当中【钢笔工具】、【魔术棒工具】、【移动工具】、【矩形选择工具】、【油漆桶工具】以及【加深减淡工具】的使用方法,学习在线描效果图中填充面料。具体操作步骤如下:

(1)绘制线描效果图:如图 1-68 所示,在 Illustrator 中使用【画笔工具】描绘出服装的外轮廓,注意调整线条粗细以及虚实变化。再使用【钢笔工具】描绘出模特脸部五官以及服装的细节结构线,如图 1-69 所示。

(2)保存线描效果图:使用【选择工具】框选所有线条,如图 1-70 所示,在【对象】下拉菜单中选择【编组】,再点击【文件】下拉菜单中的【存储】,在弹出的对话窗口中将文件命名为"针织服装设计",以"*.AI"格式保存在指定文件夹中,如图 1-71 所示。

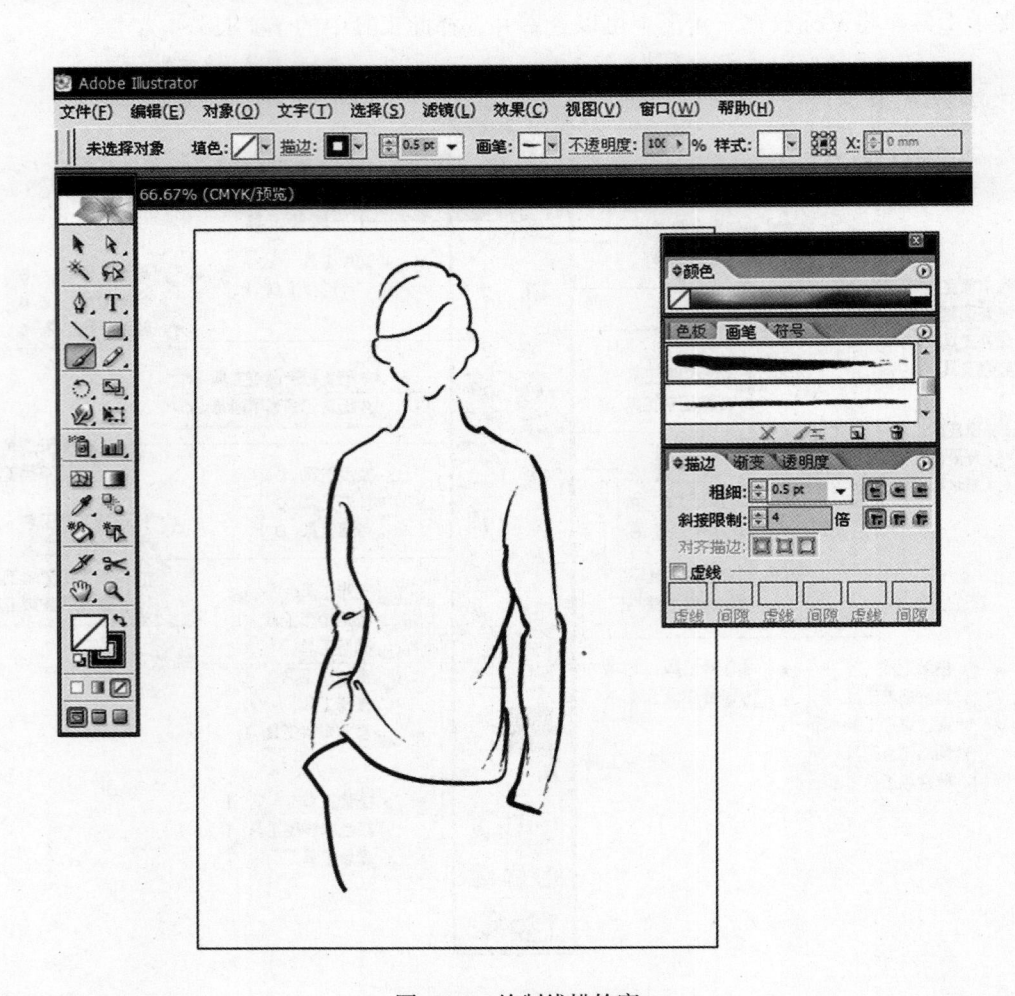

图 1-68 绘制线描轮廓

图 1-69 绘制细节

图 1-70 编组

图 1-71 保存

（3）打开文件：如图 1-72 所示，在 Photoshop 中，通过【文件】下拉菜单中的【打开】操作，打开刚才保存在指定文件夹中的"针织服装设计 .AI"文件。

（4）新建图层：选择【图层浮动面板】右下角【新建图层】图标，系统默认新建图层 2。

47

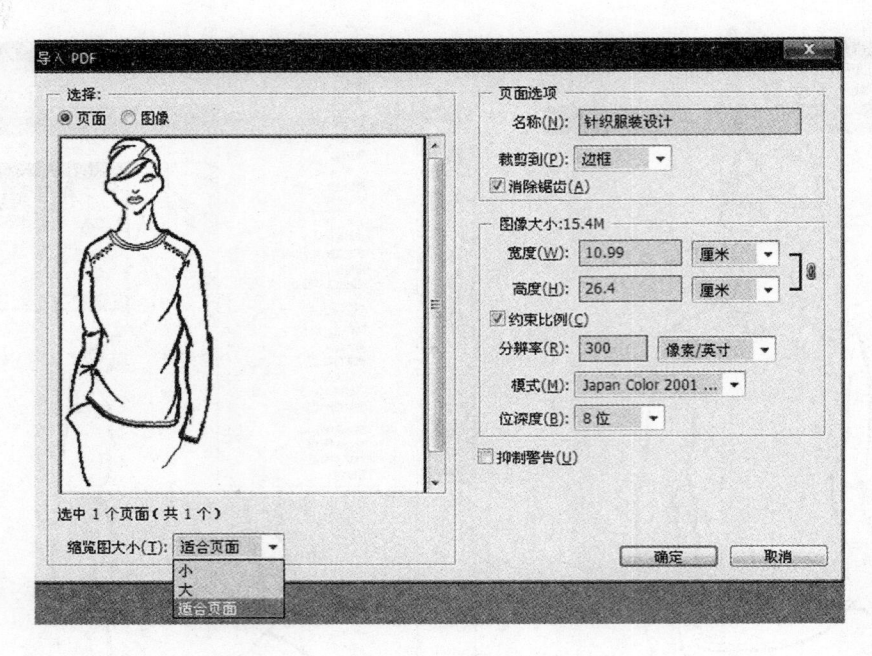

图 1-72 打开

为方便作图需要，按住鼠标左键将其拖动到"图层1"下方，如图1-73所示。

（5）选择区域：如图1-74所示，在工具箱中选择【魔术棒工具】，并且在控制面板里选中【添加到选区】，然后回到图层1上，鼠标左键点击模特以外的任意一点和模特的眼睛。除模特以外所有区域都被虚线框选（注意，如果此处出现模特也被选中的现象，说明模特线描衔接处有空隙，首先 Ctrl+D 取消之前的选择。然后在图层1中使用【钢笔或铅笔工具】补漏，

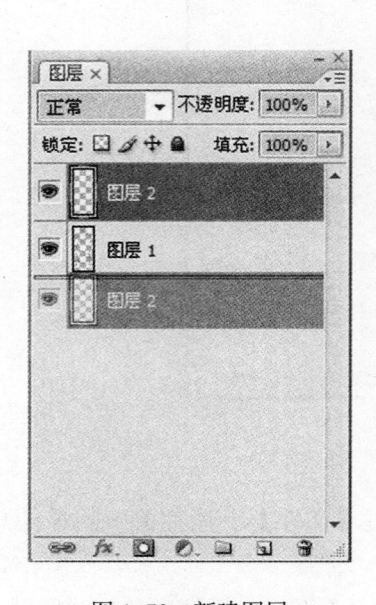

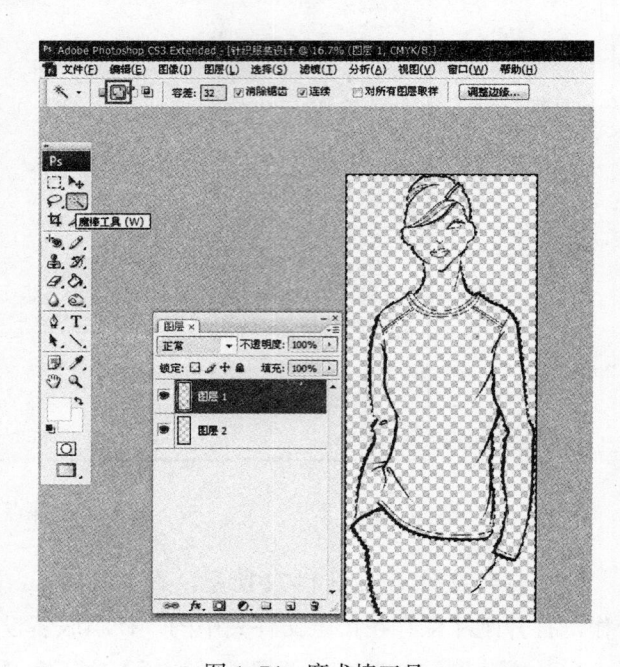

图 1-73 新建图层　　　　　　　　图 1-74 魔术棒工具

第一章　针织服装设计技法

最后再重新做魔术棒选区)。

(6) 填充底色：如图1-75所示,鼠标左键双击工具箱【前景色】,在拾色器窗口中选中白色。然后选择工具箱中的【油漆桶工具】,鼠标回到图层2虚线区域,点击填充。

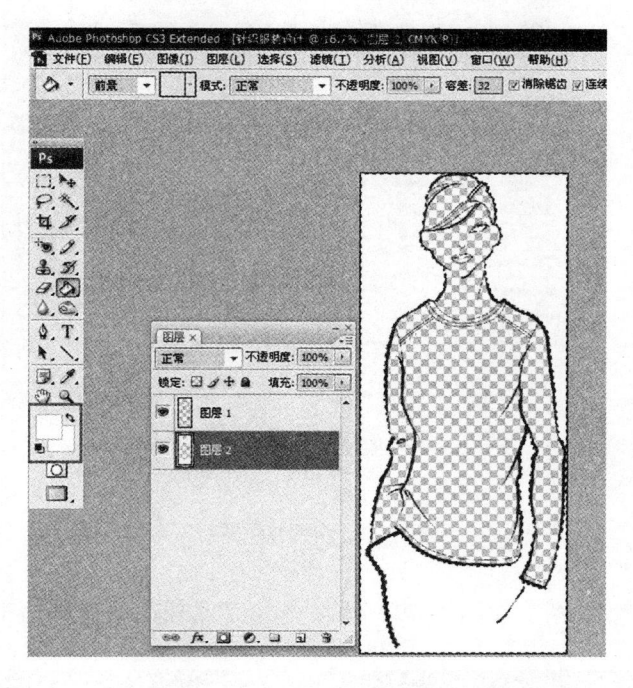

图1-75　填充色

(7) 填充皮肤色：如图1-76所示(彩图见封二),在工具箱中将前景色变为皮肤色,同步骤(6)方法(图1-77),将模特皮肤以平涂方式色彩填充完整。

(8) 打开针织料样：通过【文件】下拉菜单中的【打开】操作,打开已有的针织料样图片。使用工具箱中的【矩形选框工具】在面料中对角线方向圈选出面料区域,如图1-78所示。

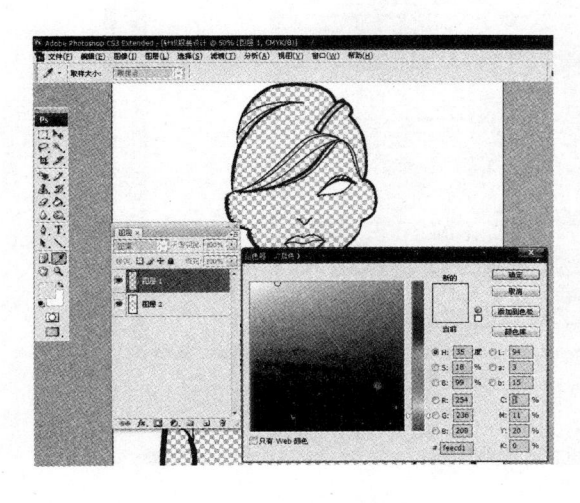

图1-76　选择皮肤颜色　　　　　　　　　　图1-77　填充肤色

49

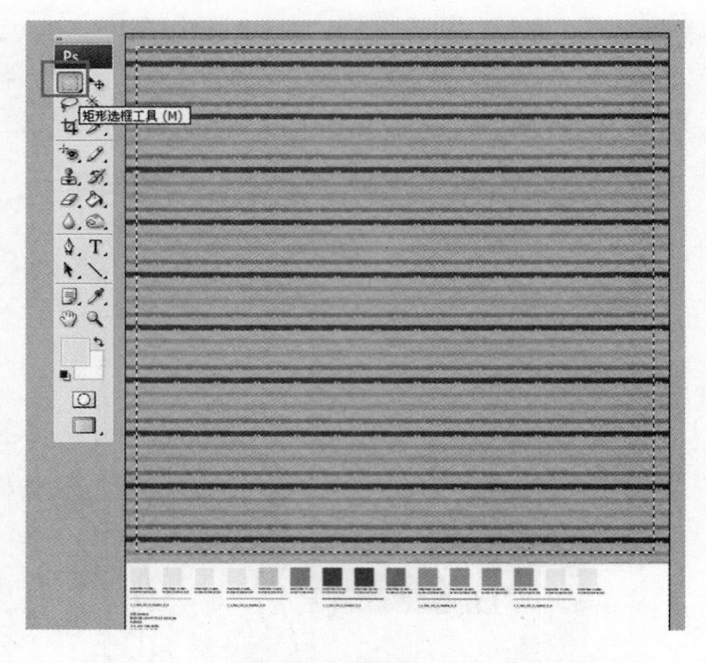

图 1-78 圈选针织料样

（9）移动料样到效果图：如图 1-79 所示，选中工具箱中的【移动工具】，将圈选的料样

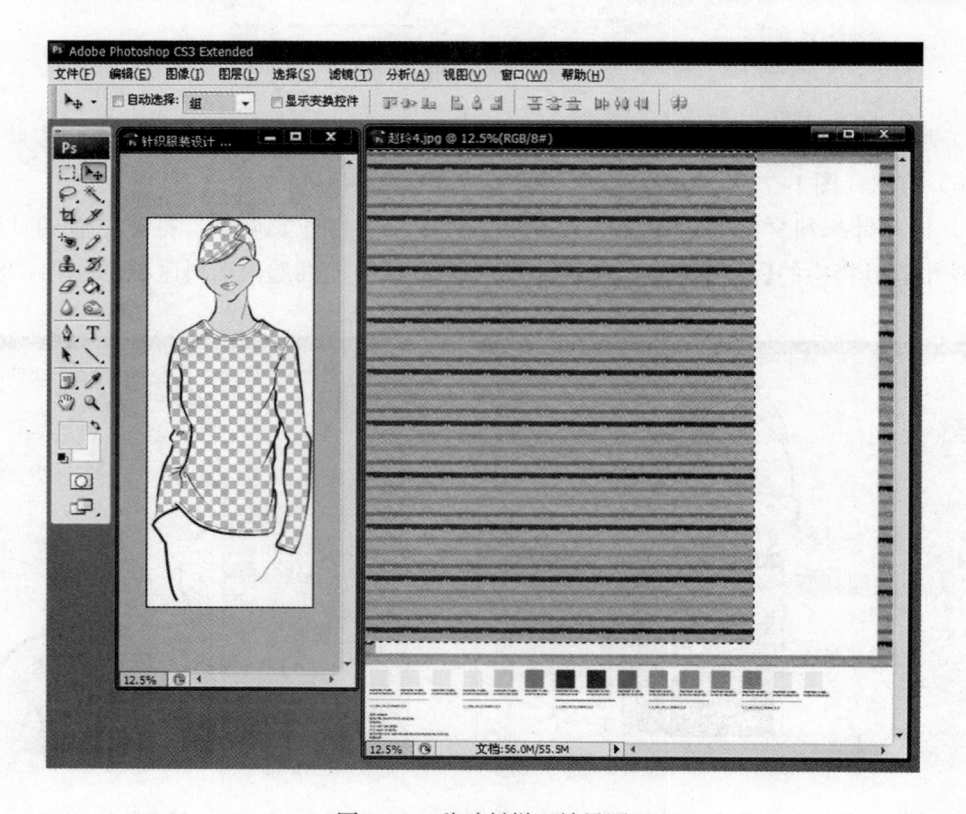

图 1-79 移动料样至效果图

直接拖拽到"针织服装设计"文件中，此时鼠标由黑色箭头变为带十字的白色箭头。然后关闭针织料样图片文件。

（10）改变图层顺序：将料样拖至效果图后，系统将自动生成"图层3"覆盖住其他的图层，如图1-80所示，将其移动至最下层。

图1-80　改变图层顺序

（11）放缩针织料样比例：工作图层选中图层3，然后点击Ctrl+T快捷键，针织料样四周随即出现边框，左手按住Shift键，光标放在方框角落处，变为双向箭头时，左键拖动同比例放大或缩小面料，如图1-81所示。最后点击Enter键。

（12）复制图层：如图1-82所示，鼠标右键点击图层3，选择【复制图层】，随即弹出"复制图层"对话窗口，重新命名为"右胳膊"，如图1-83所示。将该图层的"指示图层可见性"改为【不可见】。

（13）变换面料透视关系：首先使用【矩形框选工具】框选整件服装的面料范围，然后在【编辑】下拉菜单中选择【变换】下的【变形】，如图1-84所示，鼠标左键根据透视关系调整面料的转折。最后点击Enter键确定，Ctrl+D取消选择。

（14）变换袖子透视关系：如图1-85所示，右袖的透视关系随着大身的变化而改变，带来袖子的透视关系发生错误。因此重新将"右胳膊图层"的"指示图层可见性"改为【可见】。

51

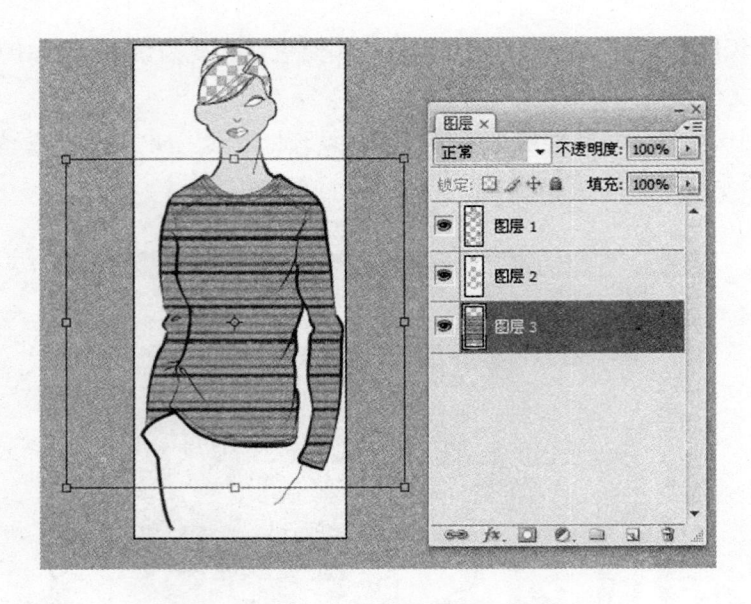

图 1-81　同比例放大或缩小

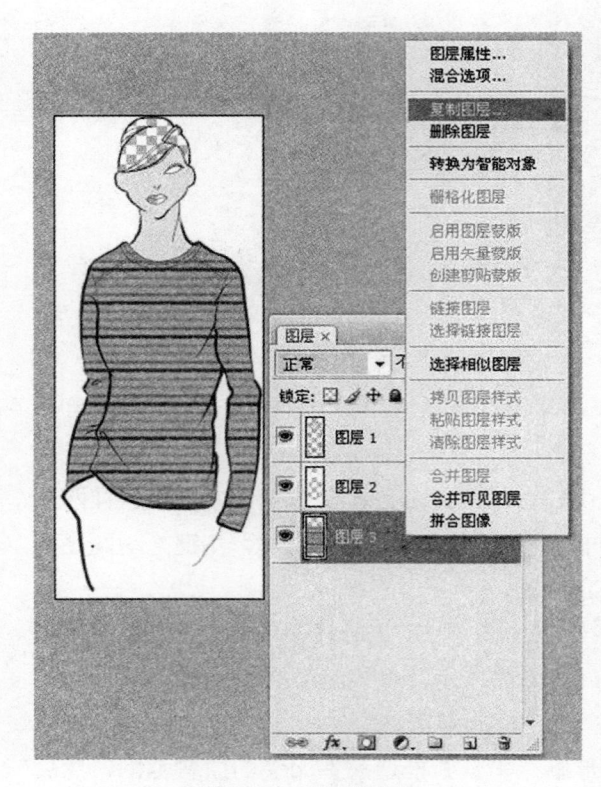

图 1-82　复制图层

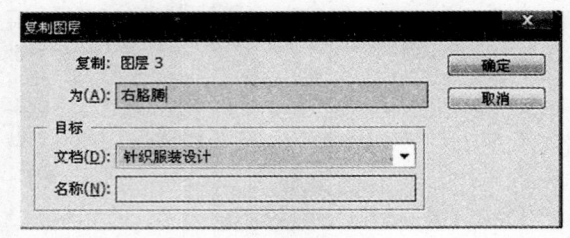

图 1-83　新图层命名

首先使用【移动工具】将面料移动至右胳膊附近。做法同大身一样，修改右胳膊的面料透视关系，如图 1-86 所示。然后使用【橡皮工具】，点击鼠标右键确定橡皮擦直径大小，将多余的袖子面料清除干净，如图 1-87 所示，Ctrl+D 取消选择。

（15）合并图层：如图 1-88 所示，将"图层 1"和"图层 2"的"指示图层可见性"改为【不可见】。鼠标右键点击"右胳膊图层"，选择【向下合并】（此时一定注意，下面的图层是否都是服装面料）。

（16）调整服装整体明暗关系：如图 1-89 所示，从工具箱中选中【减淡工具】，鼠标右键点击画面，调整画笔直径，按照服装人体转折受光面明暗关系修饰服装面料，如图 1-90 所示。局部可以根据需要夸张修饰。同理从工具箱中选中【加深工具】，再次进行阴暗面的绘制，

第一章　针织服装设计技法 ◀

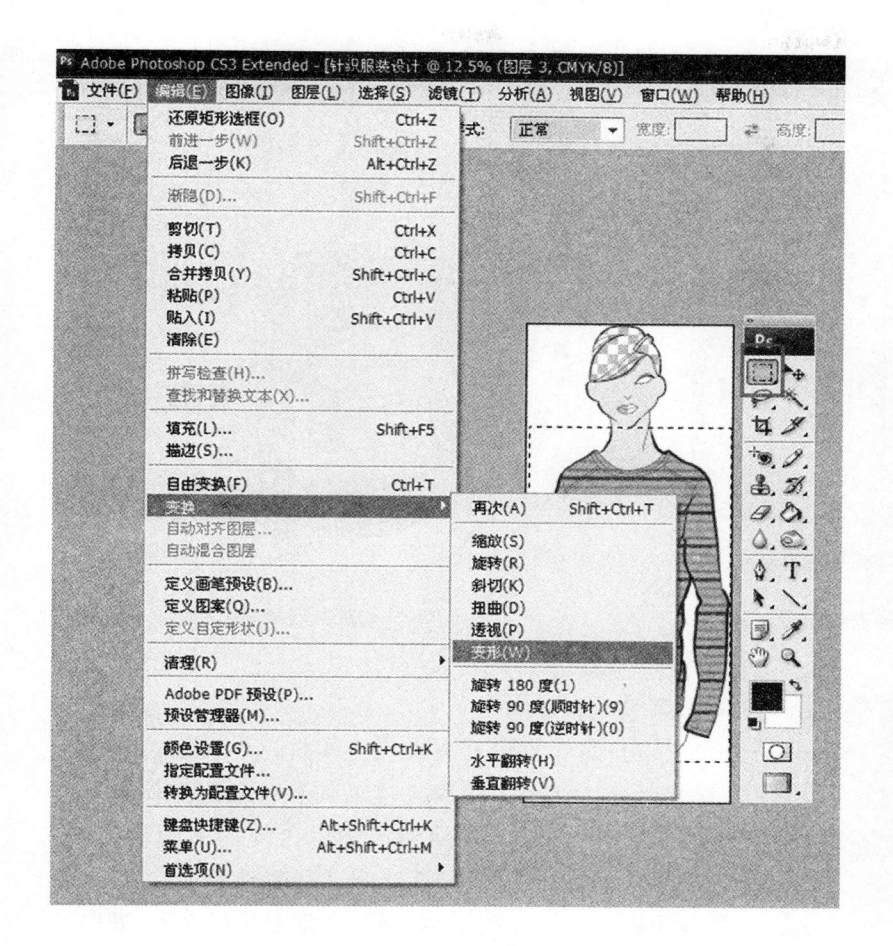

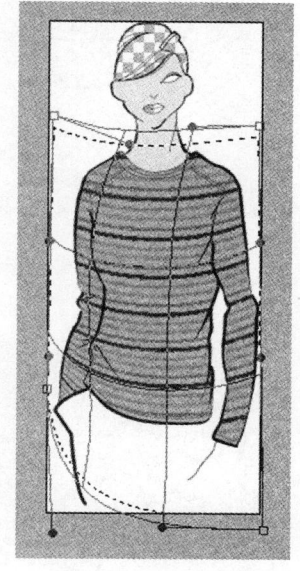

图 1-84　变形

图 1-85　大身透视

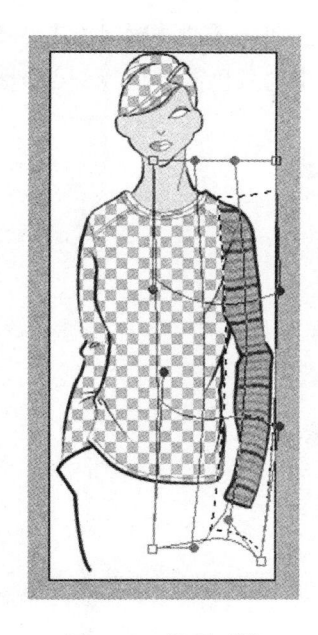

图 1-86　袖子透视

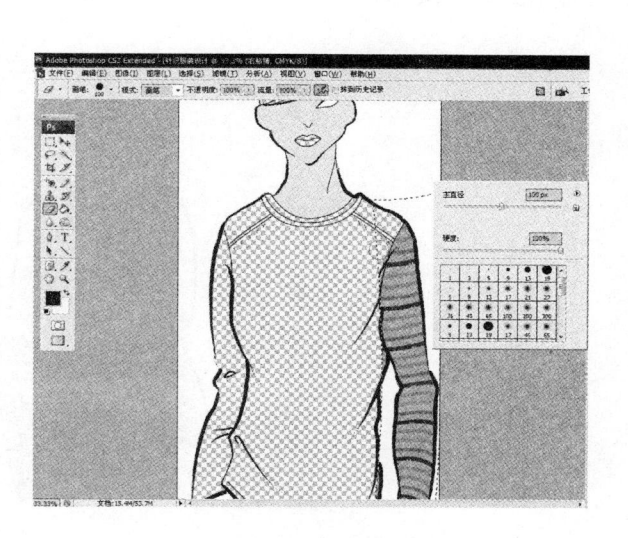

图 1-87　去除袖子多余面料

53

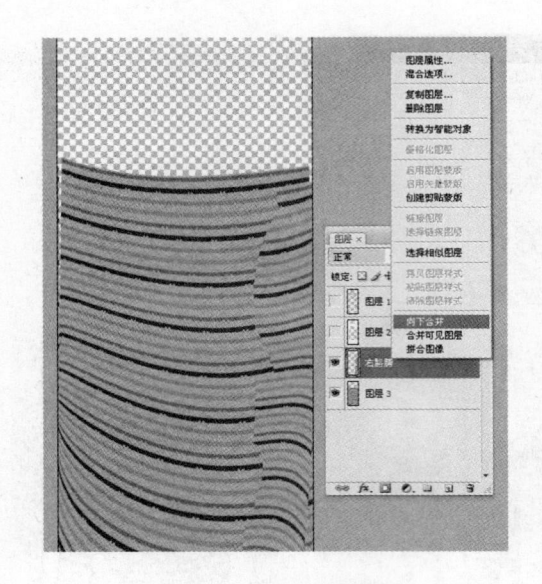

图 1-88 拼合服装面料图层

图 1-89 加深减淡笔触调整

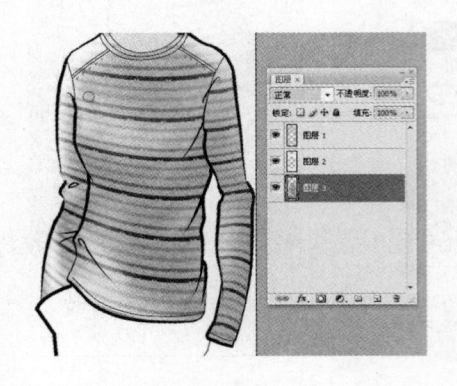

图 1-90 减淡修饰

效果如图 1-91 所示。

(17) 面部修饰:将图层 1 作为工作图层,同步骤(16)一样,使用【加深减淡工具】对面部整体阴暗面进行修改,如图 1-92 所示,然后再使用【画笔工具】绘制模特腮红,如图 1-93 所示(彩图见封二),将当前色改为腮红色。如图 1-94 所示(彩图见封二),嘴唇的颜色从【前景色】中确定,使用【魔术棒工具】先选择出嘴唇要填充颜色的区域,再使用【油漆桶工具】填充,也可以使用【画笔工具】和【前景色】再进行细部刻画,

图 1-91 加深修饰

图 1-92 面部明暗面修饰

图 1-93 腮红

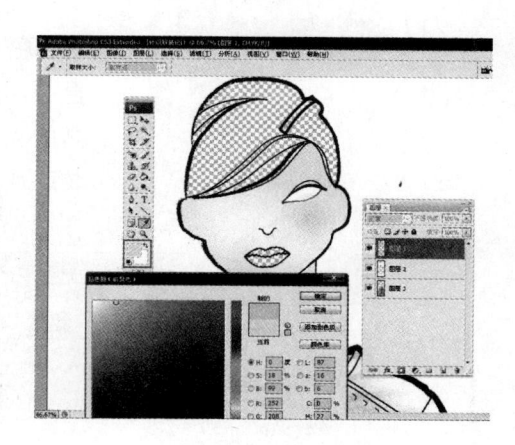

图 1-94 嘴唇

如图 1-95 所示（彩图见封二）。

（18）头发的修饰：根据设计的需要，头发的绘制相对比较随意。新建一个"图层 4"放在图层最底层，然后将前景色改为头发的颜色，使用【油漆桶工具】填充"图层 4"，如图 1-96

图 1-95 画笔修饰嘴唇

图 1-96 给头发上色

55

▶针织服装设计与CAD应用

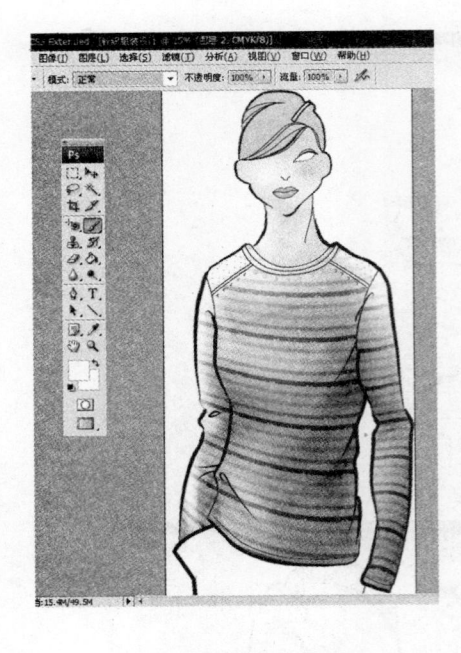

图1-97 完成效果图

所示（彩图见封二）。

（19）完成图：最后使用【画笔工具】和【前景色】，将整体的效果图进行细节的刻画，如图1-97所示（彩图见封二）。从【文件】下拉菜单中选择【存储】，保存效果图到指定文件夹。

（二）在已有模特照片中填充面料

通过了解Photoshop当中【移动工具】、【磁性套索工具】、【添加蒙版工具】以及【加深减淡工具】的使用方法，学习在已有模特照片中填充面料，如图1-112所示。具体操作步骤如下：

（1）打开图片文件：如图1-98所示，在Photoshop中，通过【文件】下拉菜单中的【打开】操作，打开"T台秀照片"文件。设计师需要注意，尽量选择明度较高的无彩色服装，同时最好是光影效果较为明显的服装照片。

图1-98 打开图片文件

56

（2）新建图层：选择【图层浮动面板】右下角【新建图层】图标，系统默认新建图层1，如图1-99所示。

（3）打开面料文件：如图1-100所示，在Photoshop中，通过【文件】下拉菜单中的【打开】操作，打开一个面料图片文件，然后使用【矩形框选工具】，鼠标左键在"面料图片"中框选出一个矩形。

（4）移动面料：如图1-101所示，选中【移动工具】，在"面料图片"中按住鼠标左键，将矩形选框内的面料拖拽到"T台秀照片"文件。

（5）修改透明度：如图1-102所示，在【图层浮动面板】右上角处设置【不透明度】为54%。以方便后面的磁性套索。

图1-99 新建图层

（6）同比例放大缩小：如图1-103所示，按照面料花纹在服装中所占比例，左手按住Shift键，右手鼠标点击面料任意一角并拖动至合适大小，再点击"Enter"键确定。

（7）扭曲变形：因为面料穿在人体上会发生角度变化，为了让面料的视觉效果更加逼真，需要先给面料做"扭曲"修改。具体操作是：鼠标右键点击面料，在出现的下拉菜单中选择【扭曲】，如图1-104所示，鼠标左键分别对各个锚点进行定位。最后点击"Enter"键确定。

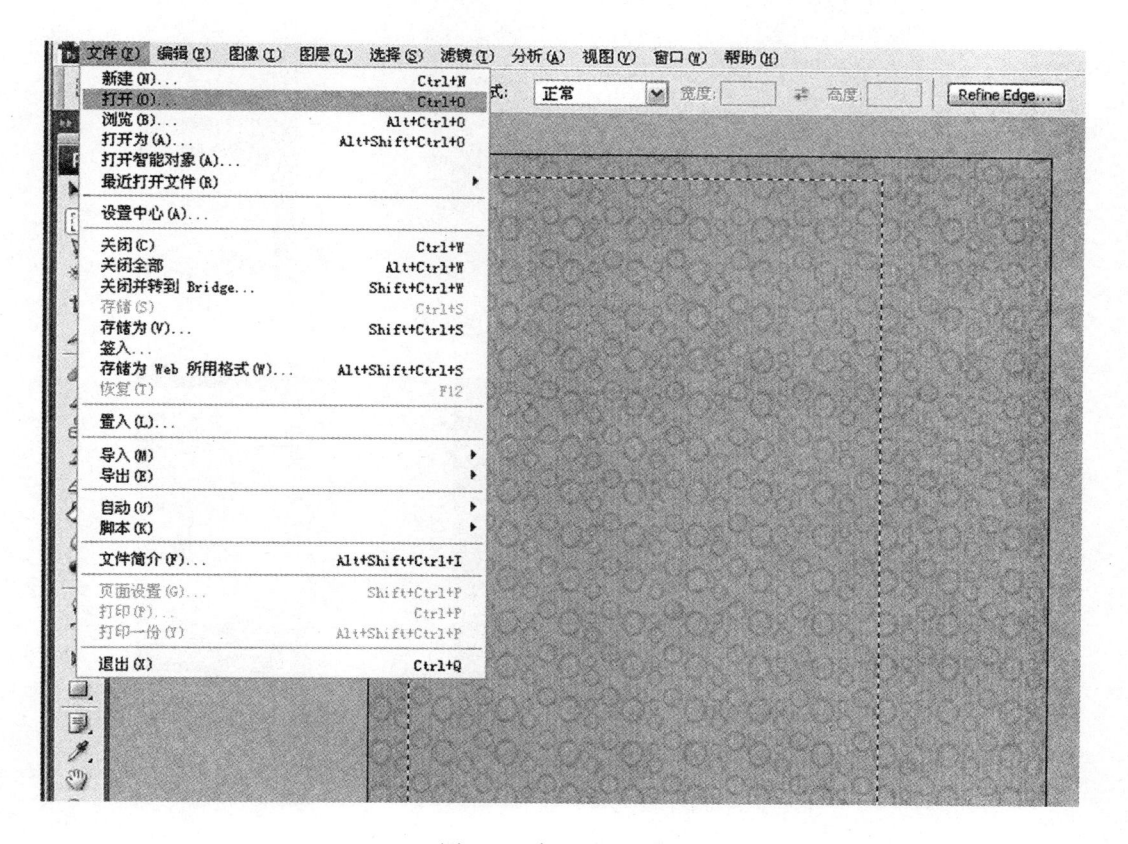

图1-100 打开面料文件

▶针织服装设计与CAD应用

图1-101 移动面料

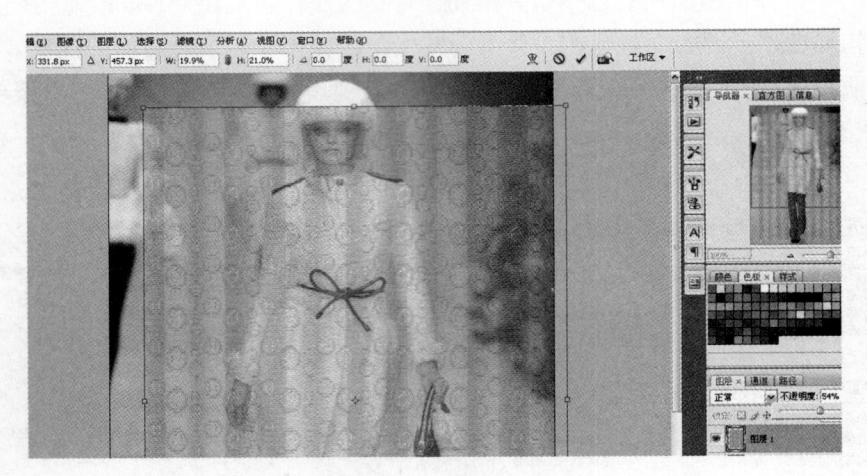

图1-102 修改不透明度

图1-103 同比例放大缩小面料

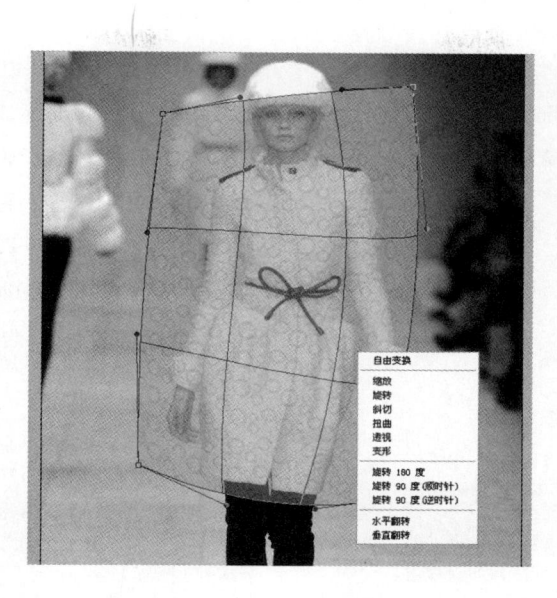

图 1-104　扭曲变形

（8）磁性套索服装外轮廓：在【图层浮动面板】右上角处重新设置【不透明度】为20%，然后选择工具箱中的【磁性套索工具】，将服装外轮廓仔细套索下来，如图1-105所示。

图 1-105　磁性套索服装外轮廓

（9）添加蒙版：如图1-106所示，点击【图层浮动面板】下方【添图层蒙版】命令，然后将【不透明度】修改为100%，如图1-107所示。

（10）修改正片叠底：如图1-108所示，在【图层浮动面板】上方【设置图层混合模式】命令中选择【正片叠底】，面料即融合到照片的服装中，随服装的阴影转折变化。

（11）合并可见层：鼠标右键点击【图层浮动面板】中的图层一，选择下拉菜单中的【合

▶ 针织服装设计与CAD应用

并可见图层】，如图1-109所示。

（12）明暗转折立体修饰：工具箱中选中【加深减淡工具】，鼠标右键点击画面，调整画笔直径，按照服装人体转折受光面明暗关系修饰服装面料，如图1-110所示。然后使用工具箱中的【模糊工具】修饰轮廓，如图1-111所示，将服装外轮廓按照近实远虚的原则进行细致的修饰。

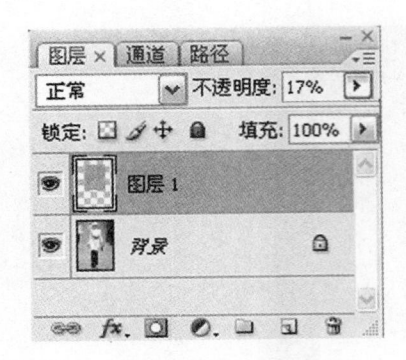

图1-106　添加图层蒙版

图1-107　修改不透明度

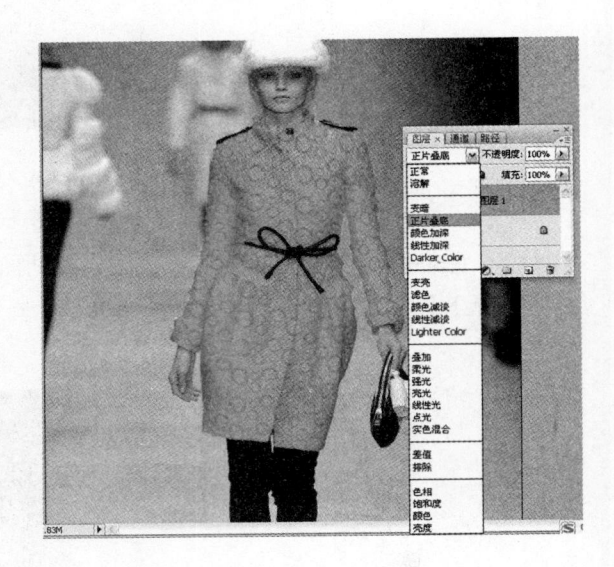

图1-108　正片叠底

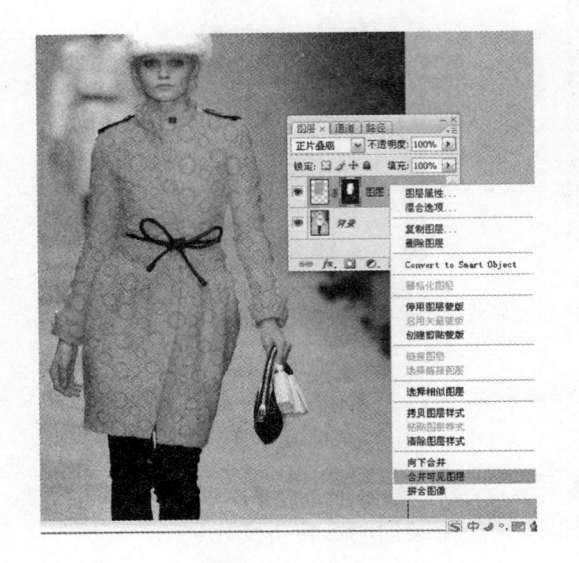

图1-109　合并可见层

图1-110　明暗转折立体修饰

（13）保存：从【文件】下拉菜单中选择【存储为】，保存效果图到指定文件夹即可。如图 1-112 所示，即为完成图。

图 1-111　模糊工具修饰轮廓

图 1-112　完成图

练习题

1. 在网络中收集不同的发型 30 款。
2. 在网络中收集动态的手造型 20 种。
3. 在网络中收集常用服装人体动态图 20 幅。
4. 在网络中收集针织服装款式图 50 幅。
5. 在网络中收集男装、女装、童装效果图设计各 20 幅。
6. 绘制服装款式线描图。

要求：男装、女装、童装各 4 件。

　　　 使用钢笔工具线描针织服装轮廓。

　　　 图层分解细致、清楚。

　　　 纸张页面为 A4。

　　　 色彩模式为 CMYK。

7. 绘制单线针织服装效果图。

要求：男装、女装、童装各 1 件。

　　　 图层分解细致、清楚。

　　　 纸张页面为 A4。

　　　 色彩模式为 CMYK。

8. 为一幅单线针织服装效果图填充面料。
要求：图层分解细致、清楚。
　　　纸张页面为 A4。
　　　色彩模式为 CMYK。
9. 为一幅针织服装照片填充面料。
要求：纸张页面为 A4。
　　　色彩模式为 CMYK。

第二章　针织服装造型设计

第一节　针织服装的廓型

一、廓型的定义

针织服装的外轮廓形态，简称廓型，即人体着装后的正面或侧面造型，它摒弃了服装局部细节，可充分展示针织服装的整体效果，给人以深刻的总体印象。

二、廓型的变化

针织服装的变化主要可归纳成合体紧身型、A型、H型、X型、Y型五种基本型，如图2-1所示。在基本型基础上稍作变化和修饰又可产生出多种变化造型来，例如，以A型为基础能变化出帐篷型、人鱼型、喇叭型等造型；对H型进行修饰也能产生箱型、筒型、O型、沙漏型等更加富情趣的轮廓形，如图2-2所示。

|紧身型|A型|H型|X型|Y型|

图2-1　五种基本廓型

| 人鱼型 | 帐篷型 | O型 | 沙漏型 |

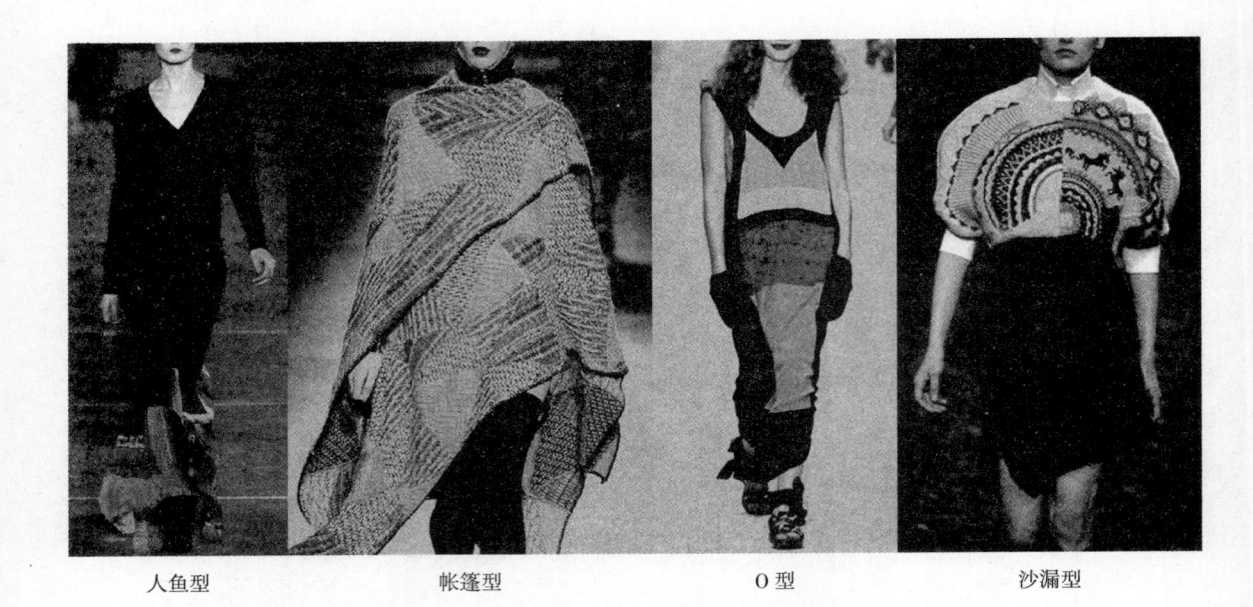

图2-2 人鱼型、帐篷型、O型、沙漏型

三、影响廓型的因素

在针织服装廓型设计中，决定外形线变化的主要部分是针织服装的肩部、腰部和底摆。

（一）肩部

肩部在针织服装设计中受到的限制比较多。鉴于针织服装本身的材质和结构特点，作为针织服装在人体上的首要支撑点，肩部设计主要表现在装饰性上。例如，20世纪80年代，阿玛尼式的宽肩造型铸就了女装Y型的造型轮廓，但是随后几年女装削弱了肩部的装饰，表现为一种优雅秀丽的女性形象，近几年的女装设计又重归肩部的塑造，在摒弃了过去宽厚的特点之外，延续了高耸的造型特点，多了一些凸显灵巧的俏皮元素。

（二）腰部

腰部在针织服装造型设计中占有举足轻重的地位，是影响服装廓型的重要因素。X型和H型的腰线高低变化会带来服装上下长度的比例差异，腰部围度的松紧变化，直接会影响针织服装廓型的改变。在针织服装造型中，H型自由简洁，要求腰部比较宽松；而X型纤细、窈窕，腰部的造型设计就需要相对收紧。另外，腰节线的高度不同也可形成高腰式、中腰式、低腰式等不同造型的针织服装，腰线的高低变化可直接改变服装的分割比例关系，表达出迥异的着装情趣。

（三）底摆

针织服装底摆主要集中在下摆的变化上，底摆的大小和长短变化影响针织服装的廓型。因为下摆左右对称、上下层叠的平行、下摆直线或曲线变化会直接引起服装廓型的变化。另外，底摆宽度的大小也同样制约着廓形的变化，例如，超大裙摆的针织裙设计造型带来的绝对不会是Y型的廓型。

第二节　针织服装的局部设计

任何一个整体，均由许多局部组成，局部设计是依附于整体存在的，但局部与整体又具有各自的独立性。针织服装设计也是同样的道理，针织服装造型是包含人体在内所组成的一个整体。衣领、衣袖、口袋、下摆、门襟、衣衩以及配饰（领带、腰带、纽扣、鞋帽）等作为局部设计，随着自身的变化组合而变化，同时会影响服装的整体风格。在进行针织服装设计时，运用服装形式美法则，合理对局部进行结构设计处理，可以使针织服装的局部与整体造型协调统一。

一、领子设计

（一）领子的分类

领子是针织服装上至关重要的部位，它不仅具有功能性，而且还具有装饰性。通常针织服装领子分为挖领和添领。其构成设计主要是：挖领的领线形状；添领的领座高、翻折线、领轮廓线的形状及领尖修饰等。

1. 挖领

挖领又被称为领圈，此种领型无领座和领面，只有领窝。针织工艺上通常在领口上直接加罗纹或者滚边、折边设计。因为这种领型的特点是造型简单，易显示颈部的美丽，是针织服装经常使用的一类领型。其基本造型主要有：方形、圆形、一字形、鸡心形、梯形、斜领形线、背心形、前开衩、挂脖领、抽带领等。另外，还有镶花边或做补绣工艺的设计，如图2-3所示。设计师在设计挖领时要注意领口的尺寸，在工艺上要保证人体头部能正常穿脱，必要情况下，可适当增加纽扣、拉链或者开衩设计。

2. 添领

针织服装的添领可以分为立领、翻领、波浪领三类。

（1）立领：立领是从领围线沿脖颈立起来的领子。因为针织面料具有回弹性和延伸性的特点，这类领子在针织服装设计中经常被用到，如图2-4所示。

（2）翻领：是属于没有领座或者领座很低，沿领口平翻的领子（图2-5）。这类领子通常在针织女装和针织童装中应用。翻领有平翻领、立翻领和驳领三种。

①平翻领：领面向外翻出平展贴肩。由于针织面料保形性比较差，在针织服装添领设计中，较多使用平翻领设计，其变化主要集中在领面和领角的形状上。

②立翻领：领面向外翻贴在领座上。由于针织面料保形性比较差，在设计中这类领型通常会使用机织面料配合设计，如T恤的翻领。

③驳领：也称为敞领，它是由领子前部及衣身的一部分共同翻折形成的领型。由于领子和驳头都可以进行设计，因此这类领型款式变化丰富，被广泛应用于针织外衣的设计。

（3）波浪领：由于领边与荷叶相似，所以也叫荷叶领。波浪领属于宽松造型设计，并具有优雅的女性气质，故波浪领在针织女装中应用非常广泛，如图2-6所示。

▶针织服装设计与CAD应用

图 2-3 挖领设计

图 2-4 立领设计

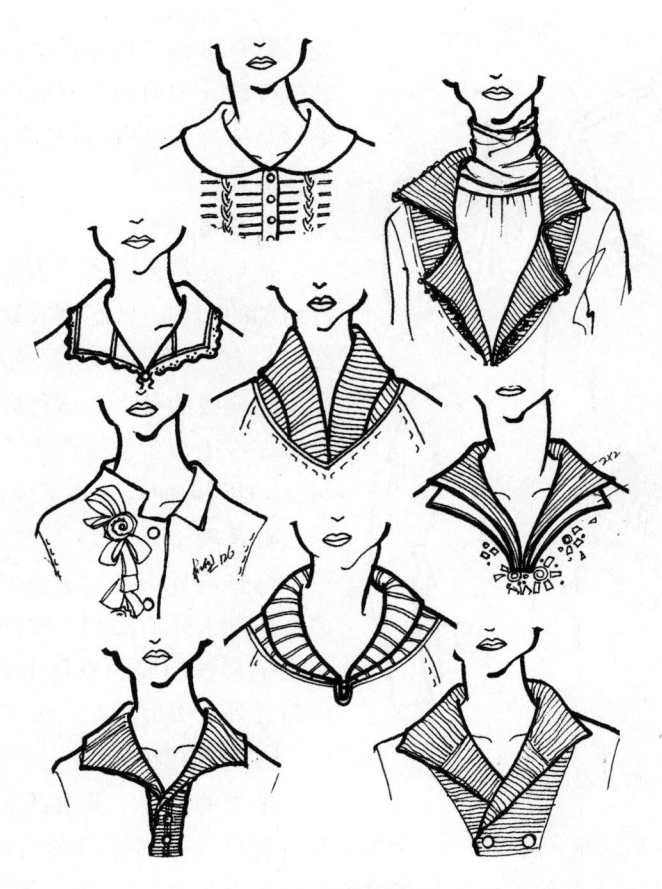

图 2-5　翻领设计

二、肩型和袖型的设计

针织服装中，肩和袖之间有着密不可分的关系，甚至在有的款式中肩袖融为一体，因此在针织服装设计时，必须考虑两者之间的关系并将其有效地结合起来。

（一）肩型的设计

在针织服装中常用的基本肩型如图 2-7 所示。

1. 直肩

直肩由于工艺造型简单，肩部宽松，着装效果不服帖，所以穿着不舒服。直肩造型多用于价格相对比较低廉的 T 恤的设计。

2. 平肩

平肩是仿人体肩部结构造型设计的肩

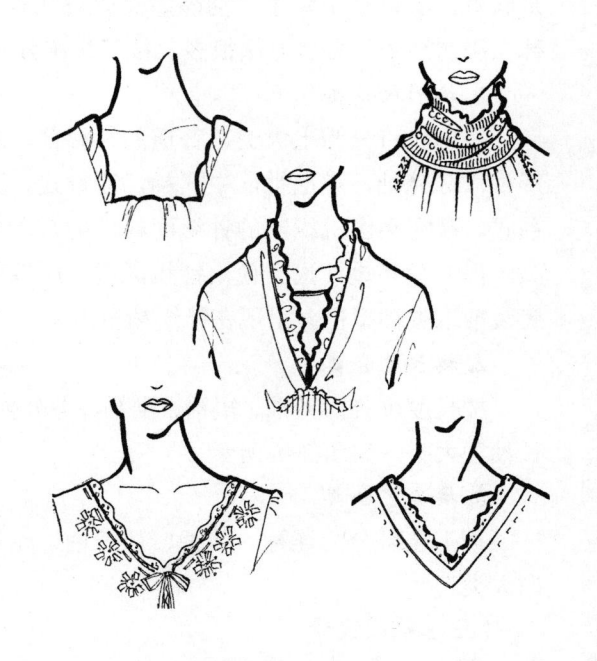

图 2-6　波浪领设计

型，具有落肩的尺寸设计。通常情况下，在服装纸样设计中前后落肩值相同，但更多的男装毛衫是前片为平肩，后片设计为2倍的落肩差，使得肩线后移。

3. 插肩

插肩是将袖和肩合为一体，将原本属于衣片肩部的结构，转移到衣袖上，使肩线和袖窿线合二为一，形成斜肩平袖形。由于"A字型"插肩结构线的存在，这种肩型外观给人单薄轻盈感。在毛衫工艺织造上，插肩对袖型的要求很高，要避免面料在腋下堆积而产生不舒适感。

4. 马鞍肩

马鞍肩外型接近于插肩，这种肩型因为更多考虑到人体肩部和上臂的衔接活动特点，所以在毛衫挂肩线的设计上讲究曲线合体作用。因为其外观类似马鞍，故名马鞍肩。

图 2-7 肩型设计图

（二）袖型的设计

袖型的设计主要包括：袖子的长度，袖身的宽窄，袖口的尺寸和形状、袖口设计、袖窿宽窄变化以及袖褶等，同时再配合多变的装、接、拼、缝等方法形成丰富多彩的袖型设计。由于人体在上半身结构中，活动幅度最大的部位就是胳膊，所以袖子除了它的静态美感设计以外，最重要的还是穿着状态下的服用性能设计。针织服装袖子的命名方法很多，按照传统分法以下三种：

1. 按形状分类

按形状可分为七大类，普通的衬衫袖，菱形袖，灯笼袖，泡泡袖，中式袖，连袖式，无袖式。现在大圆机织制的针织面料性能有所提高，很多套装设计也会使用针织面料，所以像套装袖这类袖型也会出现在针织袖型当中。

2. 按长度分类

按长度可分为无袖、短袖、半袖、七分袖、长袖五大类，如图2-8所示。

3. 按工艺分类

按工艺可分为连袖、装袖、插肩袖、无袖四大类。

（三）袖口设计

袖口以大中小各种围度或各种装饰来美化

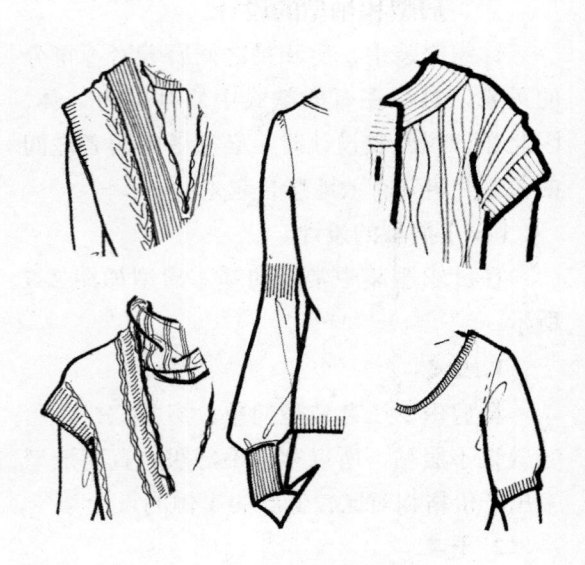

图 2-8 袖型设计图

袖身，有传统的马蹄袖口、钟形袖口、外翻袖口等。为突出针织服装的功能，反映穿着者的个性，设计师常在衣袖上做装饰，如钉肩章、装饰纽扣和贴口袋等。

三、口袋设计

口袋也是针织服装局部设计的组成部分，它有存物和装饰两大作用，其造型千变万化丰富了服装的款式设计。但是在设计时要注意口袋款式与服装风格要统一，口袋的尺寸及在服装中的位置要合理，如图2-9所示。

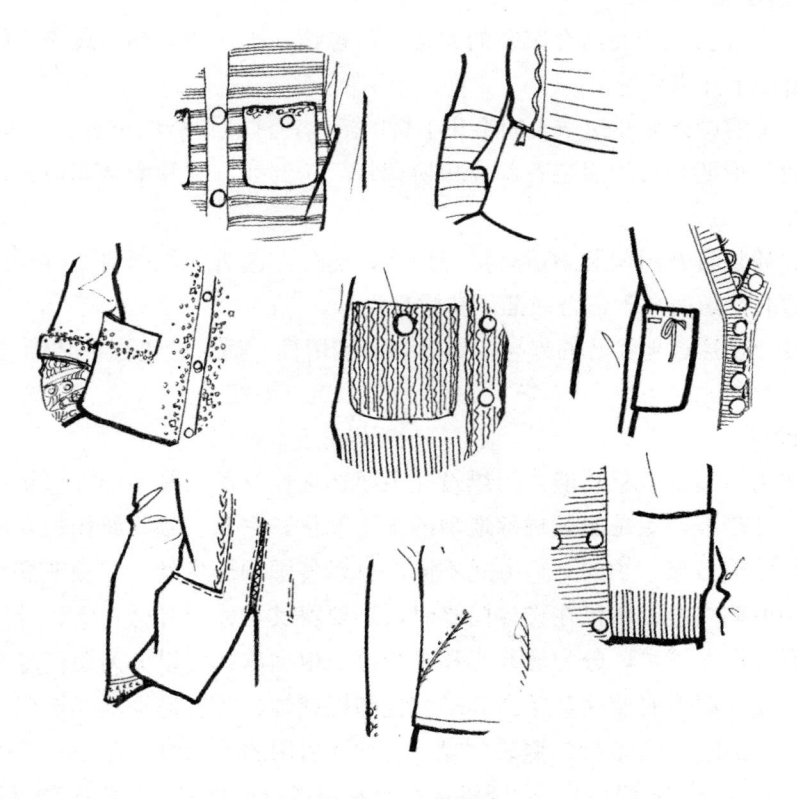

图2-9 口袋设计

（一）口袋的分类

1. 贴袋

贴袋是将口袋布直接缝合在衣片上的一种口袋造型。贴袋布的选料非常广泛，样式变化丰富。设计贴袋时，要注意其造型的深浅变化、外轮廓变化、位置和方向角度的变化要与服装的风格相符，同时也可以在贴袋上做细节装饰，丰富设计效果。

2. 挖袋

挖袋是在衣片上开出口袋线，做一个隐形的口袋，这种口袋设计在兼具口袋功能的同时有利于保证大身设计的整体效果，装饰变化主要表现在袋口部分。大圆机针织产品使用比较多的是单开线、双开线、嵌线和袋盖式的挖袋设计；毛衫挖袋工艺是在设定的口袋位置，在织造时额外多织出袋布部分形成挖袋效果，边口以装饰手法做出袋口线效果。

3. 插袋

插袋是在衣缝处设定的位置留出适当的空隙，配上里袋而形成的一种口袋造型。插袋相对比较隐蔽和朴素，因为是利用款式线形成的，通常在造型上以直线型为主，边口设计常使用镶边、嵌线、花边和珠绣等手法装饰。

4. 假口袋

假口袋是视觉上虚设的装饰性口袋，多通过装饰手法实现，如珠绣、嵌花图案等。

（二）口袋造型设计要求

针织服装中口袋的设计要结合服装的领边、门襟边、下摆边、袖口边来进行，需要整体构思。其工艺有以下几点要求：

（1）各种口袋的设计都要便于人的手和手臂的活动，注意口袋的位置、尺寸的设计。

（2）口袋的外形要与针织服装各部位相协调统一。例如，圆领配合圆口袋，方领配合方口袋等。

（3）内衣式的紧身针织服装不适合搭配口袋。另外，因为针织面料的特殊性，料质比较薄透、布质松散的针织面料不适合做插袋和挖袋设计。

（4）口袋设计要注意男女装的差异，男性强调实用性，而女性更强调装饰性。

四、门襟设计

门襟具有实用和装饰双重功能。门襟设计主要体现在针织服装中的开衫搭门处，是针织服装布局的重要分割线，也是服装局部造型的重要部位。它和衣领、纽扣相互映衬，和谐地表现着服装的整体美效果。领的开口方式不同，可以使圆领变尖领，立领变翻领，因为门襟有改变领口和领型的功能，所以在设计门襟时，还要将其与领子综合考虑。针织服装门襟的种类很多，根据长短不同可以分为通开襟和半开襟；根据款式可以分为明门襟和暗门襟、对襟和搭门襟。在设计门襟时要注意考虑其平整性和挺括性，具有特别款式造型的门襟也要注意其装饰效果。通常情况下，毛针织服装门襟工艺设计所用的织物组织有：满针罗纹、2+2罗纹、1+1罗纹、畦编、波纹、提花等针法。大圆机针织服装门襟设计类似于机织服装设计，如图2-10所示。

五、下摆设计

针织服装的下摆设计实际就是服装的底摆设计。下摆属于服装造型布局的横向分割线，它的变化直接影响到服装廓型的改变。如图2-11和图2-12所示，下摆按照工艺可分为以下三种方式：

（1）直边：毛针织类多采用罗纹组织、三平组织、四平组织、纬平针组织、纱罗组织等。

（2）折边：将底边的织物折叠成双层或三层，然后缝合而成。这种下摆设计更多应用于大圆机针织产品，也就是非成型针织服装产品。

（3）包边：使用另外的织物进行包边的工艺，有实滚和虚滚两种。

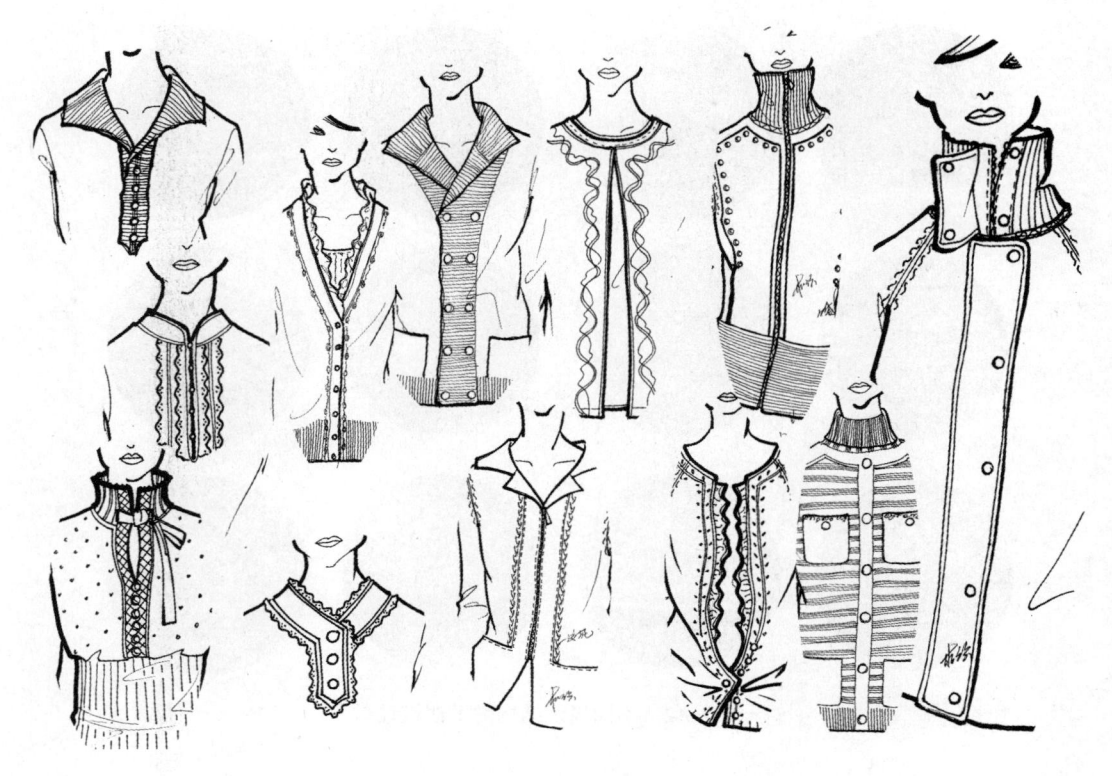

图 2-10　门襟设计

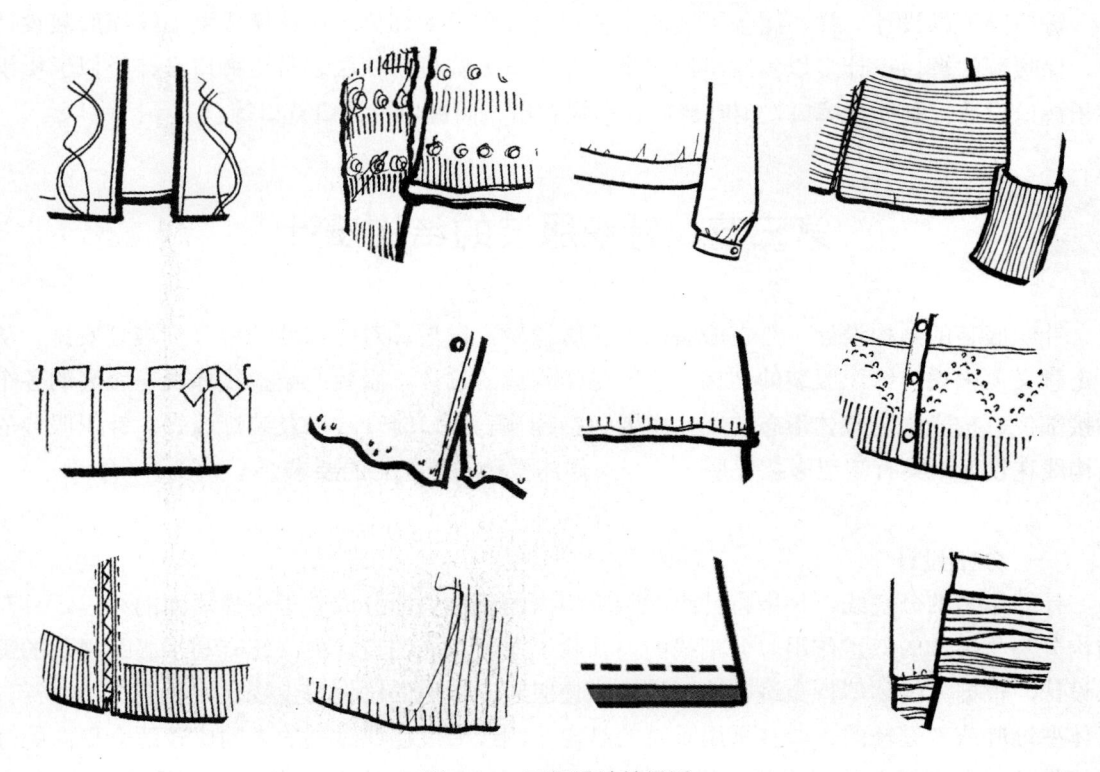

图 2-11　下摆设计效果图

图 2-12　不同组织结构的下摆设计

六、裤口设计

裤口同下摆设计一样，属于下装款式变化比较醒目的部位。在传统成型毛针织服装设计中，保暖裤的裤口设计多以罗纹组织居多。非成型大圆机针织服装常用裤口设计类似于机织裤子裤口设计，有灯笼裤口、喇叭裤口、小腿裤口、筒裤口、折口裤口等。

第三节　针织服装的结构设计

针织服装的结构设计，是在服装的外轮廓线确定以后，对内部结构做分割规划安排。从一定意义上来说，针织服装的结构设计即是结构线的设计。服装的结构线体现在服装的各个拼接部位，构成服装整体形态的线，主要包括褶裥、套口缝合线以及装饰线等。针织服装的结构线在设计中具有塑造服装外型、适合人体体型和方便加工的要求。

一、分割设计

针织服装的分割线，是指将针织服装廓型内的整体块面分成若干明显块面的线段，具有结构分割与装饰的双重作用。分割线的设计除了服用功能的设计外，还有利于服装视觉的美感设计，根据人的体型特点进行造型设计，使服装各部位的比例发生变化。如图 2-13 所示，对体型过胖或者过矮的人，宜采用垂直的纵向分割线；过瘦或过高的人则比较适合横向的分割线设计。分割线在针织服装中的应用方法很多，可以使用色彩分割设计、结构套口缝合、

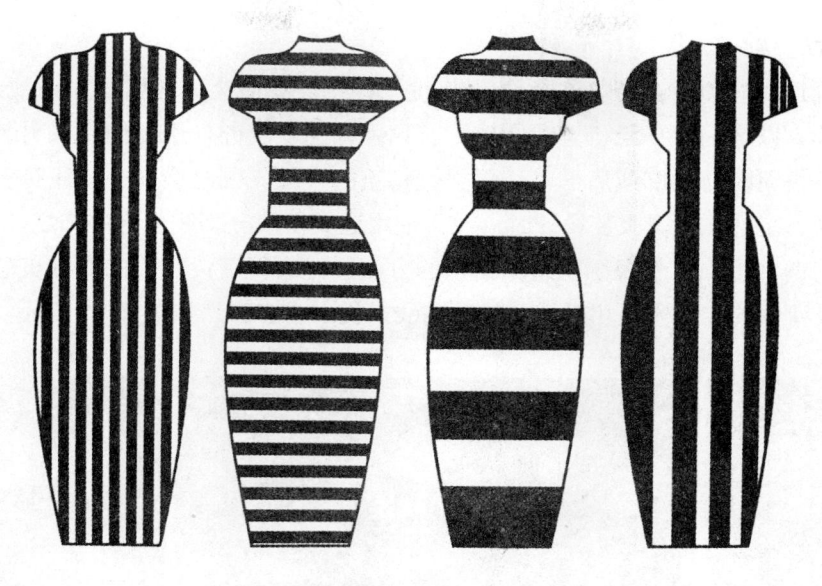

图 2-13 分割线设计带来的不同视觉感受

织物条纹图案、装饰嵌条等。一般常见的有纵向分割、横向分割、斜向分割、曲线分割。

（一）纵向分割

纵向分割是在平面上做一条或几条垂直的纵向线段，引导人的视线做纵向移动，给人以修长挺拔的增高感，具有强调高度的作用。由于视错觉的原因，纵向线段越粗，越给人一种强有力的厚重情感，也会显得比较矮小。而纵向的细线越长，越有拉长的效果，有一种秀气锐利的情感特点。纵向的分割设计经常是通过结构拼接或者面料图案花纹设计来完成，如图 2-14 所示。

图 2-14 不同纵向分割线设计的视觉感受

（二）横向分割

横向分割通常会将一条或几条水平分割线设计在针织服装中，引导人的视线横向移动，使平面增宽给人以宽阔、平稳、柔和之感，有加强幅面宽度的作用。例如，男装毛衫中经常将这种横向条纹用在前胸廓或肩部，体现男性稳重的个性。同时横向分割线越多，就越富有律动感。所以，在进行针织服装设计时，经常使用这类横向分割线作为装饰线，如加以滚边、嵌条或者使用调色组织、变换织物组织结构的方法，可取得活泼优美的服饰美感。横向分割在针织服装设计中的实现方法相对于其他分割线来说最为丰富，如图2-15所示。

图2-15　不同横向分割线设计的视觉感受

图2-16　对称式

（三）斜向分割

斜向分割关键在于对倾斜角度的把握，倾斜角度不同，服装的外观效果不一样。斜向分割分为对称式和非对称式两种。对称式有V型和A型，因为相对比较稳定，可以利用线条改善人体的视觉效果，如图2-16所示。图2-17是非对称式斜向分割，从线的流动方向上看，它有左上右下或右上左下的运动感觉，产生了双向运动感，令人感觉正在抬起或正在跌落，在视觉上能产生较强的冲击力。运动休闲类的针织服装设计中经常使用斜向分割。斜向分割线经常与口袋设计结合在一起，在外观上不仅使两者合二为一，同时也减化了工艺。其工艺设计常

图 2-17　非对称式

通过组织结构设计、印花图案和色彩结构拼接缝合来实现。

（四）曲线分割

曲线分割的设计是通过简洁弧线或自由曲线弯曲线段的规则或不规则表现形式，将服装分割成若干几何图形的设计方法。曲线分割具有轻盈、流畅、和谐、温柔的女性特点，所以被广泛应用于女装针织产品的设计中。其中几何曲线分割设计具有平稳的情感，而自由的曲线分割具有活泼的奔放情感。其在工艺设计上常通过提花、印花图案和色彩结构拼接缝合来实现，如图 2-18 所示。

二、结构线设计

针织服装的结构线是依据人体及人体运动而确定的，是构成针织服装组织结构和部位规格的基本线条，是服装各部件有机结合、完整配备的基础。结构线在针织服装上表现为：分割结构套口线，省道线，肩缝线，挂肩线，褶裥线等。

（一）省道线的设计

省道是把织物披在人体上，依据人体起伏变化需要把人体上多余的织物裁减掉或缝褶起来向内隐藏的部分，简称为省。如图 2-19 所示，省道是围绕某一最高点转移的，形状为三角形，包括胸省、肩省、腰省、臀位省、后背省、腹省、肘省，省道线设计的深度和长度必须与人的体型相结合。省道线变化是机织服装中比较常见的结构线设计方法，但是在针织服装中，由于受到针织面料特性和工艺织造的限制，它并不适用，但也有设计师将装饰性省道线设计运用到针织服装中，从而获得出人意料的效果，如图 2-20 所示。

图 2-18　曲线分割设计

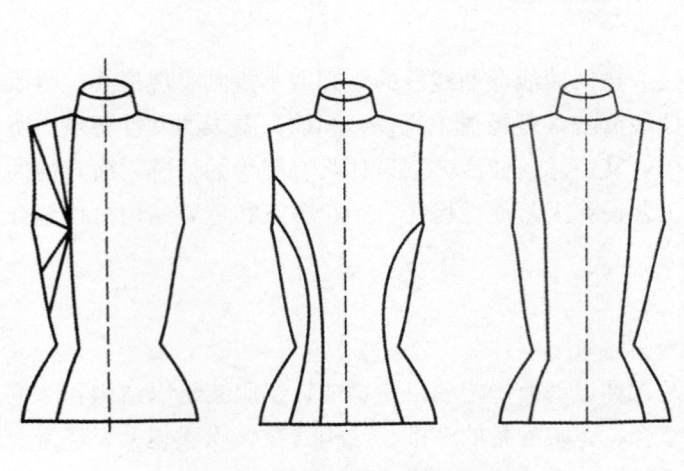

图 2-19　省道线设计原理图　　　　　　　图 2-20　装饰性省道线设计

（二）褶的设计

褶是服装结构线的另一种形式，是将布料折叠并且进行缝制成多种形态的自由线条。褶的外观具有立体感，同时具有很好的服装装饰效果。在使用功能上具有一定的放松度，能够适应人体活动需要。褶与省的区别在于褶在静态时收拢、动态时张开，而省都是固定的，比褶合体，褶比省更富于变化。传统上褶分为三大类：褶裥、细皱褶和自然褶，如图 2-21 所示。

图 2-21　褶在针织服装中的设计应用

第四节　针织服装的形式美设计

一、服装的形式美

从本质上讲，形式美的基本原理和法则就是变化与统一的协调，是对自然美加以分析、组织、利用并形态化了的反映。它贯穿于包括绘画、雕塑、建筑等在内的众多艺术形式之中，是一切视觉艺术都应遵循的美学法则，同样也是自始至终贯穿于针织服装设计中的美学法则。其主要包括比例、平衡、节奏和韵律、视错、强调等方面的内容。

（一）比例

比例是事物间的相互关系，体现各事物间长度与宽度，部分与部分、部分与整体间的数量比值。对于服装来讲，比例就是服装各部分尺寸之间的对比关系。当对比的数值关系符合美的统一和协调原则，被称为比例美。例如，服装色彩之间的面积对比比例关系；衣长与整体服装廓型长度的关系；饰物在整件服装当中所占的大小比例关系等。

（二）平衡

在一个交点上，双方不同量、不同形但相互保持均衡的状态，称为平衡。其表现为对称和不对称两种平衡形式。对称平衡是双方在面积、大小、质料上保持相等状态下的平衡，例如在军服、制服的设计中，这种平衡关系可表现出一种严谨、端庄、安定的风格。同样，设计师为了打破对称平衡的呆板与严肃感，追求活泼新奇，在设计中以不失重心为原则，追求静中取动，将不对称平衡设计元素应用于现代服装设计中，也可以获得不同凡响的艺术效果。

（三）节奏和韵律

节奏和韵律本是音乐术语，指音与音之间的高低以及间隔长短在连续奏鸣下反映出的感受。而在视觉艺术中常常将点、线、面、体以一定的间隔、方向按规律排列，并连续反复的运动形容为画面的节奏和韵律。这种重复变化形式有三种，有规律的重复、无规律的重复和等级性的重复。在设计过程中要结合服装风格，根据这三种韵律的旋律和节奏不同，在视觉感受上巧妙地加以应用，以取得独特的韵律感。

（四）视错

由于光的折射及物体的反射关系或人的视角不同、距离方向不同以及人的视觉器官感受能力的差异等会造成视觉上的错误判断，这种现象称为视错。视错在服装设计中具有十分重要的作用，利用视错规律进行综合设计，可以弥补或修整人体缺陷，例如，利用增加服装中的纵向性结构线掩盖人体较胖的部位。

（五）强调

强调因素是整体中最醒目的部分，服装须有强调才能生动而引人注目。被强调为部位虽然面积不大，但却具有吸引人视觉的强大优势，能起到画龙点睛的功效。在针织服装设计中可加以强调的因素很多，通过强调能使服装更具魅力。

（六）变化与统一的协调

变化与统一的关系是相互对立又相互依存的统一体，缺一不可。这是构成服装形式美诸多法则中最基本、最重要的一条法则。变化是指相异的各种要素组合在一起形成的一种明显的对比和差异的感觉，变化具有多样性和动感特征，通过相互关联、呼应、衬托达到整体关系的协调，使相互间的对立从属于有秩序的关系之中，从而形成统一，具有统一性和秩序感。在针织服装设计中既要追求款式、色彩的变化，又要防止各种因素堆积而缺乏统一的杂乱感。在追求秩序美感时，也要防止缺乏变化引起的呆板单调的感觉，因此要在统一中求变化，在变化中求统一，并保持变化与统一的适度和协调，这样才能使针织服装设计日臻完善。

二、针织服装形式美的要素

针织服装形式美的要素就是一般造型形式美与法则在针织服装设计中的应用。对于针织服装来讲，比例就是指针织服装各部分尺寸之间的对比关系。例如，裙长与整体服装长度的关系；口袋装饰的面积大小与整件服装大小的对比关系等。对比的数值关系达到了美的统一和协调，被称为比例美。

（一）图案形式美的要素

1. 点

点是造型元素中最简洁最基本的元素。

点的特点：点是一种较小的形象，所谓较小，是相对而言，同样大小的图形，在小的框架中可以显大，在大的框架中就显小。因此点和面的区别没有一定的尺寸规定，需要设计者控制适当的比例关系。点的大小有对比作用，点的多少有聚散效果，点的明暗有强弱感觉，点与点的整齐排列有线的变化效果，不同的排列方法可以构成和谐、活泼多变的图案。点还可以分为有规则的排列和不规则的排列两类。点的大小、多少、明暗以及排列和色彩变化可以构成各种不同的图案。由此带来针织服装设计中文雅、恬静、紧张、扩张的视觉冲击力，如图2-22所示。

（a） （b） （c） （d）

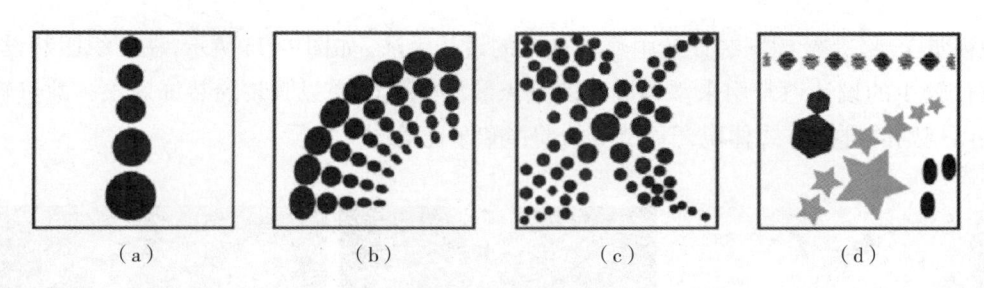

图 2-22　点的图案造型设计

如图 2-23 所示，点元素在针织服装中的应用非常广泛，如针织服装上的纽扣、圆形图案、装饰物，都可被视为一个可被感知的点，在针织服装设计中恰当地运用点的功能，富有创意地改变点的位置、数量、排列形式、色彩以及不同的材质，就会产生出其不意的艺术效果。作为点的设计纽扣，在针织服装中既具有实用性同时兼具装饰性。利用纽扣的布局安排产生

图 2-23　点元素在针织服装中的应用

▶针织服装设计与CAD应用

不同的视觉美感,是针织服装设计中经常使用的设计手法。如图2-24所示,在针织服装设计中,纽扣数目较少的设计通常用来强调服装的重点装饰部位,增强服装的装饰效果。数目较多的纽扣多以规则的排列方式体现一种节奏的韵律和平衡美感。

图2-24　纽扣在针织服装中的应用

2. 线

线是点的运动轨迹。

线的特点:线在空间中是连贯的,同点的特点一样,线也有聚散、深浅强弱的对比。如图2-25所示,线分为直线类、曲线类、曲直结合类。线具有长度、粗细、位置以及方向上

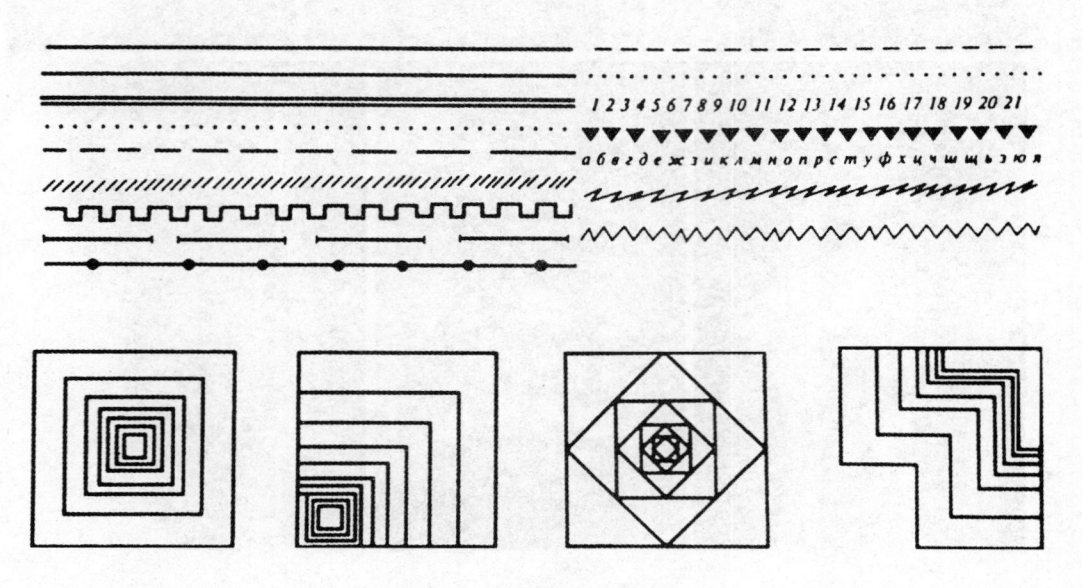

图2-25　线的图案造型设计

的变化。不同特征的线给人们不同的感受,因为人的两眼是水平排列的,所以视域的两条轴线呈水平和垂直状态。如果线条因方向使服装轮廓线或主要结构线与这两条轴线的其中一条或全部重合,即给人以稳定的感觉,反之,则感觉不稳定。例如,水平线平静安定,曲线柔和圆润,斜向直线具有方向感。同时,通过改变线的长度可产生深度感,而改变线的粗细又可产生明暗效果等。

如图 2-26 所示,线在针织服装中的应用可表现为外轮廓造型线、结构线、装饰线以及图案上的线条等。针织服装的形态美构成,无处不显露出线的创造力和表现力。在设计过程中,巧妙改变线的长度、粗细、比例关系等,将产生出丰富多彩的构成形态。

图 2-26 线在针织服装设计中的应用

3. 面

线的运行轨迹形成面，或者也可以理解为点的扩大就是面。

面的特点：面具有二维空间的性质，有平面和曲面之分。将世界上的面加以概括整理，可抽象出方形、圆形、自由形三种最单纯的基本平面以及不规则的偶然形平面等。不同的面又具有不同的特性。例如，三角形平面具有不稳定感，偶然形平面具有随意、活泼之动感等。面与面的分割组合、面与面的重叠和旋转会形成新的面，面的分割方式有竖向分割、横向分割、斜向分割、角分割。

轮廓及结构线和装饰线对针织服装的不同分割会产生不同形状的面，同时，面的分割组合、重叠、交叉所呈现的平面又会产生出不同形状的面，呈现的布局更是丰富多彩。针织服装面与面之间的比例对比、肌理变化、色彩配置以及装饰手段的不同应用能产生风格迥异的艺术效果，如图2-27所示。

图2-27 面在针织服装设计中的应用

4. 体

体是由面与面组合而构成的。

体的特点：体具有三维空间的概念。不同形态的体具有不同的个性，同时从不同的角度观察，体也将表现出不同的视觉形态。如图2-28所示，体是针织服装设计中的基础要素，设计者要树立起完整的立体形态概念。一方面，服装的设计要符合人体的形态以及运动时人体的变化需求；另一方面，通过对体创意性的设计也能使服装别具风格。

5. 点、线、面、体形式美法则在针织服装设计中的综合应用

针织服装造型是立体构成，服装设计就是运用美的形式法则有机地组合点、线、面、体，形成完美造型的过程。点、线、面、体既是独立的因素，又是一个相互关联的整体，如图2-29所示。

图 2-28　体在针织服装设计中的应用

图 2-29　点、线、面、体的综合应用

优秀的针织服装设计即是在服装中独具匠心地应用各个要素，同时又使其整体关系符合美学基本规则。

（二）视错觉设计

一般来说，相同因素的形态中，小的形态转换成空间的可能性较小，但如果是两个形态并置，在同一空间实际层面上却又容易引起"近大远小"的视错，感觉小的形态似乎在大的形态后面，然而这有一定限度，大形态再扩大，又会转换成背景。从表现角度来看，在形态关系中还存在着"近实远虚",即是一个虚形同实形组合,一般来说,虚形比实形更具有后退感。形态的层次感在针织服装设计中的表现,如图2-30所示。

图2-30 形态的层次感在针织服装设计中的应用

练习题

1. 绘制五种廓型针织服装效果图:紧身型,H型,A型,Y型,X型,各一幅。

   要求:图层分解细致清楚。

   　　　颜色模式为CMYK。

2. 组合设计个一系列(3~5款)针织服装效果图。

   要求:图层分解细致清楚。

   　　　纸张页面为A4。

   　　　色彩模式为CMYK。

第三章 针织服装图案设计

第一节 图案概述

一、针织服装图案设计含义

图案英文翻译为 Design，是实用和装饰相结合的一种美术形式，是现代工业艺术、实用工艺等方面的方案或装饰纹样，Design 除含图案的意义之外，还有设计、计划、图样、结构等多种含义。在针织服装设计和针织服装图案中，设计与图案两个词的含义是有区别的。前者是指针织服装的总体设计，后者是指服装上的装饰纹样。针织服装图案与染织图案、装潢图案、建筑图案的艺术内涵是一致的，规律是相通的，在基础知识与技法也有共同之处，其区别在于根据应用的对象、用途和工艺的不同而有不同要求。针织服装图案设计可以从图案基础部分开始学习，掌握它的规律、法则、方法和技巧，逐步运用到针织服装设计中。

二、针织服装图案设计的三要素

（一）主题性设计

主题性设计更多体现在对大自然和美的感受上，提炼自然界动植物造型、色彩、纹理的图案应用在针织服装设计中。图案的设计采用了概括、夸张的手法并加以美化。例如，近些年以昆虫为主题的针织服装设计应用颇广，生物的外形，鲜艳斑斓的色彩设计以及肌理的仿生设计都可以应用到针织服装的装饰设计中，如图 3-1、图 3-2 所示。

图 3-1 主题性针织面料设计

图 3-2 主题性针织服装设计

（二）款式特点设计

针织服装图案的风格设计会因为服装穿着场合不同而有所差异。例如，家居休闲针织服装的图案设计更多追求朴素温馨的风格，而在正式场合所穿着的针织服装的图案则要根据不同的年龄段有不同的装饰要求，或者华丽高贵，或者经典雅致等。图案要与针织服装造型相配合，图案的设计部位要尽可能装饰在人体较为凸出和显著的部位，例如，前胸、后背、肩头等，如图 3-3 所示。当然有的图案也会采用半露半显的含蓄装饰手法。图案的装饰设计可以增加服装的立体感或动态美感，例如，立体花型的点缀，使得针织服装更具生动感。

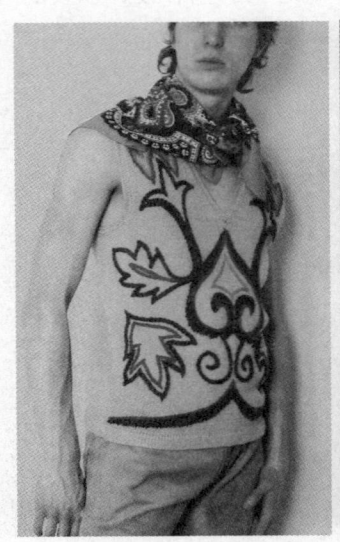

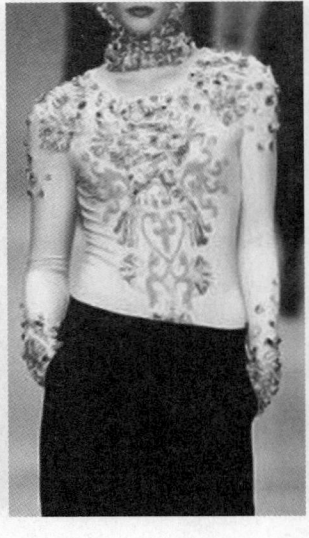

图 3-3 针织产品图案设计应用

（三）实用性设计

过于注重实用性，有时不免会使服装显得呆板，装饰性与实用性相结合是图案设计的技巧之一，适当配合图案装饰设计，会使得针织服装设计更具趣味性。例如，在夏季针织产品设计中利用纱罗组织以及其他织物组织结构，是装饰和实用设计相结合的完美形式，如图3-4所示。

图 3-4　实用性与装饰性相结合的针织服装设计应用

第二节　图案构图

针织服装图案设计除了运用形式美法则有机地组合点、线、面、体形成完美造型以外，还要进行色彩配置。色彩的配置总体上归纳为两大类，分别是无彩色系配色和有彩色系配色。

无彩色系配色是指以黑、白以及各种明度的灰相配合来表现图案的一种形式。这种配色方法的特征是色彩明快、简洁、单纯，通过图案色块之间的形状和大小对比组合，可以使针织服装表现出强弱的对比美感。如图3-5所示，相同款式的服装设计，不同的图案纹样和黑白灰色彩相配搭可以传达不同的服装质感。

一、独立性图案构图

（一）单独纹样设计

单独纹样是一种没有外形轮廓，能够独立存在的个体装饰纹样。它是最基本的图案组织单位，是组成适合纹样、二方连续纹样、四方连续纹样的基础。单独纹样的组织设计要注意纹样造型的完整性，装饰中要注重空间处理、主次安排和虚实呼应变化。单独纹样的变化或动势不受任何外形的约束，只要使人感到造型自然、结构完整即可。单独纹样一般采取加强

▶针织服装设计与CAD应用

图 3-5　图案纹样在针织服装中的应用

主要部分、减弱次要部分的手法。例如，花枝的图案纹样，在设计时，如果以花头为主体，叶子为辅，花头的刻画要相对细致，变化丰富，而叶子的处理就要相对单纯些，使主题表现得更为突出。单独纹样的结构形式变化万千，丰富多彩，其形式可分为规则的对称式和不规则的均衡式两类，如图 3-6 所示。

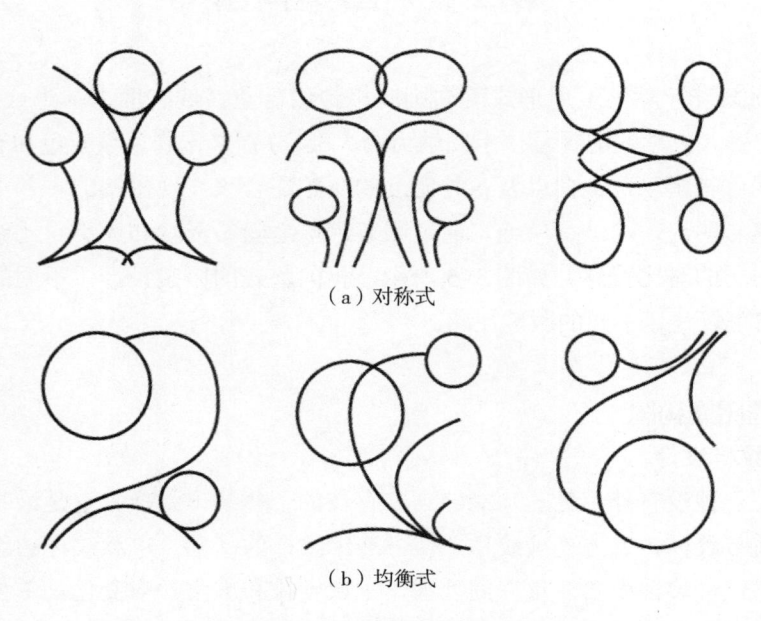

（a）对称式

（b）均衡式

图 3-6　单独纹样设计骨架

1. 对称式

对称式又称为"均齐式",是以一条直线为中心为轴,在中轴线两侧配置等形、等量的纹样组织,也可以以一点为中心,上下和左右纹样完全相同。对称式分为不同的对称形式,有左右对称式、上下对称式和上下左右对称式。画面平稳、有节奏感、装饰性强是对称式的特点,如图3-7所示。

2. 均衡式

均衡式是以中轴线、中心点为准,采取等量而不等形纹饰的组织方法,是一种自由组合的纹样形式,不求对称,但其空间与实体的造型应均衡平稳、韵律感强。均衡式单独纹样还具有生动、新颖、富于变化的特点,如图3-8所示。

图3-7 对称式单独纹样设计　　　　图3-8 均衡式单独纹样设计

(二)适合纹样设计

适合纹样是具有一定外形限制的图案纹样造型,是将素材经过加工变化后,适合一定的外形框架,并使外形框架、纹样和构图三者融合在一起的一种装饰图案。适合纹样即使去掉外形,仍具有外形轮廓的特点,也称为"适合图案"。适合纹样内部纹饰的变化既要有物象的特征,又要穿插自然,并且有着严格的布局结构。其骨架通过不同的方向、位置变化可产生多种形式,总体上,适合纹样也分为对称式与均衡式两大类,如图3-9所示。适合纹样外轮廓是根据装饰的需要而确定的,外轮廓的形可以分为几何形和自然形。几何形有方形、圆形、三角形、菱形及多边形等,如图3-10所示;自然形有花形、动物形、果形及文字形等。

(三)边角纹样设计

边角纹样是一种装饰在部位边缘转角部位的纹样,大多与边缘转角部位的形体吻合,因此也称为角隅纹样,或称角花。边角纹样一般会根据客观对象的不同而变化,有大角度的、小角度的、梯形、菱形等边角纹样。它的特点是设计在角的部位,强调对称或者均衡感。边角纹样应用很广泛,尤其是在针织服装下摆和门襟设计、领口边缘以及内衣设计中。边角纹样的设计要根据具体需要和服装风格统一的艺术效果进行考虑,如图3-11所示。

（a）对称式

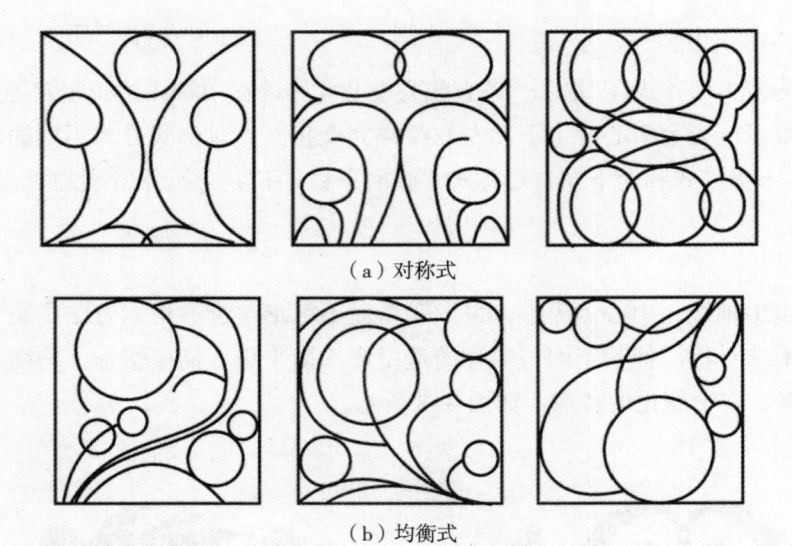

（b）均衡式

图 3-9　适合纹样骨架设计

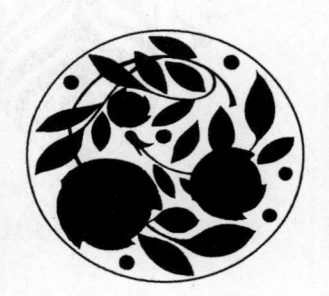

图 3-10　几何形体适合纹样设计

图 3-11　边角纹样图案设计

二、连续性图案构图

连续性图案相对于单独纹样而言，更具条理和反复的形式美感，它是运用一个或者几个单元装饰元素组成的单位纹样按照一定的格式做规则或者不规则连续排列所形成的构图形式，从而具有强烈的节奏感和韵律感。它按照形式可以分为二方连续纹样和四方连续纹样两种。

（一）二方连续纹样

二方连续纹样是以一个或一组单独纹样为基本型，向左、向右或向上、向下两个方向反复连续排列，形成连续性带状形式，因此又称为带状纹样或花边。二方连续纹样是同一单独纹样按规律地重复出现，富有秩序、条理性和节奏感，装饰性强，具有集中引导视线的作用，一般多用于针织服装边缘、腰带等部位。但在具体使用时，要根据不同的部位以及织物组织结构特点灵活运用，以达到预期的装饰效果。如图3-12所示，二方连续纹样常用的骨架有：散点式、直立式、斜线式、折线式、波浪式、旋转式等。针织服装上运用二方连续纹样有三种形式。

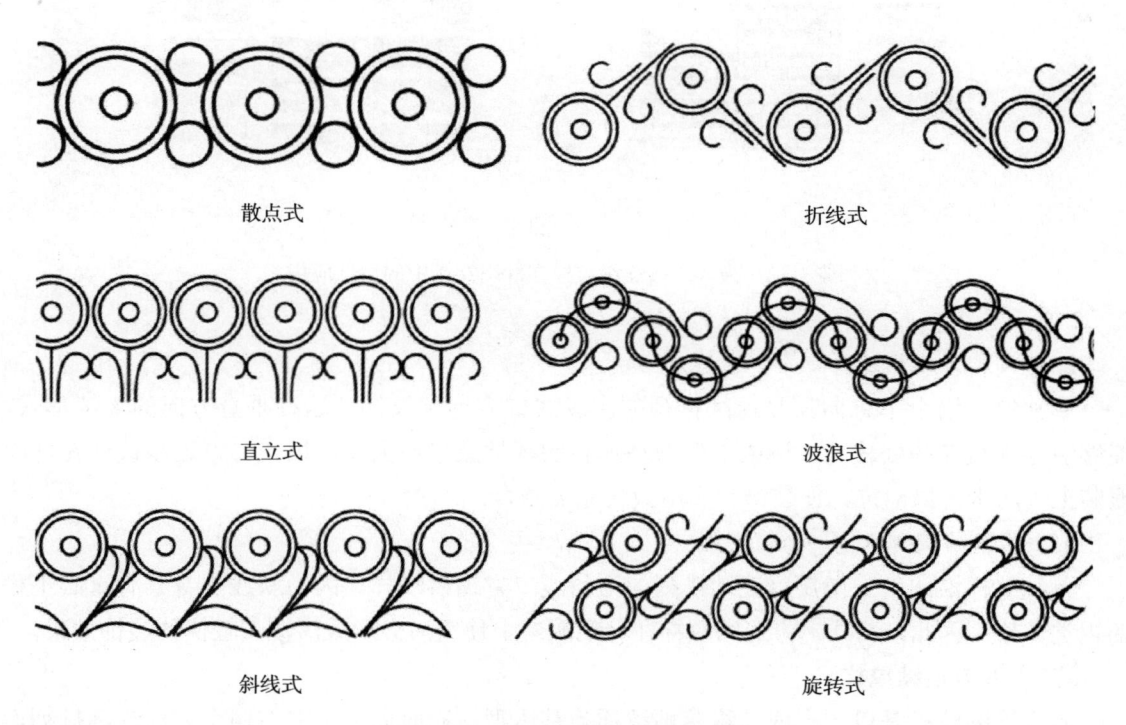

散点式　　　　　　　　　折线式

直立式　　　　　　　　　波浪式

斜线式　　　　　　　　　旋转式

图3-12　二方连续纹样常用骨架图

1. 横式二方连续纹样

单独纹样沿左右方向反复连续排列的为横式二方连续纹样。这种水平方向的连续形式，能够引导视线做横向运动，使服装产生横向宽度加宽的视错觉。因此，横式二方连续纹样在针织服装上多用于前胸和后背等部位，以造成体型加宽的视觉效果。同时由于针织工艺的限制，针织产品设计多使用横式二方连续纹样，如图3-13所示。

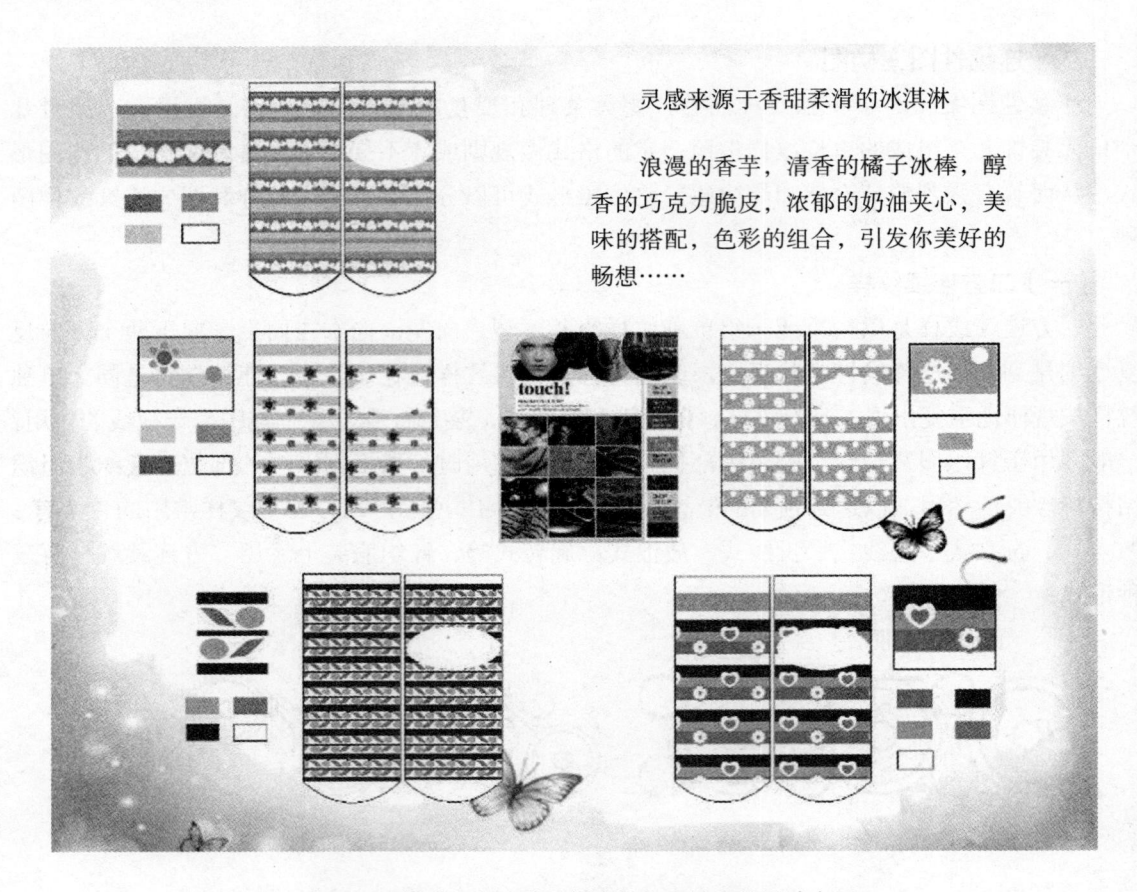

图 3-13　横式二方连续纹样在针织女袜中的设计应用

2. 纵式二方连续纹样

单独纹样沿上下方向反复连续排列的为纵式二方连续纹样。这种垂直方向的连续形式，能够引导视线向高处移动，造成体型增高加长的视觉效果。因此，纵式二方连续纹样在针织服装上多用于前襟部位，使装饰和实用效果完美结合。

3. 斜式二方连续纹样

单独纹样沿倾斜方向反复连续排列的为斜式二方连续纹样。因为斜线本身具有重心不稳的视觉印象，因此，斜式二方连续纹样在针织服装上使用后会形成活泼、轻快的装饰效果。

（二）四方连续纹样

四方连续纹样是以一个或一组单独纹样为基本型，同时向上下左右四个方向连续排列而形成且可以无限扩展的纹样。四方连续纹样构成比较复杂，在设计中不仅要考虑到单位纹样的造型要严谨，更应注意连续后的整体艺术效果，还必须注意匀称协调的连续效果，避免出现横档等缺陷。四方连续纹样设计要求主题突出，层次鲜明，纹样疏密得当，穿插自然。四方连续纹样是一种大面积的装饰，往往会因为图案的造型、色彩的不同形成多种艺术风格。目前各类纺织物上的织花、提花、印花、轧花等大多属于四方连续纹样。因为四方连续纹样题材广泛、资源丰富且工艺简便，它已成为针织服装面料设计常用的花样。

1. 四方连续纹样常用的连接方法

四方连续纹样常用的连接方法有以下两种：

（1）平接法：也叫平排法，是运用一个或几个装饰元素组成的基本单位纹样，在一定的空间范围内，上下左右四个方向对齐，进行反复排列的连续形式。在实际运用中，大多采用开刀法或卷折法，即将设计的一个单位纹样沿对角线一分为二剪开，做上、下、左、右的连接。这种方法比较简便，纹样连接准确，并能直接看出连续效果。

（2）错接法：也叫斜排法或跳接法，运用一个或几个装饰元素组成的基本单位纹样，在一定的空间范围内，上下为平接，左右为错接，即在一个基本单位的 1/2、2/3、2/5 处相错连接；也可左右平接，上下相错连接，进行反复排列的连续形式，如图 3–14 所示。

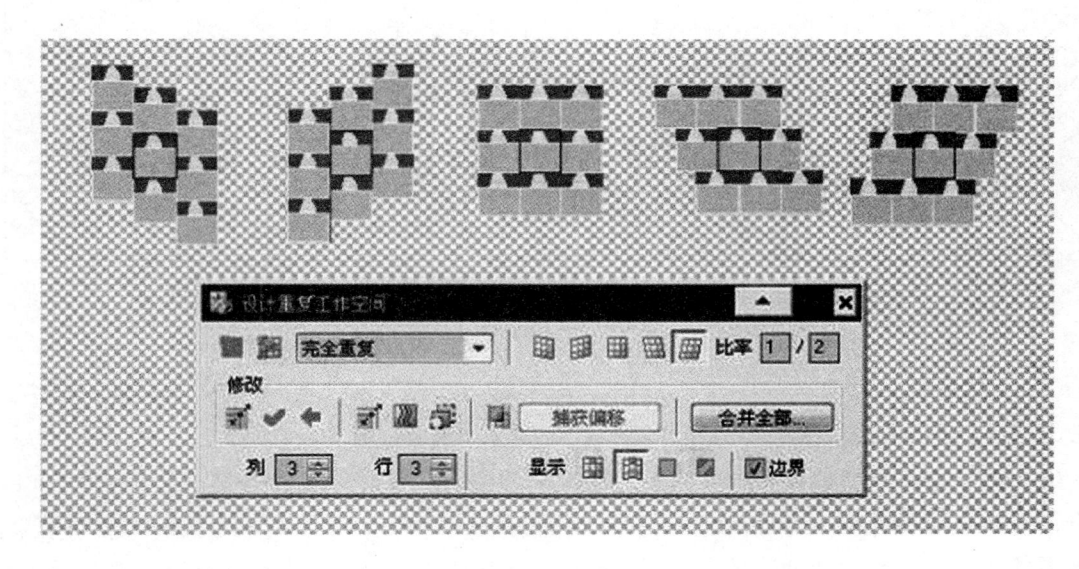

图 3–14　错接法

2. 四方连续纹样构图排列

四方连续纹样构图排列有几何形排列的井字式、方格式、横条式以及菱形式等；也有散点排列的棋盘式、中心式和直立式等；以及综合重叠排列的渐变式等，如图 3–15 所示。

3. 四方连续纹样布局设计

四方连续纹样布局设计主要是依据四方连续纹样中花型与底纹的比例关系来确定的，通常情况下分为清地型、混地型和满地型三种。

（1）清地型：花型纹样占据空间比例较小、底纹面积多于花纹面积，留有较多的空地。花型大约占平面面积的一半以下，特点是花与地的关系明确，清楚可见底色面积。这类图案看似简单，在设计中却有一定讲究和难度，图案的章法强调姿态优美、造型完整、交相呼应、穿插自如、自然得体，设计中要表现出花型清、底纹明、布局明快的特色，如图 3–16 所示。

（2）混地型：花型与底纹在平面空间中面积相当，排列匀称，表现效果仍然以花型为主，花纹关系明确。在混地型设计中往往采用多种表现技法并配以一定的对比变化因素，求得表

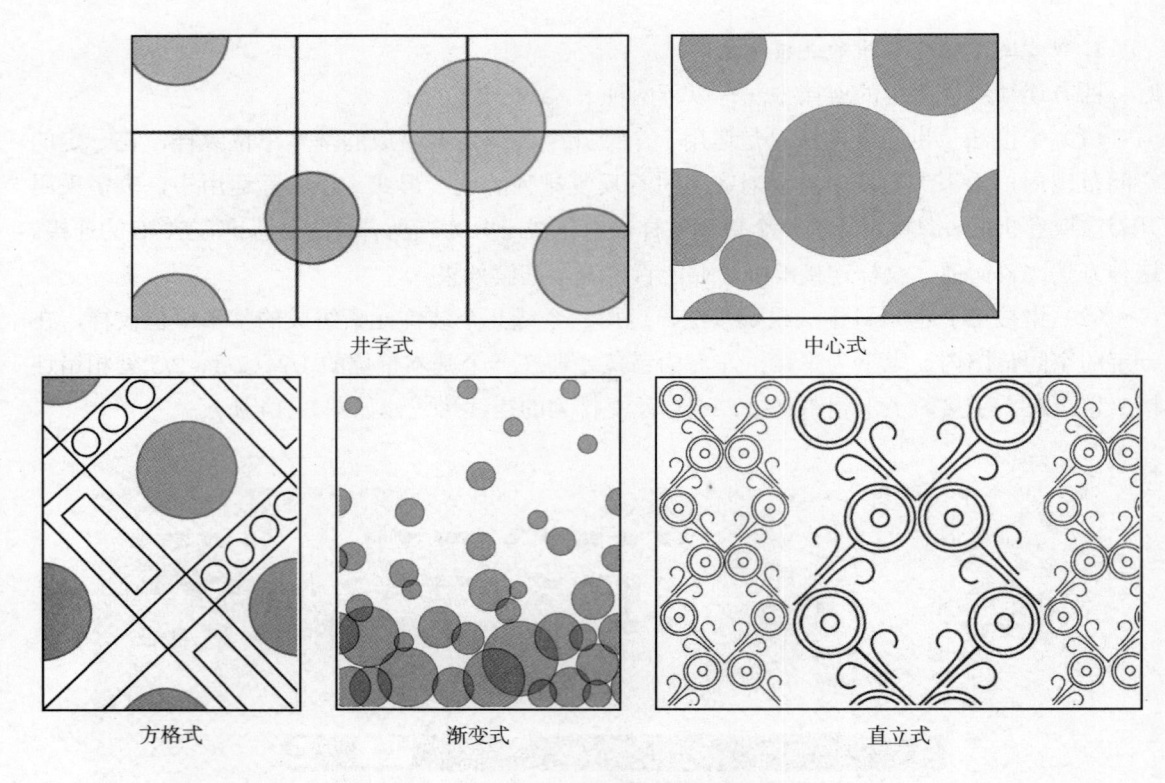

井字式　　　　　　　　　中心式

方格式　　　　　渐变式　　　　　直立式

图3-15　四方连续纹样构图排列形式

现效果的多样性，如图3-17所示。

（3）满地型：花型占据整个面料纹样的大部分空间，特点是花多地少，花型与底色相互融合，有时很难在花型中分出底色，甚至地色的存在不确切，形成花、地交融的空间效果；满地型的布局形式给设计师以较大的创作自由，多用于多层次效果的装饰图案。在针织服装设计中，由于针织工艺限制，满地型花纹设计更多使用印染工艺完成，如图3-18所示。四方连续纹样设计案例如图3-19所示。

图3-16　清地型 　　　　　图3-17　混地型 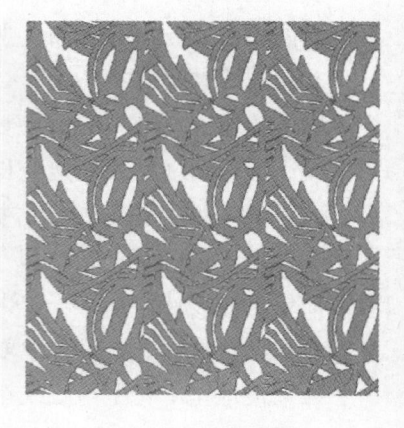　　　　　图3-18　满地型

图 3-19　昆虫系列单独纹样在四方连续纹样设计中的应用

第三节　图案设计的绘制

矢量图形的最大特点是在编辑过程中能够维持原有图形的清晰度而不会遗漏细节，可达到精确的图形或线条效果，所以在设计图案作品时可以选择在 Illustrator 中完成。

一、单独纹样的绘制方法

通过 Illustrator 中【钢笔工具】、【平滑工具】、【椭圆工具】、【实时上色工具】以及【油漆桶工具】的学习，下面绘制一个如图 3-29 所示的无彩色系单独纹样。具体操作步骤如下：

（1）启动 Illustrator，可进入其操作界面，如图 3-20 所示，单击欢迎界面【新建文档】选项，如图 3-21 所示。在新建文档对话框中可修改名称，设置画板大小、单位、方向以及色彩模式，如图 3-22、图 3-23 所示。

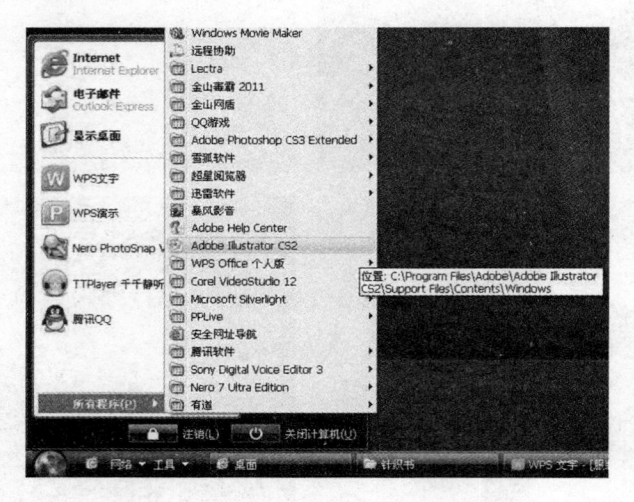

图 3-20　启动 Illustrator 设计软件

图 3-21　欢迎界面

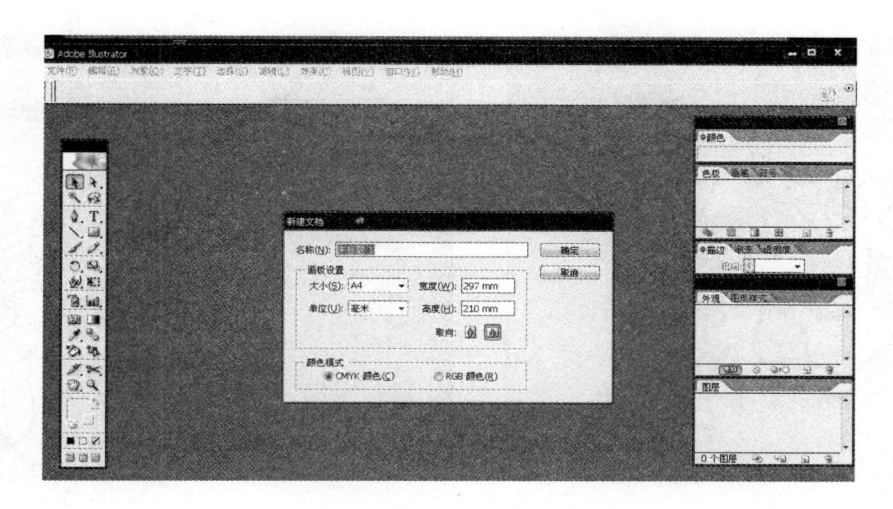

图 3-22 画板设定

(2) 钢笔路径的画法：如图 3-24 所示，在工具箱中将填充色设置为无色，描边设置为黑色，单击【钢笔工具】，以点击和拖动方式绘制出所需要的曲线形状。

(3) 平滑工具：单击工具箱中的【选择工具】，选择所需要调整的曲线，再单击工具箱中的【平滑工具】，将线条根据设计需要调整顺滑，如图 3-25 所示。照此方法依据设计将所有路径绘制完成。

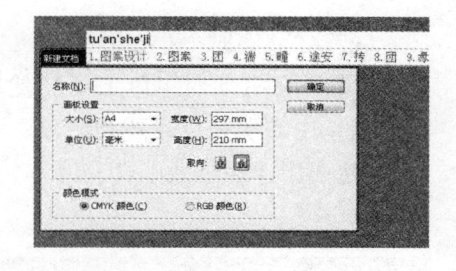

图 3-23 设定画板名称

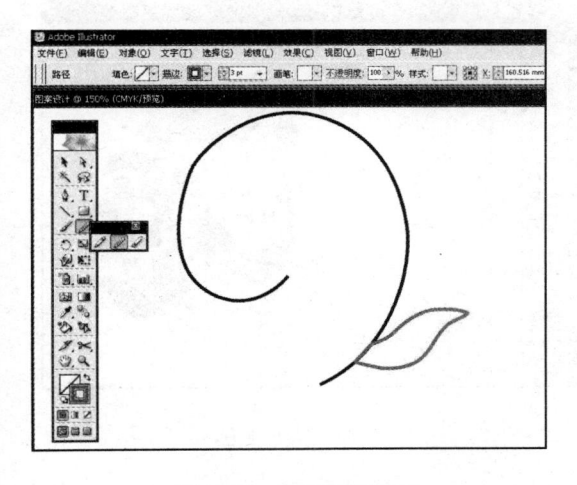

图 3-24 绘制钢笔路径

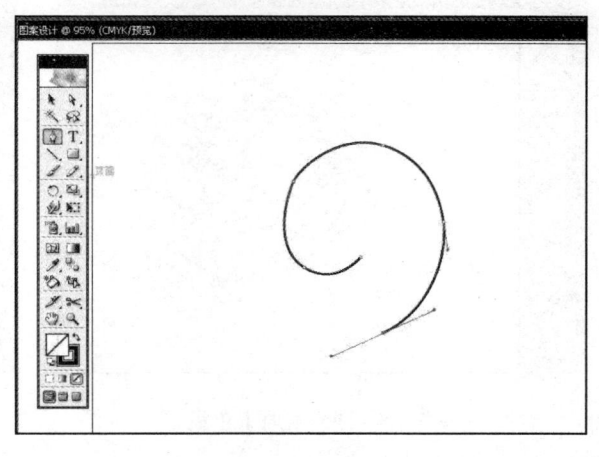

图 3-25 平滑工具

(4) 改变画笔路径：如图 3-26 所示，选择工具箱中的【选择工具】，鼠标框选所有图案路径，再选择画笔面板中的不同画笔笔触改变画笔路径。

(5) 圆形路径的绘制：如图 3-27 所示，单击工具箱中的【椭圆工具】，在画面所需位置点击拖动出所需要大小的圆圈路径(左手按住 Shift+Alt 键，可以以圆心为基准点缩放圆圈大小)。

97

图 3-26 改变画笔路径　　　　　　　　图 3-27 绘制圆形路径

（6）建立实时上色：首先建立实时上色组，使用【选择工具】框选所有图案路径，再选择工具箱中的【实时上色工具】，然后用鼠标点击图案路径，如图 3-28 所示。如图 3-29 所示，在工具箱中将填充色设置为黑色、灰色或浅灰色（也可以在色板面板中直接选择所需要的颜色），然后用【油漆桶工具】填充到各个实色区域。

图 3-28 建立实时上色组　　　　　　　图 3-29 实时上色

（7）保存。

①保存 AI 格式：点击菜单栏文件选项中的【另存为】，格式默认为"AI"，保存即可，如图 3-30 所示。

②导出 JPEG 格式：点击菜单栏文件选项中的【导出】，格式选择 JPEG，保存即可，如图 3-31 所示。

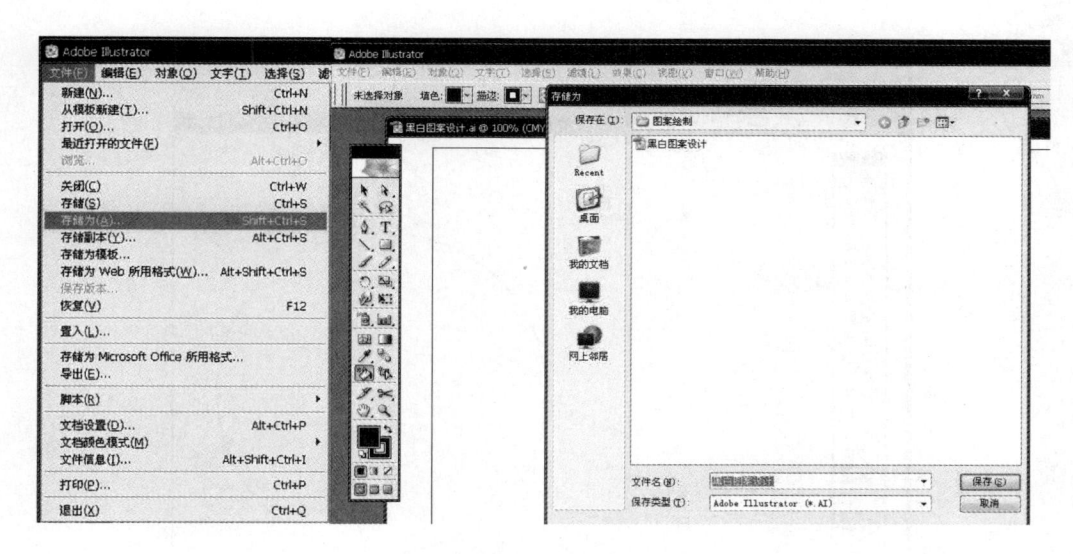

图 3-30　保存 AI 格式

图 3-31　导出 JPEG 格式

二、适合纹样的绘制方法

利用 Illustrator 设计软件绘制如图 3-41 所示的适合纹样，分为三步：绘制几何外轮廓、绘制单位循环元素、复制循环元素。其中所使用到的工具有【椭圆工具】、【打开画笔库】、【钢笔工具】、【选择工具】、【实时上色工具】以及【对称工具】。具体操作步骤如下：

（1）启动 Illustrator，可进入其操作界面，单击欢迎界面【新建文档】选项。在新建文档对话框中可修改名称，设置画板大小、单位、方向以及色彩模式。

（2）建立正圆路径：在新建立的适合纹样画面中，使用工具箱中的【椭圆工具】建立一个正圆路径，如图 3-32 所示。

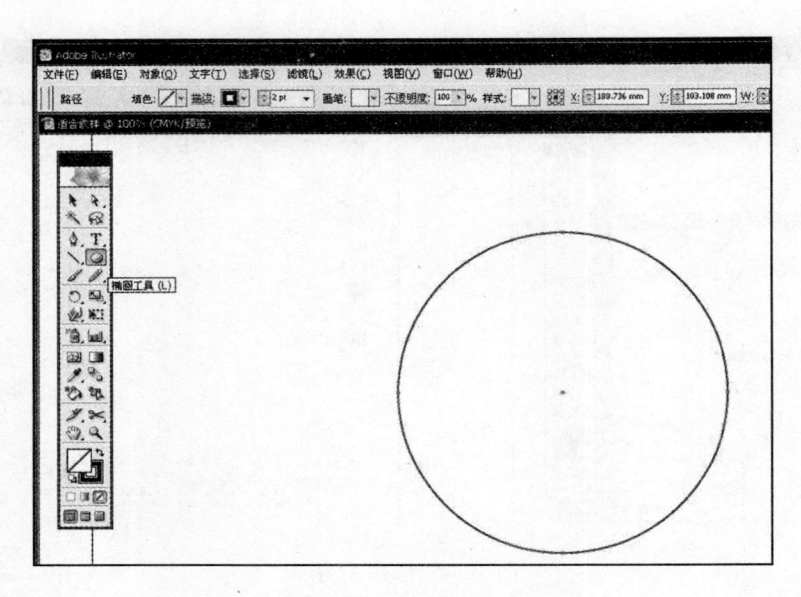

图 3-32 正圆路径绘制

（3）改变正圆路径花型：首先用鼠标选中正圆路径，打开【画笔浮动面板】，单击右上角的三角形，在弹出的下拉菜单中点击【打开画笔库】，选择设计所需要的画笔，如图 3-33 所示。

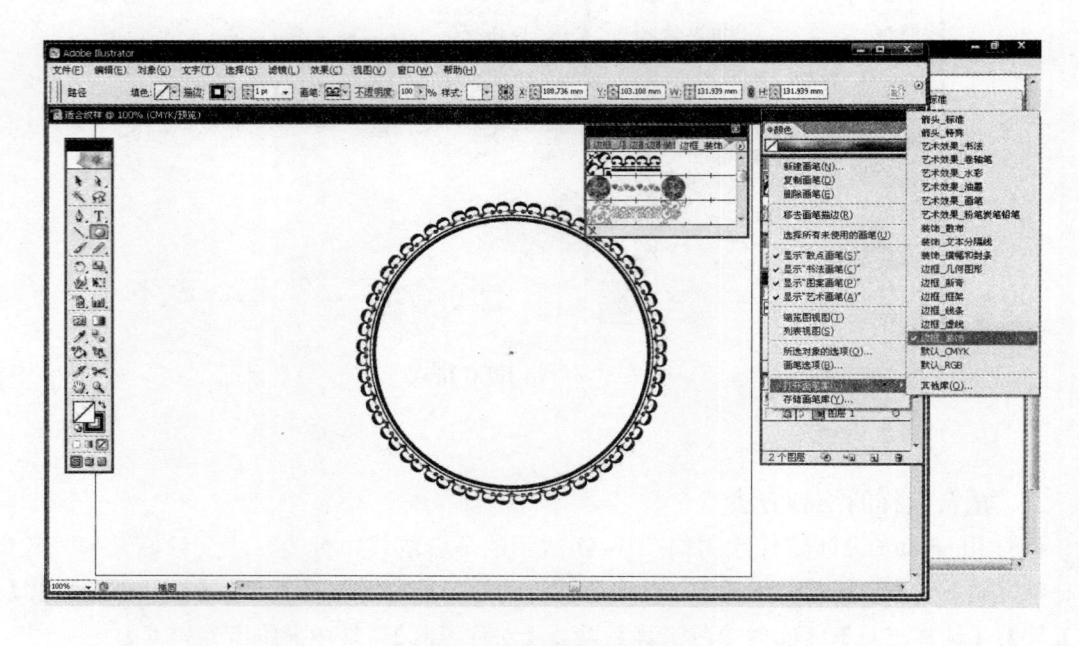

图 3-33 画笔库改变花型设计

（4）钢笔路径的画法：如图 3-34 所示，在工具箱中将填充色设置为无色，双击描边，在拾色器中选择红色，将描边设置为红色，单击【钢笔工具】，以点击和拖动方式在画板中绘制出所需要的图案。

图 3-34 绘制适合纹样单位元素

（5）建立实时上色组：使用【选择工具】框选所有图案路径，再选择工具箱中的【实时上色工具】，用鼠标点击所有的图案路径，如图 3-35 所示。

（6）实时上色：在工具箱中将填充色设置为深灰色（也可以在色板面板中直接选择所需要的颜色），直接用鼠标填充到各个实色区域，如图 3-36 所示，然后将鼠标放置在正圆圆心处，光标反显"中心点"时，左手按住 Shift+Alt 键，右手鼠标再拖动出一个小正圆。

图 3-35 建立实时上色组　　　　　　　　　　图 3-36 实时上色

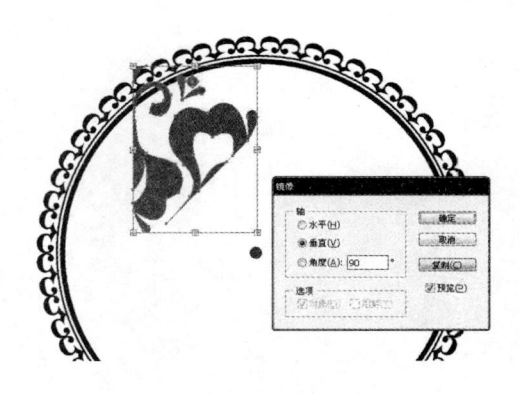

（7）创建对称图案：使用【选择工具】框选除中心圆点以外的所有图案路径，点击鼠标右键，选择【变换】中的【对称】选项，在镜像对话框中选择【垂直】，点击【复制】。然后

鼠标左键拖动被复制镜像的图案与原图案对齐,如图3-37所示。

(8)与步骤(7)相同,使用【选择工具】框选所有图案路径,点击鼠标右键,选择【变换】中的【对称】选项,在镜像对话框中选择【水平】,点击【复制】。然后鼠标左键拖动被镜像复制的图案中心点与原图案的中心点对齐,如图3-38所示。

图3-37 图案对齐

图3-38 水平复制

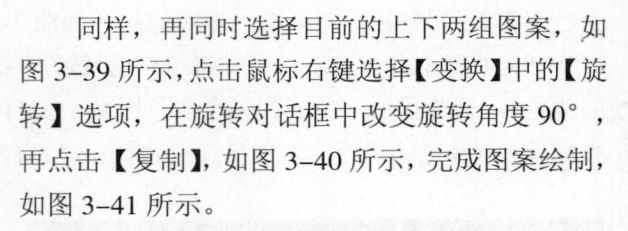

同样,再同时选择目前的上下两组图案,如图3-39所示,点击鼠标右键选择【变换】中的【旋转】选项,在旋转对话框中改变旋转角度90°,再点击【复制】,如图3-40所示,完成图案绘制,如图3-41所示。

(9)保存AI格式或JPEG格式:方法同单独纹样步骤(8)。

图3-39 垂直复制

图3-40 图案对齐

图3-41 完成图

三、二方连续纹样的绘制方法

利用 Illustrator 设计软件绘制如图 3-54 所示的二方连续纹样，这与传统绘制方法相比变得异常简单，共分为两步：绘制单位循环元素、创建图案画笔。其中所用到的工具有【钢笔工具】、【选择工具】、【混合工具】、【实时上色工具】、【直接选择工具】以及【新建图案画笔】。具体操作步骤如下：

（1）启动 Illustrator，可进入其操作界面，单击欢迎界面【新建文档】选项。在新建文档对话框中可修改名称，设置画板大小、单位、横向方向以及 CMYK 色彩模式。

（2）建立单独纹样图案钢笔路径：在工具箱中将填充色设置为无色，将描边设置为黑色，单击【钢笔工具】，以点击和拖动方式在画板中绘制出所需的单独纹样图案，如图 3-42 所示。

（3）建立实时上色组：使用【选择工具】框选所有图案路径，再选择工具箱中的【实时上色工具】，然后用鼠标点击所有的图案路径，如图 3-43 所示。

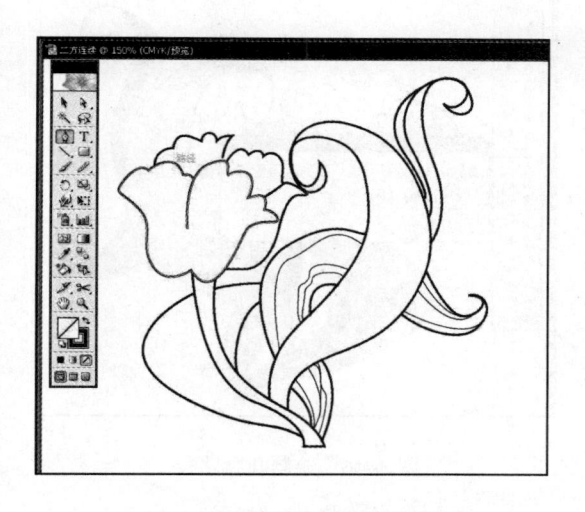

图 3-42　单独纹样元素绘制

图 3-43　建立实时上色组

（4）实时上色：如图 3-44 所示，选择色板面板中所需要的各种灰色，直接用鼠标填充到各个实色区域。

（5）新建图层：鼠标左键点击图层面板【图层1】左边第二项的小方块，出现锁头标志，证明图层1的所有图像被锁定不能被修改（再次点击可以取消锁头标志，取消锁定状态）。然后再点击右下方的【创建新图层】图标，系统默认新创建的图层为图层2（可以双击图层2，更改图层名称）。注意，反显状态下的图层处于工作图层，如图 3-45 所示。

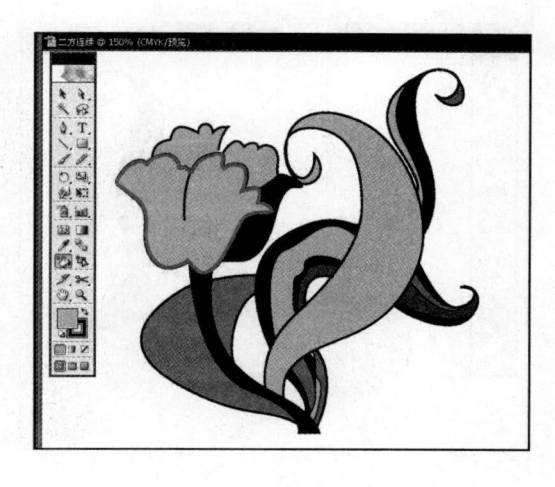

图 3-44　实时上色

（6）绘制叶脉：如图3-46所示，首先在图层2的图层里，将工具箱中填充色设置为无色，将描边设置为红色，单击【钢笔工具】，像素值调整为0.75pt，以点击和拖动方式在画板中绘制出所需要的两条叶脉路径。然后，使用【选择工具】，左手按住Shift键，右手鼠标同时选择刚刚绘制完成的两条叶脉路径，再选择工具箱中的【混合工具】，在混合选项对话框中，分别将间距设定为指定的步数，步数为6、取向为【对齐路径】，最后选择确定，如图3-47所示，鼠标此时变成有尾巴的小方块，分别对准两条路径的相对锚点左键点击一下，即可完成叶脉的混合。

（7）调整叶脉：选择工具箱中的【直接选择工具】，分别对最初两条叶脉路径的锚点进行调整，直到设计满意为止，如图3-48所示。

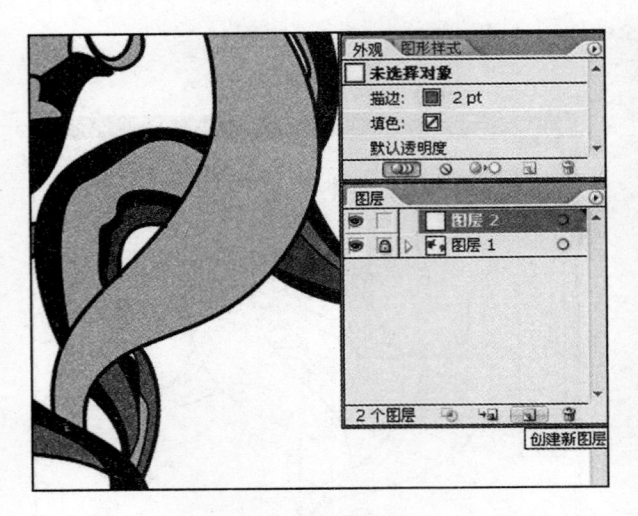

图3-45　新建图层　　　　　　　　　　图3-46　绘制叶脉路径

图3-47　混合步数　　　　　　　　　　图3-48　调整叶脉路径

(8)更改路径颜色：如图3-49所示，首先使用工具箱的【选择工具】，框选图层2里的所有叶脉路径，然后双击工具箱描边，在拾色器中选择黑色，将描边设置为黑色，再将填充色设置为无色。解除图层1的锁定。

(9)创建画笔：如图3-50所示，首先使用工具箱的【选择工具】，回到画板中框选所有图案路径，鼠标左键将其拖至画笔面板中，会自动弹出新建画笔对话框，在画笔类型中选择【新建图案画笔】，点击确定，即可弹出图案画笔选项对话框。如图3-51所示，在大小栏中，设置缩放为20%，间距为0%，最后点击确定。此刻前面所设计的单独纹样就以画笔形式存在于画笔面板当中，如图3-52所示。

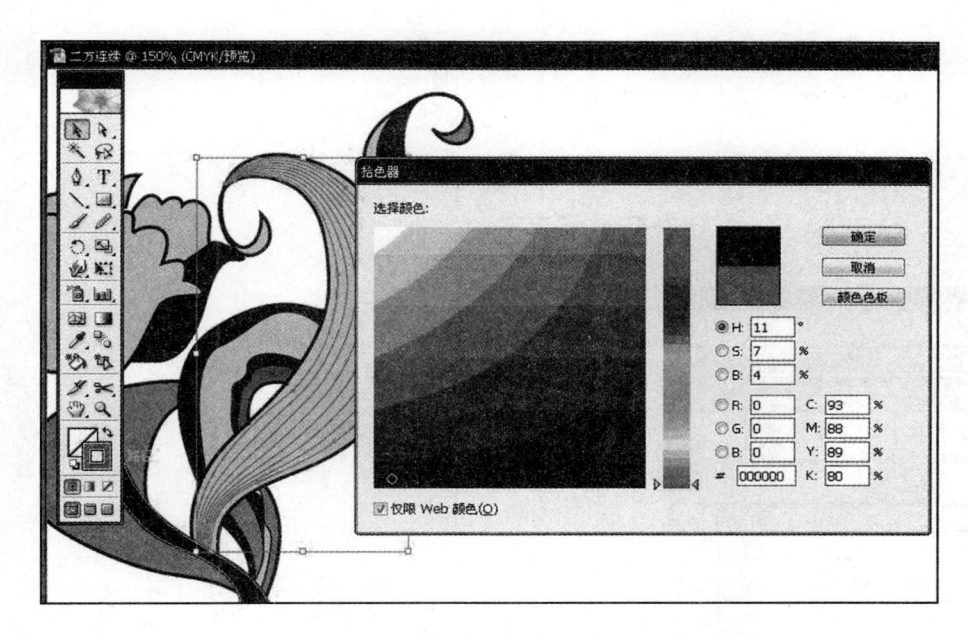

图3-49　更改路径颜色

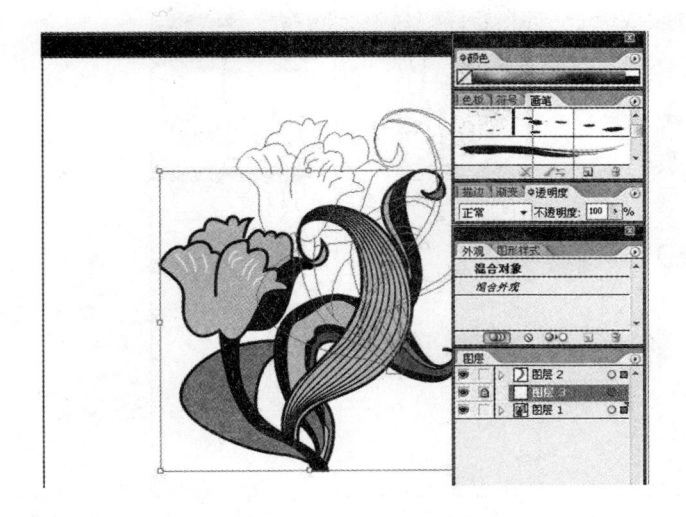

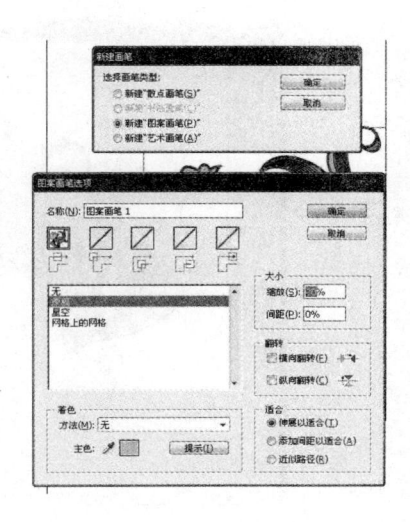

图3-50　创建画笔　　　　　　　　图3-51　新建图案画笔设置

（10）存储画笔图案：点击画笔面板右上角的小三角，在下拉菜单中选择【存储画笔库】，即可弹出"将调板存储为画笔库"对话框，将其重新命名保存在系统默认的【画笔】文件夹内，如图3-53所示。设计师在后续的设计中，只要打开【打开画笔库】中的【其他库】，即可调出该画笔。

（11）创建画笔完毕后，即可使用工具箱中的【直线段工具】、【画笔工具】或【钢笔工具】描绘线段路径了，在其工具选中状态下，点击所保存的画笔图案，即可得到二方连续图案，如图3-54所示。

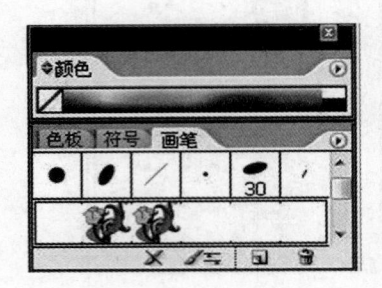

图3-52　画笔样式

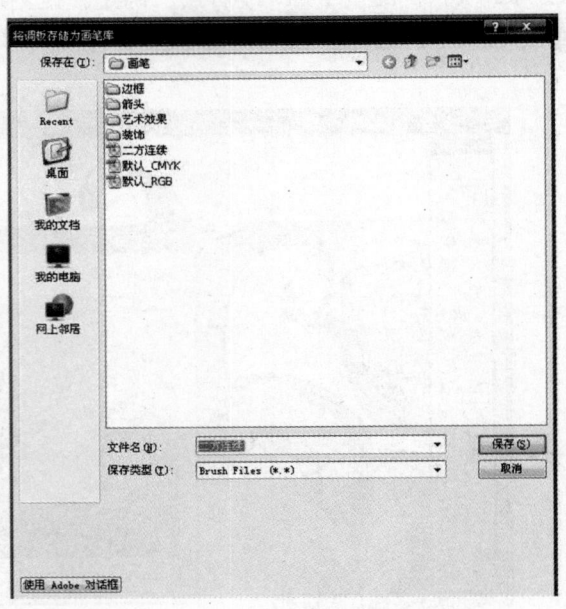

图3-53　存储画笔图案

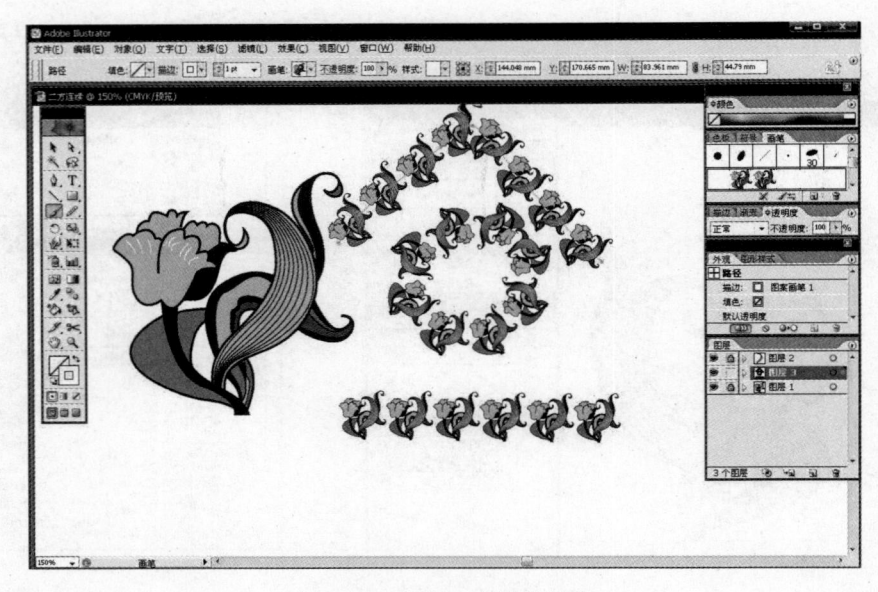

图3-54　绘制二方连续纹样

四、四方连续纹样的绘制方法

利用 Illustrator 设计软件绘制如图 3-62 所示的四方连续纹样，同二方连续纹样一样简单便捷。其中所用到的工具有【矩形工具】、【直线工具】、【选择工具】、【椭圆工具】、【钢笔工具】、【直接选择工具】、【变换—旋转】以及【色板调色板】设置。具体操作步骤如下：

（1）新建文档：启动 Illustrator，可进入其操作界面，单击欢迎界面【新建文档】选项。在新建文档对话框中可修改名称"四方连续"，设置画板大小、单位、横向方向以及 CMYK 色彩模式，如图 3-55 所示。

（2）创建矩形边框：鼠标选择工具箱中的【矩形工具】，在画板中单击左键即弹出矩形对话框，如图 3-56 所示，在选项栏中将宽度调整为 150mm，高度调整为 110mm，创建一个矩形方框。注意后续填充的所有路径和图形都不能超出这个矩形方框。

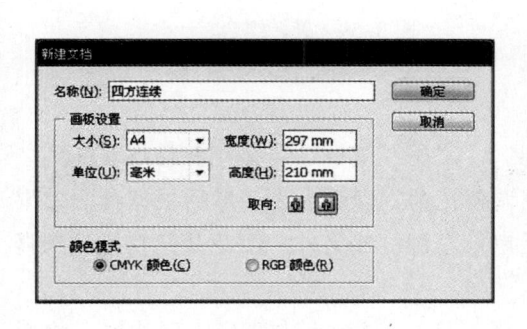

图 3-55　新建文档

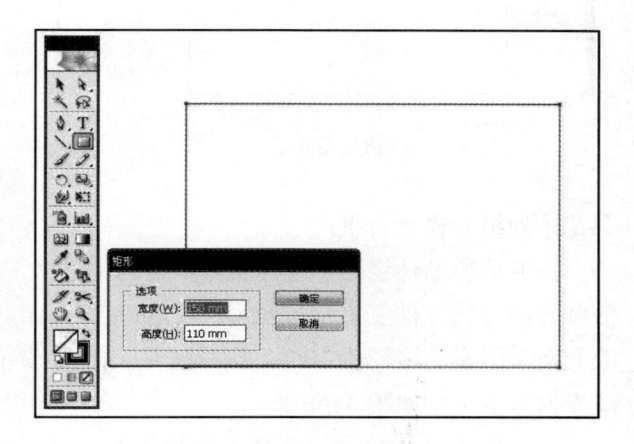

图 3-56　创建矩形

（3）绘制横向直线路径：选择工具箱中的【直线工具】，描边色设置为黑色。左手按下 Shift 键，右手鼠标在矩形方框内画横向直线，直线的粗细可以从标题栏中像素值下拉菜单中进行调整，如图 3-57 所示。

（4）绘制花型元素：选择工具箱中的【椭圆工具】，描边色设置为黑色。左手按下 Shift+Alt 键，右手鼠标在画面之外的空白处，画两个同心圆，像素值分别设计为 20pt 和 6pt。再使用【钢笔工具】画出花茎和叶子，如图 3-58 所示。

（5）旋转组合：选择工具箱中的【选择工具】，鼠标全选花朵图案，点击右键选择菜单中的【变换—旋转】，如图 3-59 所示，将 4

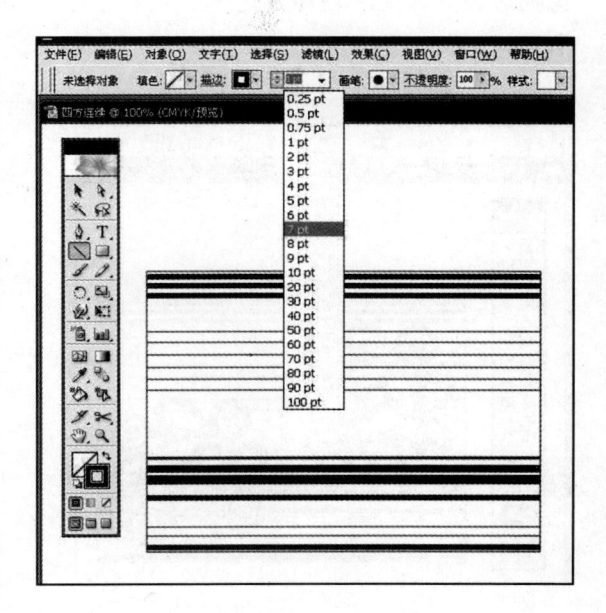

图 3-57　绘制横向直线路径

▶针织服装设计与CAD应用

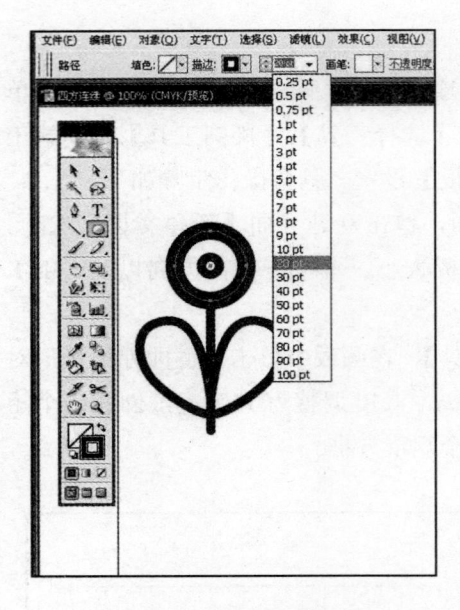

图3-58 绘制花型元素

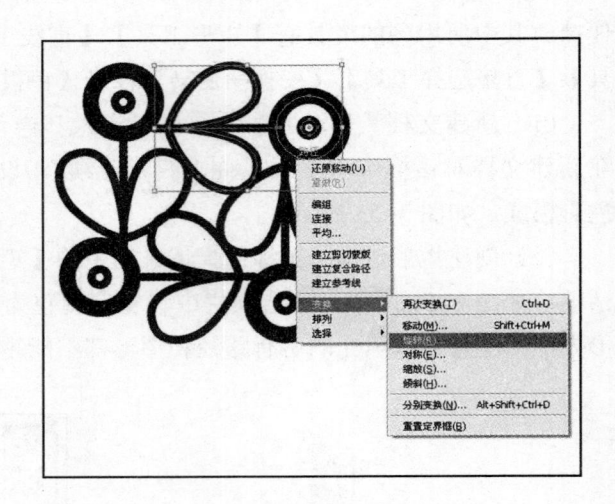

图3-59 旋转组合

朵花排列组合成为一组。

（6）单位循环设计：选择工具箱中的【选择工具】，鼠标左键框选4朵花并且将其拖到之前画好的直线方框左上角，左手按下Shift键同比例调整花朵到合适大小，然后根据画面效果改变花朵图案的路径值10pt。左手按下Alt键，右手鼠标左键复制另外一组花朵并且拖动到直线方框右下角，如图3-60所示。

（7）创建循环元素：选择工具箱中的【直接选择工具】，鼠标点击选择矩形边框，将黑色描边设置为无。使用【选择工具】全选所有图案，将其拖动至【色板调色板】，如图3-61所示。

图3-60 单位循环设计

图3-61 创建四方连续纹样循环元素

（8）做四方连续纹样：新建一个图层 2，锁定图层 1。在工具箱中的【填充色】前置的情况下，点击【色板调色板】中的循环元素纹样，工具箱中的【填充色】随即设置为该图案，然后将工具箱中的【描边】设置为无色。选择工具箱中的【矩形工具】，在图层 2 画板中拖动鼠标画出一个矩形，此时矩形内就出现四方连续图案，如图 3-62 所示。

图 3-62　完成图

（9）调整四方连续图案大小：四方连续图案在被选中的状态下，双击工具箱中的【比例缩放工具】，出现比例缩放对话框，如图 3-63 所示，选择等比 50%，选项当中只勾选图案，点击确定，即可完成四方连续图案的比例缩放。注意：若选项中一同勾选对象和图案，图层 2 当中的四方连续矩形将与四方连续图案一同被等比缩小至 50%，如图 3-64 所示。

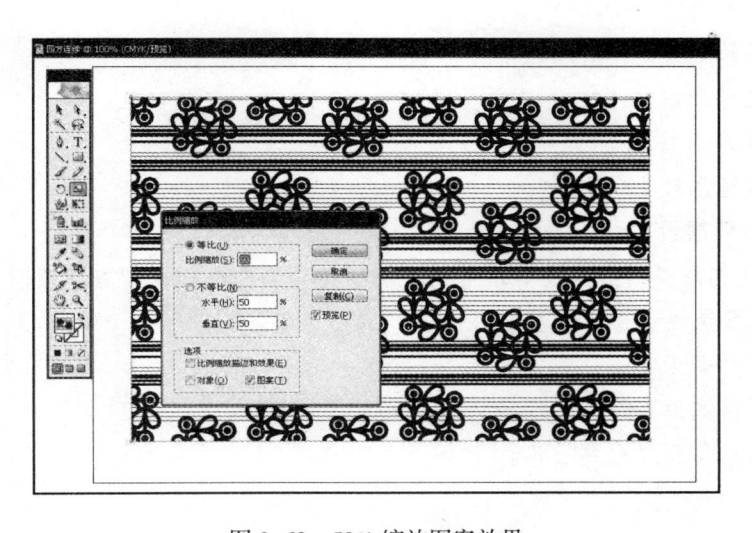

图 3-63　50% 缩放图案效果

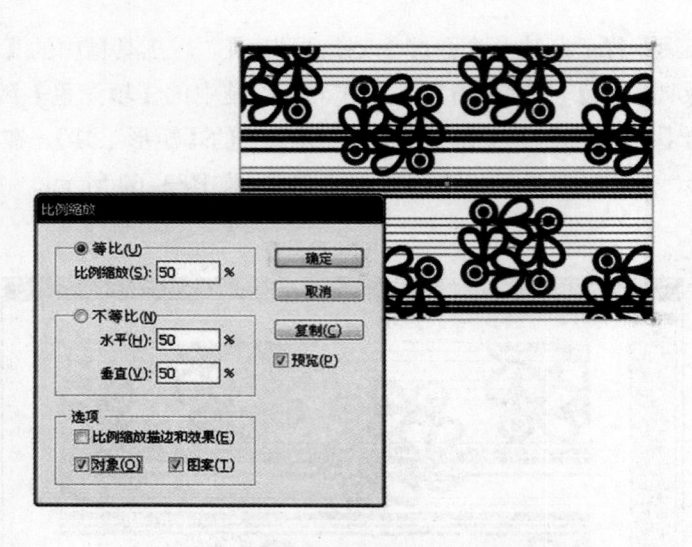

图 3-64　50% 缩放对象和图案效果

练习题

1. 单独纹样图案无彩色系练习，创建以"花"为主题的单独纹样，并将其运用到针织服装设计中。

　　要求：纸张页面为 A4。

　　　　　色彩模式为 CMYK。

　　　　　色彩只涉及黑白灰三色。

2. 无彩色系服装图案黑白灰练习，创建以"花"为主题的四方连续图案，并将其运用到 5 套针织服装设计中。

　　要求：纸张页面为 A4。

　　　　　色彩模式为 CMYK。

　　　　　色彩只涉及黑白灰三色：

　　　　　a. 黑地白纹；

　　　　　b. 灰地白纹；

　　　　　c. 灰地黑纹；

　　　　　d. 白地黑纹。

3. 以中心式构图排列方式设计清地型、混地型和满地型三幅四方连续图案纹样，并将其运用到 5 套针织服装设计中。

　　要求：纸张页面为 A4。

　　　　　色彩模式为 CMYK。

　　　　　色彩只涉及黑白灰三色。

第四章　针织服装色彩设计

针织服装设计与机织服装设计在许多方面都有异曲同工之处，例如，关于服装设计基础、造型美原则、形体设计等。色彩设计是服装设计的重要组成部分，也是充分体现着装者个性的重要手段。作为一名针织服装设计师，在了解色彩的物理效应、色彩的生理效应及色彩的心理效应的同时还要熟悉掌握服装材料学的知识。因为现代服装设计理论认为，面料是服装色彩、纹样质地、款式造型的载体，是服装审美中的一个重要因素，服装设计在一定意义上就是充分开发和利用面料的审美特征。因此，以面料取胜也就成为设计领先的一大法宝。俗语说得好，"皮之不存，毛将焉附？"没有了面料，色彩便无从谈起，基于这一认识，可以说服装面料是服装色彩设计的基础，是设计师挖掘视觉美的潜力、展示自身艺术创造力的载体。

服装的色彩设计与面料设计息息相关，而针织面料和机织面料主要的区别是纱线在织物内的形态不同，在组织结构、外观风格特征、织物性能上有所区别。针织面料因内部的线圈结构使其具有多孔性、伸缩性、柔软性、防皱性，使得针织面料被穿着时没有机织面料一样勒紧的感觉，具有合体性的舒适感。人们对针织服装的第一感觉往往是其颜色、花型和手感，其中色彩是影响针织面料外观最直接、最感性的因素，决定着针织服装的视觉风格。相同色号的颜色在不同的编织原料和组织结构中，色彩感觉完全不同。所以，色彩设计与面料设计的密切关系，直接影响着针织服装的视觉风格和用途。作为一名针织服装设计师，应该能将面料的原材料、织物组织结构和花型图案等知识，灵活运用到服装色彩设计中，这样才能更好地体现服装色彩的功效，达到最佳的视觉效果。

第一节　针织面料材质、花型与色彩的关系

一、针织原料的基本要求

针织服装一般手感柔软，具有良好的抗皱性与透气性，布面纹路清晰，并有较大的延伸性与弹性，穿着舒适。针织用纱总体要求纱线条干均匀，色泽鲜亮，手感滑爽，垂感好。因为针织用纱与机织用纱有很大区别，所以纱线品质指标具有不同的要求：

（1）为了保证针织工艺过程的顺利进行以及产品的质量，针织用纱需要严格控制纱线的线密度，常用针织用纱线密度多为（5.8tex×2）～（29.2tex×2）［（20英支/2）～（100英支/2）］，9.7tex×2（60英支/2），7.3tex×2（80英支/2），29.2tex×2（20英支/2）常用于高档披肩和围巾的编织。32.4～41.7tex（14～18英支）的单纱主要用于袜子和手套的编织。纱线过粗或过细都会影响纱线的强力，所以要确保一定的单纱强力，降低强力不匀率，保证

面料具有一定的伸长度。倘若纱线的断裂伸长率低，纱线变脆，在织造过程中就会产生破洞。

（2）纱线条干均匀，杂质少。纱线条干不均匀容易显露在针织物表面，会影响织物的外观质量，形成云斑，影响成品的坚牢度。针织用纱的杂质要少，纱上的疵点特别是竹节纱和特别大的纱结杂质，都会影响布面外观质量和产量。

（3）要求纱线柔软、光滑，纱线的捻度要适当，捻度的大小会影响针织产品的风格和使用。纱线捻度过小，纱线强力不够，会形成断纱；纱线捻度过大，会发生卷曲，衣片会产生纬斜和疵点。一般来说，针织汗布要求手感滑爽、色彩相对比较鲜亮，所以用纱捻度偏高，采用精梳纱可提高条干均匀度和强力。在针织服装中弹力衫要求手感柔软、富有弹性、纹路挺凸，用纱捻度要适中，纱线条干均匀。毛衫裤要求纱线柔软、蓬松，弹性好，所以用纱的捻度要偏低，不能采用精梳纱。针织绒布要求保暖性好，绒头弹性好，容易拉绒，所用纱线线密度较大，捻度低，由于漫反射原理产生的色彩光泽相对较柔和。

（4）纱线的回潮率会影响纱线的柔软度、导电性和摩擦性，进而降低针织物织造过程中的生产效率，增加生产成本。回潮率过低，会使纱线变硬变脆或产生静电现象，降低纱线的可加工性；回潮率过大，会加大生产编织过程中的摩擦力，同时过大的回潮率会使服装重量变化，影响生产成本。纱线回潮率的大小同时会给纱线的颜色带来细微的变化，回潮率升高时，纤维对光的吸收会加强，颜色会变深，反之，则会变浅。

二、针织面料材质与色彩的关系

色彩的三要素包括色相、明度和纯度。针织面料的色相取决于染料，明度基本上取决于染色浓度，纯度也取决于染料。纤维的颜色一般来源于染色，取决于纤维对染料的可上染性，这与染料类型、染料在纤维内的扩散速度以及温度和助剂等染色条件有关。相同色号的颜色在不同的针织面料上会显示出不同的色感和风格，这些不同的表现与原料特点、染色性能、组织结构、织物风格等有着很大的关系。在进行针织服装色彩设计时，设计师必须了解针织面料的原料特点。

针织用纱种类很多，分类方法也很多。其可以是仅含一种纤维的纯纺纱或两种以上纤维的混纺纱。常用的有天然纤维纱与化学纤维纱，如棉纱、毛纱、麻纱、真丝、粘胶丝、涤纶丝、锦纶丝、腈纶丝、丙纶丝、氨纶丝等。根据纱线形态不同，可以分为普通纱线和花式纱线，如图4-1所示，花式纱线针织物色泽层次丰富，布面纹理感强，不规则的彩点给针织面料带来丰富多彩的细腻变化效果。结子线、疙瘩纱多有仿麻产品的特点，渐变色纱可以使针织物的色彩纹理发生过渡和渐变的效果。根据纺纱过程，可以分为精纺纱和粗纺纱两类。精纺纱具有条干均匀、强度高、毛羽少等优点，所制成的针织面料组织细腻，色彩光泽感强，档次较高，而粗纺纱的光泽感相对比较柔和。按纱线的结构也可分为短纤维纱线、长丝和变形纱等。用长丝织成的面料（与同类原料的短纤维织成的面料相比）手感爽滑，光泽明亮，布面光洁。

（一）天然纤维

天然纤维是针织面料的主要原料，随着人们崇尚回归自然的穿着观念的变化，天然纤维

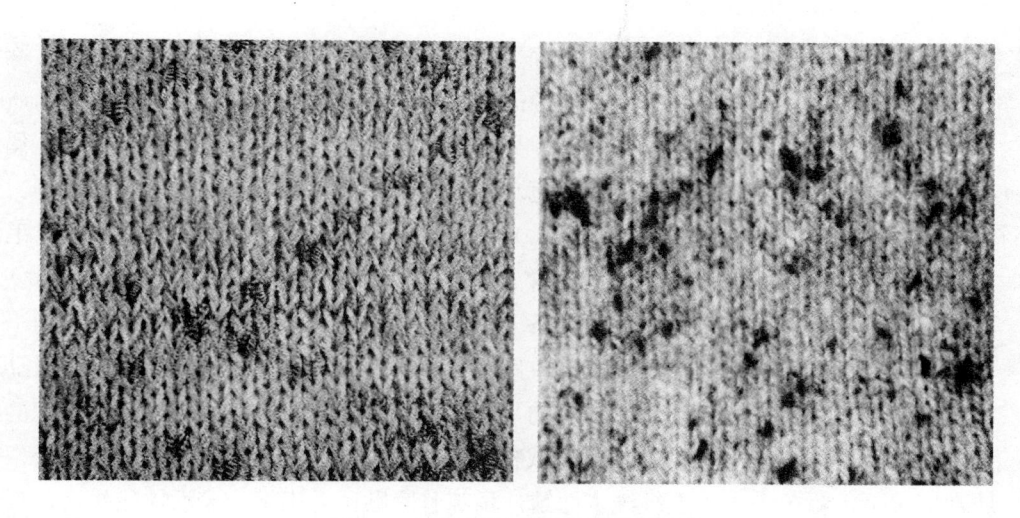

图 4-1　不同原料的花式纱线针织物

针织品已成为我国针织品出口的主要部分。

1. 棉纤维

针织工业中，应用最多的天然纤维是棉纤维。棉纤维为天然纤维素纤维，可纺制较细的纱线，棉纤维很柔软，具有较强的吸湿性和透气性，穿着凉爽、舒适，所以夏季针织服装一般多选用棉原料。棉纤维还有良好的保暖性，是优良的御寒絮料，也可用作春秋季内衣和外衣服装面料。

2. 麻纤维

麻纤维是一种韧皮纤维，种类较多，在针织面料上得到应用的主要有苎麻、亚麻、罗布麻等。麻类产品具有滑爽、挺括、吸湿放湿快、穿着凉爽、抗霉菌和其他病菌、卫生性能佳等优点，是夏季T恤和粗针距麻衫的原料。但由于麻纤维刚性大，所以其弹性相对较差，麻类服装穿着在身上有刺痒感。

苎麻纤维弹性好、质地柔软，具有很好的吸湿性、散湿性，苎麻类服装在夏季穿着比较凉爽和舒适。

亚麻纤维具有吸湿性好、导湿快、线密度小的优点，主要用作夏季面料。

罗布麻是一种野生药用物，它除了具有一般麻纤维的优点外，还具有丝般的光泽、良好的手感以及一定的医疗保健作用，可用于内衣、T恤、衬衫等贴身类衣物及保健纺织品。

总体来讲，苎麻为青白色，经脱胶处理后为白色，着色效果较好。亚麻为淡黄色，罗布麻为白色且有亮光，其织物色彩淡雅。设计师要注意，麻织物的颜色会因品种和浸渍脱胶工艺的不同而有差异。

3. 毛纤维

天然动物毛用于针织的主要有羊毛、兔毛、山羊绒、驼绒和牦牛绒等，其中以羊毛用量最多。

（1）羊毛：通常指的是绵羊毛（图4-2），是天然蛋白质纤维，以其蓬松、丰满、保暖的

113

特性深受消费者的青睐，享有"纤维宝石"的美称。由于羊的品种、产地和羊毛的生长部位不同，其品质有很大的差异。羊毛的天然色泽可从奶油色到棕色，偶尔也有黑色。羊毛具有弹性好、吸湿性强、保暖性好、不易沾污、光泽柔和、易于染色等优良特性。精梳羊毛纱短纤维含量少，毛纤维长度较长，纤维的平行伸直度好，纱线条干均匀，强力高，可编织质地紧密、布面平整光滑、纹路清晰的毛针织面料；粗梳羊毛纱纤维长度短，纤维的平行伸直度差，强力较低。粗梳毛纱编织的织物经缩绒整理后，毛感强，手感柔软、丰满、蓬松，保暖

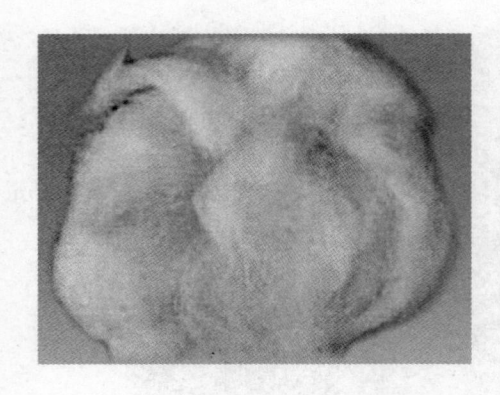

图4-2 绵羊毛

性好。通常情况下，粗羊毛由于毛纤维表面鳞片稀疏且紧贴于毛干上，表面比较平滑，反射光较强。细羊毛的鳞片稠密，在羊毛干上紧贴程度差，所以其色彩光泽比较柔和。

（2）兔毛：具有长、细、柔软、耐用等优点，细度约为最细羊毛的一半。兔毛针织面料具有轻软、保暖、光泽美观、吸湿性好、传热性能低的特点，原毛颜色洁白，富有光泽，兔毛针织物表面上有一层浮毛，蓬松如雾，非常美观。

（3）山羊绒：一种贵重的纺织原料，被誉为"软黄金"。国际上习惯称山羊绒为"克什米尔（Cashmere）"，中国采用其谐音为"开司米"。用山羊绒编织成的毛衫称为羊绒衫。羊绒衫的性能特征主要有以下几点：

①手感柔软、绒面丰满。羊绒衫的取材决定了其柔、软、轻、滑、糯、暖、爽的特性。羊绒衫在加工过程中经过特殊的缩绒整理，羊绒衫表面露出一层细绒，手感柔软、细腻、滑糯、丰满。另外，羊绒衫如果贴身穿着，直接与人体皮肤接触时，不但没有刺痒的感觉，反而非常舒适、温暖。

②保暖性好、质地优良。山羊绒本身就是山羊在严冬时为抵御寒冷而在山羊毛根处生长的一层细密、丰厚的绒毛。天气越寒冷，细绒越丰厚，纤维生长越长。所以用山羊绒加工的羊绒衫具有很好的保暖性。

③吸湿性强、穿着舒适。山羊绒的吸湿能力是所有纤维原料中最强的，回潮率在15%左右。羊绒衫贴身穿着时能够在外界气温多变的条件下自动吸湿，具有良好的排汗作用，穿着舒适。

④光泽自然、柔和贴体。羊绒衫受光产生漫反射，因此其光泽自然、柔和，穿着后给人以典雅华贵的感觉，广泛受到人们的喜爱。

（4）牦牛绒、驼绒等：虽然不及羊绒贵重，但也具有优良的外观效果和服用性能，牦牛绒的纤维与羊毛相似，但强力偏低，常与羊毛、锦纶混纺。驼绒纤维细长，呈淡棕色，表面比较平滑，有丝光感，也是毛针织服装的高档原料。

4. 蚕丝

天然蚕丝是天然蛋白质纤维，其纤维是层状结构，光会在纤维表层的各结构层发生多次反射、折射和透射，故蚕丝针织面料的光泽柔和且均匀。蚕丝具有强伸度好、纤维韧而柔软、平滑、富有弹性、光泽好、吸湿性好等优点，产品具有轻薄柔软、光泽柔和、手感丰满，吸

湿透气、富有弹性和飘逸华丽的风格，穿着很舒适。

（二）化学纤维

化学纤维分为合成纤维和再生纤维两大类。

1. 合成纤维

合成纤维主要包括涤纶、锦纶、腈纶、氨纶等。

（1）涤纶：吸湿性差，但强度高，弹性回复率大，尺寸稳定性好，但具有容易起毛起球的特点，同时涤纶的染色性较差，只能在高温高压下采用分散染料染色。比较容易产生静电，吸灰易脏。根据涤纶主要特点研制的改性涤纶，主要有亲水性涤纶和易染色涤纶，如图4-3所示。

（2）锦纶：具有很好的耐磨性、弹性和吸湿性，染色性是合成纤维中较好的，可以与羊绒混纺生产羊绒类产品，因为它具有优良的伸展性和回弹性，所以是针织服装产品中袜品和无缝内衣的主要原料，如图4-4所示。

（3）腈纶：具有许多优良特性，它耐日光和耐气候性特别好，染色性能较好，所染的颜色色泽鲜艳，手感蓬松柔软，特别是经过膨体加工成的膨体纱，性质与天然羊毛相近，故有"合成羊毛"的美誉，可作为纯纺和混纺原料，如图4-5所示。

（4）氨纶：具有很好的回弹性和延伸性，作为产品的添加剂，在无缝内衣和袜品中应用广泛，也在某

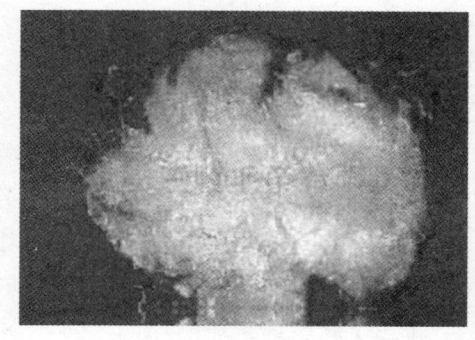

图4-3 涤纶

图4-4 锦纶

图4-5 腈纶

些毛针织产品中得到应用，以提高产品的弹性和保形性。

通常合成纤维回潮率都比较低、纤维断裂强度比毛纤维高，不会被虫蛀，但是用合成纤维织成的针织服装保形性不强，比较容易起毛起球，容易产生静电，这也是其价格比较低廉的主要原因。

2. 再生纤维

再生纤维中以纤维素纤维较为常用，主要包括粘胶纤维、铜氨纤维等。

（1）粘胶纤维（Viscose fibre），又叫人造丝、冰丝、粘胶长丝。

粘胶纤维的含湿率最符合人体皮肤的生理要求，具有光滑凉爽、透气、抗静电、染色绚丽等特性。由于其吸湿性好、可纺性优良、穿着舒适，常与棉、毛或各种合成纤维混纺、交织，可用于各类针织服装。

（2）铜氨纤维（Cuprammonuium fibre），铜氨纤维细软，光泽适宜。吸湿、放湿性极佳，其产品的服用性能极佳，性能近似于丝绸，极具悬垂感，所以常用作高级织物原料，特别适用于与羊毛、合成纤维混纺或纯纺，用于制作内衣、袜子等针织产品。

另外，醋酯纤维和莱赛尔纤维在针织品中的应用也很广泛。

醋酯纤维：醋酯长丝光泽好，手感柔软滑爽、穿着舒适、吸湿透气、质地轻、有良好的悬垂性、回潮率低、不易起球、抗静电、真丝感强。用其生产的针织面料悬垂性好，易洗易干，不霉不蛀，不起皱，适于制作内衣、浴衣、儿童衣着、妇女服装等。其短纤维用于同棉、毛或其他合成纤维混纺。

莱赛尔（Lyocell）纤维：又称天丝、木浆纤维等。如图4-6所示，纯莱赛尔织物具有珍珠般的光泽，固有的流动感使其织物看上去轻薄且具有良好的悬垂性。与氨纶裸丝交织的针织平针组织（汗布）、罗纹、双罗纹（棉毛）及其变化组织的面料，质地柔软、布面平整光滑、弹性好，产品风格飘逸，具有丝绸的外观，悬垂性、透气性和水洗稳定性良好，通过不同的针织工艺可织造不同风格的纯莱赛尔织物和混纺织物，用于制作高档女士内衣、时装以及休闲服和便装等，而细特和超细特莱赛尔纤维在高档产品开发中应用更多。

（三）新型纤维

1. 莫代尔（Modal）纤维

普通的粘胶纤维织物在洗涤时容易变形，干燥后容易收缩，使用中又会逐渐伸长，令针织服装尺寸稳定性差。为了克服这些缺点，人们开发出了莫代尔纤维（图4-7）。它是一种新型环保纤维，它集棉的舒适性、粘胶纤维的悬垂性、涤纶的强度、真丝的手感于一体，而且具有经过多次洗涤以后仍然保持其柔软和光亮色泽的特点。同时针织工艺与将莫代尔纤维的柔软蓬松、高弹舒适等特点相结合，使两者相得益彰。在针织圆纬机（大圆机）上，采用莫代尔纤维和氨纶裸丝交织的单、双面针织面料，柔软滑爽、富有弹性、悬垂飘逸、光泽艳丽、吸湿透气，并具有丝绸般的手感，用该面料设计的时尚服饰，能最大限度地体现人体的曲线美，

图4-6 莱赛尔纤维　　　　　　　　　图4-7 莫代尔纤维

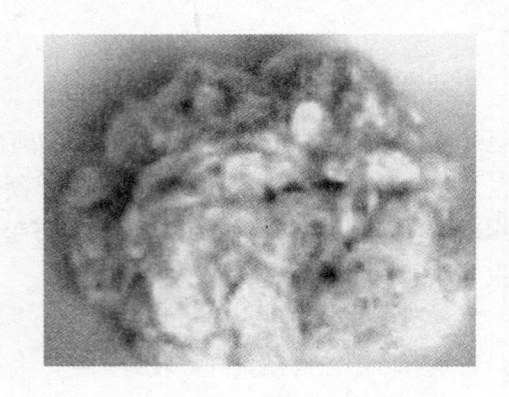

是前卫时尚族青睐的高品位针织服饰。

2. Coolmax 纤维

具有四沟槽的 Coolmax 纤维，能将人体活动时所产生的汗水迅速排至服装表层蒸发，保持肌肤清爽，令人体备感舒适。Coolmax 纤维与棉纤维交织的针织面料具有良好的导湿效果，广泛用来缝制 T 恤、运动装等。

3. 闪光纤维

面料具有闪光的效果，一直受到服装设计师的宠爱。如采用金丝和银丝与其他纺织原料交织，在针织面料的表面具有强烈的反光闪色效应；采用镀金方法，会在针织面料上出现各种图案的闪光效应，而面料的反面平整、柔软舒适。用这种针织面料设计的紧身女时装及晚礼服，会透过闪光面料表现耀眼、浪漫的风格，展示出光彩照人、华贵亮丽的韵味，全方位地表现针织服饰的风采，这类产品开发具有广泛的前景。

综上所述，由于不同的纱线纤维具有不同的截面形状和表面形态，面料对光的反射、吸收、透射程度也各不相同，从而赋予针织物不同的色彩感觉。总体来说，棉针织物着色后，色牢度较高，色彩丰富，一般会给人自然朴实、舒适、色泽较为稳重之感。麻织物具有淡雅、柔和的光泽，由于其具有优良的热交换性能，常作为夏季面料，色彩一般较为浅淡，给人凉爽、自然、挺括、粗犷之感。毛织物中，色彩花型根据品种而变化，用色力求稳重，常采用中性色，明度、纯度不宜过高，给人温暖、庄重、大方、典雅之感，色彩较为深沉、含蓄，即使是女装和童装的鲜艳色，色光也十分柔和。丝织物具有珍珠般的光泽，薄型织物光滑、轻薄、柔软、细腻，丝织物用色高雅、艳丽而柔美，一般明度和纯度较高。化纤针织物根据仿生风格的要求，其色彩极为丰富。总之，根据服装的用途合理开发和选用相应纤维原材料是针织服装设计不断进步的重要方向之一。

第二节　色彩与织物组织结构的关系

在织造工艺中，织物组织结构对色彩有很大的影响，主要包括织物组织、织物密度、组织与色纱的配合等因素。设计师应该充分利用针织物组织结构的特点，以期达到色彩的完美组合表现。通常情况下，纬平针组织、满针罗纹、提花组织织物的表面光滑，色光细腻，色彩鲜亮。而集圈组织、波纹组织、纱罗组织的织物色光粗糙，色彩明度、纯度根据花型数量、排列密度不同而不同。

一、组织结构对色彩的影响

（一）针织服装常用基本组织

1. 纬平针组织

纬平针组织（Plain stitch, Jersey stitch）又称平针组织，由连续的单元线圈向一个方向串套而成，是单面纬编针织物的基本组织。如图 4-8 所示，纬平针组织的两面具有不同的外观，一面呈现出正面线圈效果，正面由线圈的圈柱形成纵向小辫状外观，即沿线圈纵行方向连续的"V"形外观；另一面呈现出反面线圈效果，即由横向相互连接的圈弧所形成的波纹状外观，由于圈弧比圈柱对光线有较大的漫反射作用，因而针织物的色彩反面较正面阴暗。由于在成圈过程中，新线圈是从旧线圈的反面穿向正面，因而纱线上的结头、纱结杂质容易被旧线圈所阻挡而停留在织物的反面，所以正面一般较为光洁平整，色彩的光泽感强，进而很多后期印花工艺选择在纬平针的正面线圈上做。同时纬平针组织反面也经常应用于毛衫的正面，由于反面的特殊线圈结构在色彩变化中相互穿插过度，使得针织产品线条变化更加柔和。

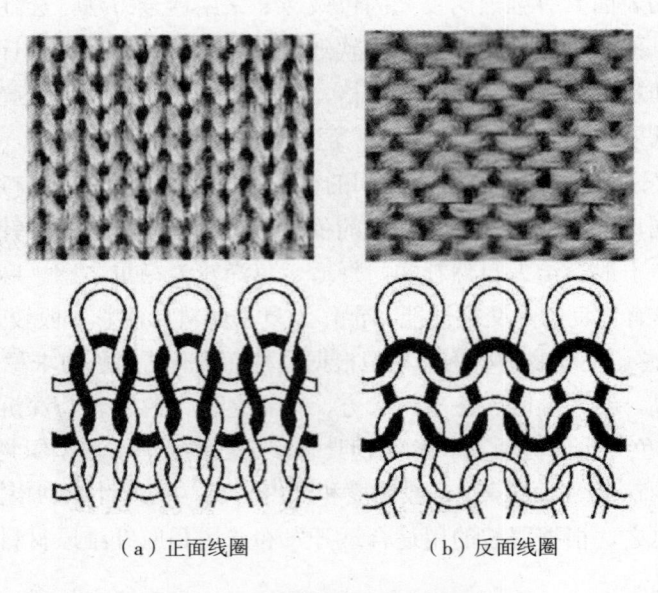

（a）正面线圈　　　　　　（b）反面线圈

图 4-8　正面线圈、反面线圈对照

在后期工艺中，装饰手段非常重要。常见的有镶边、刺绣、蕾丝、珠片、钩花等，可以间接地对纬平针织物进行增色装饰，同时还可以通过不同纱线、不同色彩的相间配合在服装上产生渐变、律动的效果，如图 4-9 所示。

图 4-9　纬平针后期装饰效果

2. 罗纹组织

如图 4-10 所示，罗纹组织（Rib stitch）是由正面线圈纵行和反面线圈纵行以一定的组合相间配置而成的双面纬编基本组织。在横向拉伸时，罗纹组织具有较大的弹性和较好的延伸性，这与沉降弧较大的弯曲与扭转有关，1+1 罗纹组织在织物边缘沿横列方向只能逆编织方向脱散，顺编织方向不脱散。在正反面线圈纵行数相同的罗纹组织中，由于造成卷边的力彼此平衡，因面并不出现卷边现象。其他种类如 2+1、2+3 等罗纹组织，在正反面线圈纵行数不同的罗纹组织中，虽有卷边现象，但不严重。罗纹组织线圈不会发生歪斜。由于相连在一起的正面或反面的同类线圈纵行与纬平针组织结构相似，故当某线圈纱线断裂时，也会发生线圈沿着纵行从断纱处脱散的梯脱情况。

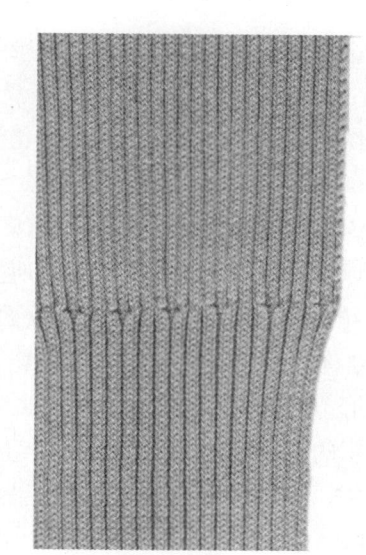

· 2+1 罗纹
· 2×1 坑
· Rib 2×2 Stitch
· 2×2 リブ

· 2+1 罗纹
· 2×2 坑
· Rib 2×2 Stitch
· 2×2 リブ

图 4-10　罗纹组织

罗纹组织是在针织服装中使用较多的一种组织。由于它具有较好的弹性、延伸性、不卷边和顺编织方向不脱散且厚实、挺括、平整等性能，除了可以用于身片之外，还大量用于衣片的下摆、袖口、领口和门襟等。由于罗纹组织顺编织方向不能沿边缘横列脱散，所以上述收口部位可直接编织成光边，无须再缝边或拷边。罗纹的收缩性运用在毛衫造型方面也有很好的效果。例如，腰部较宽的罗纹组织使整个毛衫的外形变换为明显的收腰型，形成优美的 X 型。罗纹织物中衬入氨纶等弹性纱线后，服装的贴身、弹性和延伸效果更佳。罗纹组织横向配置在服装的身片或者袖子上，凹凸敏感的虚实对比使整体富于节奏和韵律的美感，如图 4-11 所示。

图 4-11　罗纹组织设计

▶针织服装设计与CAD应用

设计师在进行针织服装创作设计时需要注意罗纹组织的色彩变化。在相同色纱、相同机号编织的基础上，由于罗纹横向方向上正反针的相间配置，致使平纹组织和罗纹组织的显色效果不同，织物的色彩明度相对于纬平针组织有所降低。

3. 双反面组织

双反面组织结构是由正面线圈横列和反面线圈横列相互交替配置而成。如图4-12所示，双反面组织可以在边缘横列顺编织方向和逆编织方向脱散。在双反面组织基础上，可以产生不同的结构与花色效应。例如，不同正反面线圈横列数的相互交替配置可以形成2+2、3+3、2+3等双反面结构；按照花纹要求，在织物表面混合配置正反面线圈区域，可形成凹凸花纹。因此，利用它的形成原理所编织的一些花式组织在针织服装中应用较多，如桂花针（图4-13）。正如纬平针组织的色彩特点一样，双反面组织正面线圈色彩明度高，反面线圈的色彩明度低。设计师在设计中，可以充分利用针织物正凹反凸的结构色彩效果，设计出富于变化的图案花型，如图4-14所示。

图4-12 双反面组织

图4-13 桂花针

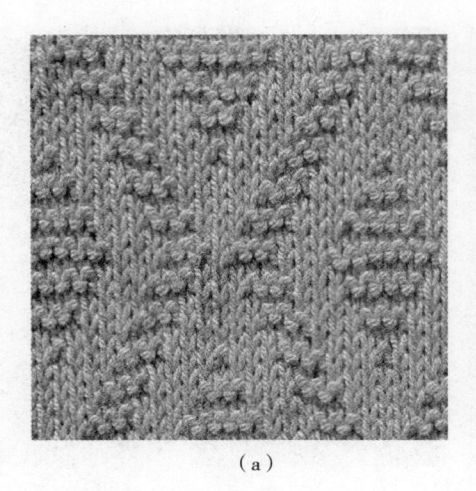

（a）

（b）

图4-14 双反面变化花型

（二）针织服装常用花色组织

1. 提花组织

如图 4-15 所示，提花组织（Jacquard stitch）是按照花纹要求，有选择地在某些织针上编织成圈，可以分为单面提花和双面提花两类。单面提花分为均匀提花和不均匀提花两种，每种又有单色和多色之分。不均匀提花组织多用于单色结构设计。提花组织由于织物正面线圈结构与纬平针相似，所以其色彩图案的表现仅次于印花。设计师可以根据不同主题的需要，用不同的色纱按要求的图案进行编织，使针织物具有生动、立体、自然的美感。由于受到编织条件的限制，简单的花型可以在普通的单面机和双面机上编织，较为复杂的花型则需要用提花圆机生产，目前针织毛衫更多使用电脑横机完成。

图 4-15 提花组织织物图案设计

（1）单面虚线提花组织：如图 4-16 和图 4-17 所示，在不成圈的织针上，纱线以浮线的形式处于织针后面所形成的花色组织，叫做单面虚线提花组织。单面虚线提花组织的设计特征：线圈大小相同，结构均匀，织物外观平整；在每一个横列中，每种色纱必须至少编织一次线圈；每个线圈后面都有浮线，浮线数量等于色纱数减一；织物反面的色纱浮线一般不宜过长，以避免因浮线过长造成的抽丝疵点现象。超长浮线后做集圈而形成的织物又称为阿考丁织物。单面虚线提花组织横向延伸性小，正面具有良好的花色效应，设计者可以根据设计特征来设计花型图案，如图 4-18 所示。

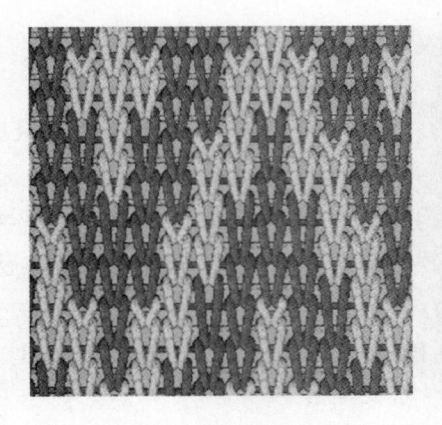

图 4-16　单面提花正面线圈图 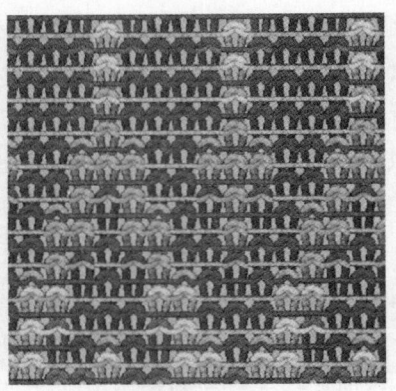　　　图 4-17　单面提花反面线圈图

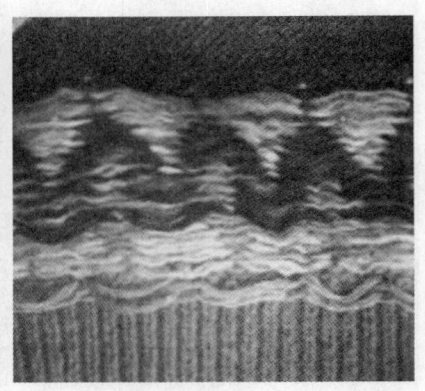

（a）正面　　　　　　　　　　（b）反面

图 4-18　单面虚线提花正反面对照

（2）双面提花组织：双面提花组织是在具有两个针床的针织机上编织而成的，其花纹可以在织物的一面形成，也可在织物的两面形成。在实际生产中，大多在织物的正面按照花纹要求提花，反面按照一定的结构进行编织。双面提花组织的反面结构有横条、纵条、芝麻点和空气层等。在双面提花组织中，由于反面织针参与编织，不存在背面浮线过长的问题。因为线圈纵行和横列是由几根纱线形成的，故脱散性小，但是织物较厚，平方米克重较大。双面提花组织在使用不同颜色纱线编织时，正面可以形成丰富的花纹效果，同时色纱数越多，生产效率相对越低，如图 4-19 所示。

（3）嵌花织物：嵌花织物是在横机上编织的一种色彩花型组织。它是把分别用不同颜色的纱线编织成的色块，沿纵行方向相互连接起来而形成的一种织物。每一色块由一根纱线编织，且该纱线只处于该色块中。各色块之间可采用轮回、集圈、添纱和双线圈等编织方式连接。嵌花织物组织结构与纬平针织物相似，属于单面纬编织物，它集纬平针织物的轻薄、光洁和提花织物丰富的色彩图案变化为一身，色彩丰富多变，光泽感强，是女装羊绒衫设计中最为常用的提花方法，如图 4-20、图 4-21 所示。

(a)正面　　　　　(b)反面　　　　　　　(a)正面　　　　　(b)反面

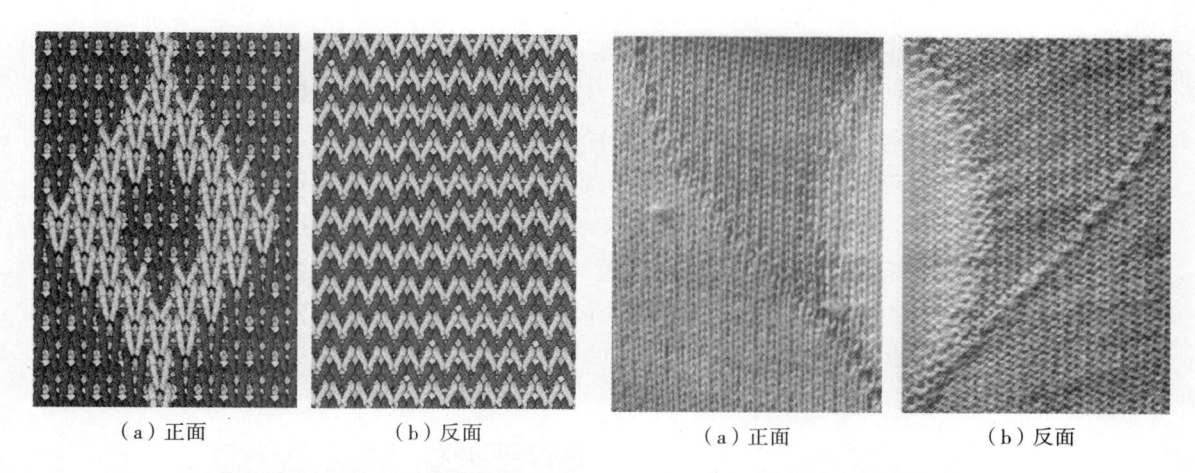

图 4-19　双面提花组织正反面线圈图　　　　图 4-20　嵌花织物正反面对照图

图 4-21　嵌花针织图案花型设计

2. 集圈组织（Tuck stitch）

集圈组织是在针织物的某些线圈上，除套有一个封闭的旧线圈外，还有一个或几个未封闭悬弧的纬编花色组织，有单面集圈和双面集圈之分。

（1）单面集圈组织：单面集圈组织是在平针组织的基础上进行集圈编织而形成的。集圈

123

组织根据集圈针数的多少，可以分为单针集圈、双针集圈、三针集圈等。根据封闭线圈上悬弧的多少又可分为单列、双列和三列等。在一枚织针上连续集圈的次数越多，织物外观效果越明显。不过旧线圈承受的张力越大，越容易产生断纱和织针的损坏。集圈单元若采用不规则的排列可形成绉效应的外观。另外，集圈组织中由于成圈和集圈反光效果存在差异，在针织物上还可产生一种阴影效应。集圈单元在针织物正面形成的线圈被拉长，而织物反面悬弧的线段较长，因此，无论是织物正面还是反面，对光的反射均较强，线圈较暗，从而形成阴影效应。单面集圈组织花纹变化繁多，利用集圈单元在纬平针中的排列可形成千变万化的凹凸图案效应和网孔图案色彩效应的织物，如图4-22所示。

图4-22 集圈组织图案花型设计

（2）双面集圈组织：双面集圈组织是在罗纹组织和双罗纹组织的基础上进行集圈编织形成的，针织服装当中常见的有畦编和半畦编两种。双面集圈组织外观类似罗纹组织，所以显色也与罗纹织物相似。畦编组织织物因为具有丰厚、柔软、悬垂性好、外表美观的特点，经常应用于婴幼儿及男女毛衫的设计中。

①畦编组织：畦编组织又称双元宝或双鱼鳞组织，如图4-23所示。由两个针床织针轮流编织成圈和集圈，即一个针床编织成圈时，另一个针床集圈。畦编组织的特点是：正反面线圈结构相同，大小一致；由于悬弧的存在，畦编织物比罗纹织物更加丰满、厚实、保暖，手感柔软、蓬松；织物宽度增加，但是保形性相对较差。

②半畦编组织：半畦编组织也称单元宝。集圈只在织物的一面形成，两个横列完成一个

（a）线圈图　　　　　（b）编织图　　　　　　（c）实样

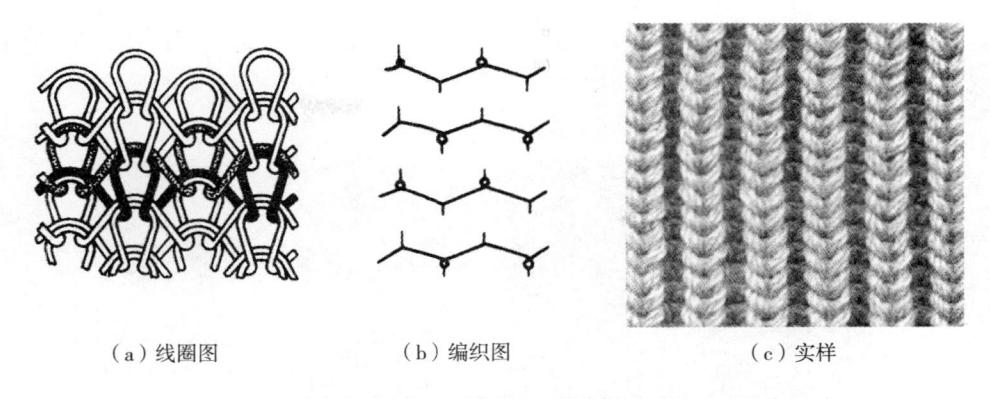

图 4-23　畦编组织线圈图、编织图和实样

循环。半畦编组织两面具有不同的密度和外观，由于下机后集圈悬弧力图伸直，使与悬弧相邻的线圈呈圆形鱼鳞状，故又名单鱼鳞组织，如图 4-24 所示。

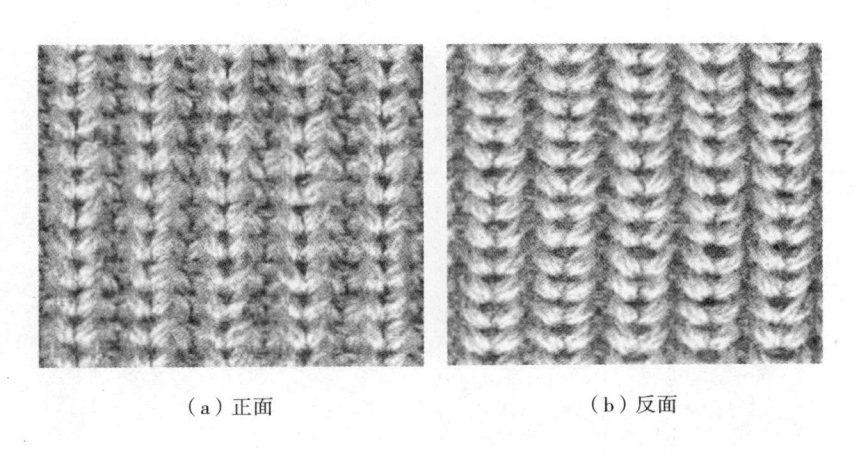

（a）正面　　　　　　　　　　（b）反面

图 4-24　半畦编织物正反面效果

3. 纱罗组织

纱罗组织（Loop transfer stitch）是在纬编基本组织的基础上，按照花纹要求将某些织针上的线圈转移到与其相邻纵行的织针上所形成的组织。纱罗组织在服装设计中经常用到的有以下几种：

（1）挑花（空花）组织：挑花组织又叫单面网眼纱罗组织，根据花纹要求，将某些织针上的线圈转移到相邻织针上，使被移处形成孔眼效应。手工编织单面挑花组织织物是在编织机上编织纬平针织物，在需要出现图案的地方进行手工移圈处理，如此操作可以完成较大花型循环的镂空图案，但由于是人工操作，相对比较费力，很容易出错。所以，目前针织服装普遍选用电脑横机的机械方式编织挑花组织。单面挑花组织具有轻便、美观大方、透气性好的特点，是针织服装设计中最为常用的花型图案表现方法之一。挑花织物因为是在纬平针的基础上进行移圈，所以织物外观相对平滑光洁，色光感强。随着移圈针数的变化，针织物表面色彩明度也会发生变化。由于具有镂空花纹效果，针织物在穿着过程中随着衬底色彩的变

125

化，色相、明度、纯度也会有所差异，如图4-25所示。图4-26是在罗纹组织的基础上循环表现双面挑花组织的花型效果。

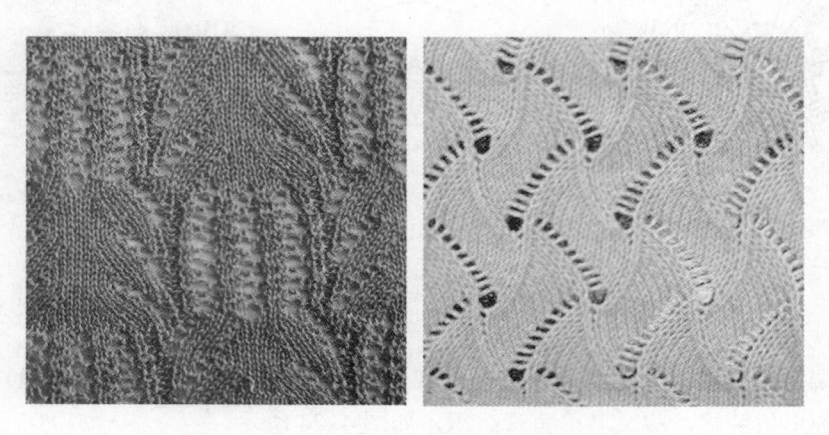

图4-25　单面挑花织物在不同底色下的色彩差异

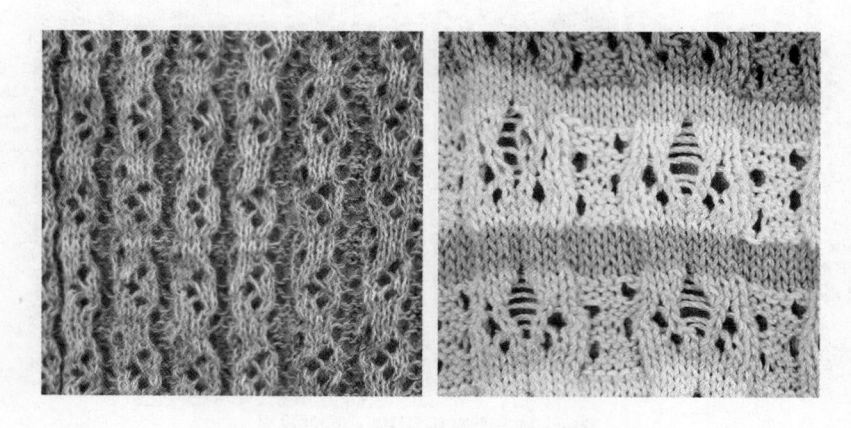

图4-26　双面挑花织物设计

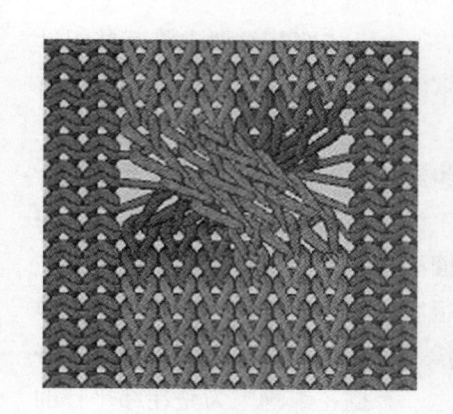

图4-27　单面绞花线圈图

（2）绞花织物：将两组相邻纵行的线圈相互交换编织的顺序，就可以形成绞花效应，俗称拧麻花。根据相互换位的线圈纵行数不同，可编织2×2、3×3等绞花。绞花组织可以在针织物的一面进行线圈的换位，俗称单面绞花，如图4-27所示；也可以在针织物的两面进行线圈的换位，俗称双面绞花。

如图4-28所示，绞花组织具有厚实的凹凸感，利用线圈的斜向移动和相互交叉的基本法则可以组合编织较大花型。由于其表面给人以粗犷豪放的活力美感，通常被用于休闲毛衫的设计中。在相对比较细腻的针织物设计中，也会使用绞花组织，用于表现细节部位。由于绞花组织的凹凸浮雕感很强，所以在色彩设计中，

图 4-28　绞花组织设计

更多使用单色纱线编织，彩色纱线编织绞花组织不仅得不到理想的效果，还会使设计变得非常凌乱。值得注意的是，由于线圈的换位产生的拉力，在针织服装设计中要根据纱线的强力选择绞花的数目，以避免在织造过程中产生断纱和破洞。例如，22.4tex（26 英支）两合股线在 3 针横机上完成，22.4tex 五合股线就得在 3 针横机上完成了。很粗的大扳针是指绞花在 1.5 针、3 针和 5 针的横机上形成，7 针车上最宽能织 10 针×10 针绞花，但是织造速度很慢，容易断纱，再粗的绞花设计就只能用手工编织了。在生产中，超出机械编织可行性的粗绞花多半是后期用手工趴条缝制的。图 4-29、图 4-30 是在纬平针的基础上配合挑花织物设计的花型效果。

图 4-29　配合挑花组织设计效果 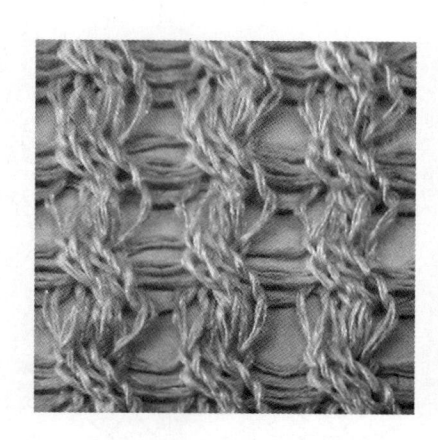　　　　图 4-30　配合空针组织设计效果

（3）阿兰花：阿兰花是利用线圈换位的方式使两个相邻纵行上的线圈相互交换位置，在织物中形成凸出于织物表面的倾斜线圈纵行，组成菱形、网格等各种结构的花型，如图 4-31 所示。阿兰花同绞花组织一样，表面给人以粗犷豪放的活力美感，多使用单色或邻近色混色纱线编织。由于其表面的立体浮雕感，在服装设计中比较细腻的细节部位也会使用阿兰花来表现立体效果，如图 4-32 所示。

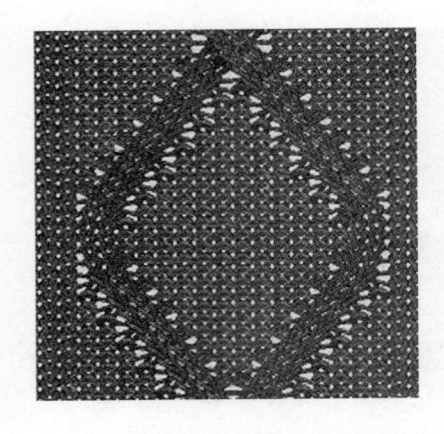

图 4-31 阿兰花线圈图

4. 波纹组织

波纹组织又称为扳花组织，是通过前后针床织针对应位置的相对移动使线圈发生倾斜，在织物上形成波纹状外观的双面纬编组织，如图 4-33 所示。常用的基础组织有四平扳花、三平扳花、畦编扳花、半畦编扳花、抽针形成抽条扳花或方格扳花等。针床移动的频率可以是半转移动一次（半转一扳），也可以是一转移动一次（一转一扳），每次可以向一个方向移动一针，也可以连续向一个方向移动两针，一般移动两针的效果比较明显。如图 4-34 所示，波纹组织设计具有丰富的色彩变化肌理，

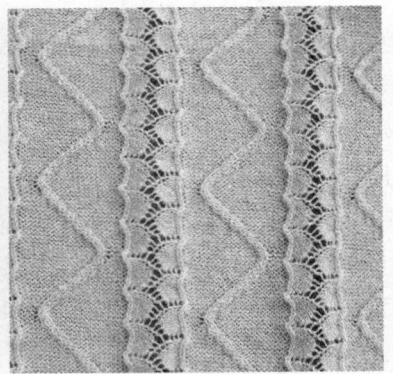

图 4-32 阿兰花织物图案设计

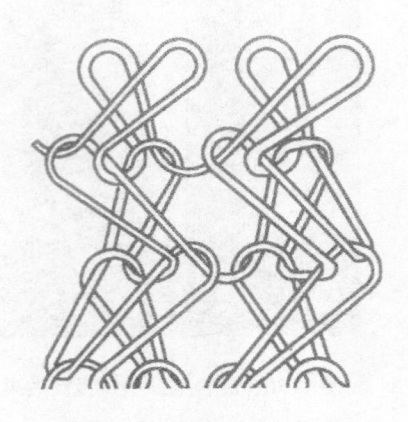

图 4-33 波纹组织线圈图　　　图 4-34 波纹组织花型设计

能够呈现立体效果，是针织服装设计中的常用组织。生产波纹组织是整针床前后相对移动，所以织物边幅会出现锯齿状外形，如图 4-35 所示，也有设计师将其作为服装底摆使用。

5. 罗纹空气层组织

常见的罗纹空气层组织有罗纹半空气层、罗纹空气层和双罗纹空气层三种，经常应用于

下摆、门襟、领口部位。罗纹空气层组织属于复合变化组织，织物表面根据组织配合设计的不同，立体浮雕感很强，进而带来了织物表面色彩明暗的丰富变化。其织物表面肌理明显，能够模拟千变万化的肌理效果。

（1）罗纹半空气层：如图 4-36 所示，罗纹半空气层是由一横列满针罗纹（四平）和一横列纬平针组织复合而成，也称为三平织物或四平半转、空筒半转。罗纹半空气层织物正反面线圈图如图 4-37 所示，其特点是比较厚实、硬挺、保暖性好，经常应用于秋

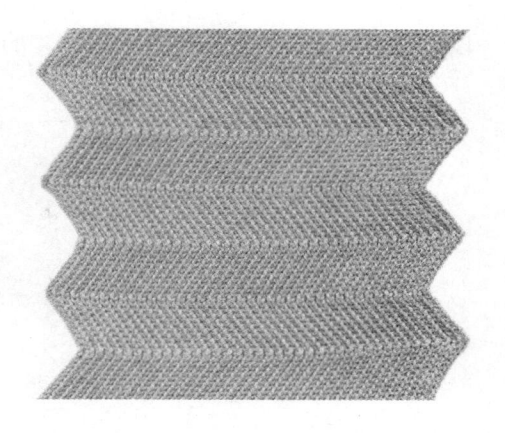

图 4-35 波纹组织布幅效果

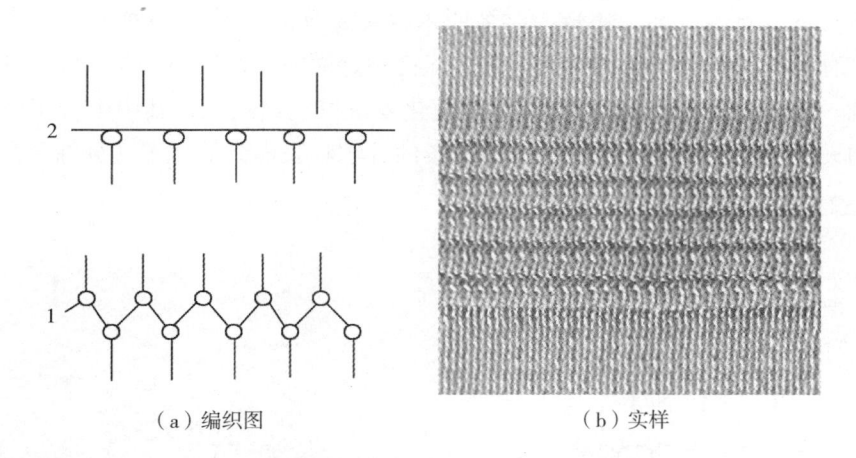

（a）编织图　　　　　（b）实样

图 4-36 罗纹半空气层编织图和织物实样

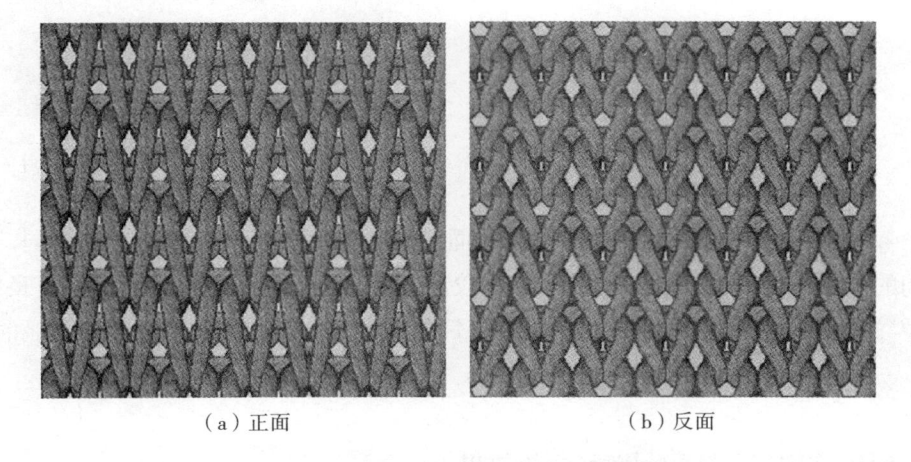

（a）正面　　　　　（b）反面

图 4-37 罗纹半空气层正反面线圈图

冬季的针织服装。不过这种组织的下机织片容易发生倾斜，俗称偏活，易出蝴蝶针，而且密度不好调，通常生产中织片下来以后都得卷起来放置。罗纹半空气层变化丰富，织物正面可

以通过单面编织转数不同而形成丰富的凹凸变化，如图4-38所示。

图4-38　变化罗纹半空气层组织设计

（2）罗纹空气层：又称为四平空转，是由一个横列的满针罗纹（四平）和一个横列前后针床轮流编织的平针（空转）组成，学名叫米拉诺罗纹。如图4-39所示，传统的四平空转组织由于具有平整的外观、织纹饱满、厚实、挺括、横向延伸性小、尺寸稳定的特点，经常应用于下摆、门襟、领口部位。图4-40是变化罗纹空气层组织，其中配合了色纱的调换及纱罗组织的设计，使原本高低起伏的横向凸条的针织物表面，更多了几分细节的变化和色彩的跳跃。

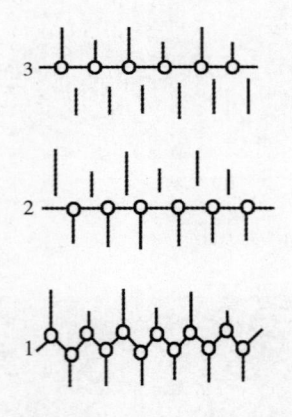

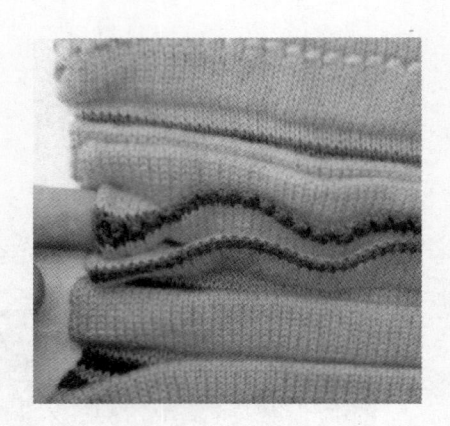

图4-39　罗纹空气层编织图　　　　图4-40　变化罗纹空气层组织设计

（3）双罗纹空气层：由双罗纹组织与单面组织复合而成，由于编织方法不同，可以得到结构不同的双罗纹空气层织物。这种织物比较紧密厚实，横向延伸性较小，具有良好的弹性。由于双罗纹编织和单面编织形成的线圈结构不同，因此，针织物表面会呈现明显的横向凸出条纹。

二、组织结构与色纱和图案配合的效果

针织面料花色的形成与针织物的组织结构和着色加工有关，在针织织造过程中，每一横列或每几横列线圈，轮流喂入不同种类的纱线进行纱线调换，织物表面以色纱效应为主，显示色条图案；当色纱按照织造要求有选择地在某些织针上编织成圈时，色纱与组织同时起作

用，织物表面呈现提花图案。织物的图案类型随流行周期、使用地区、和产品大类的不同而不同，在设计手法、内容、风格、题材、情调等方面有各种不同的表现。如图4-41所示（彩图见封二），具有花型图案的针织物有三种实现方法：一是在使用一种色纱的情况下，织物采用不同的组织相互配合而形成不同图案花型；二是使用不同的色纱在同一织物组织中进行提花组织图案设计；三是使用不同色纱和组织相互配合。针织物花型图案分为具象条形纹样、几何纹样、写实纹样和各种纹理效果四种。

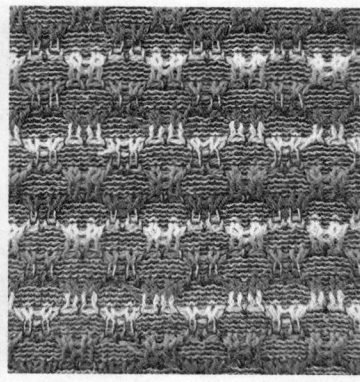

图4-41　针织物色纱与组织结构配合设计

（一）条形图案

条形是花型图案中最简单的一种，是针织物在编织过程中轮流喂入纱线，用不同种类、不同色彩的纱线组成各个线圈横列的纬编织物，普遍应用于各种针织服装设计中。其在形状上可形成纵条、横条、斜条、阔条、窄条、凸条、提花条等，通过色彩及其宽窄的变化，可得到不同的外观效果。

1. 凸条

织物外观具有凸出的条纹，称为凸条，其外观效果表现方法有两种：一种可采用凸条色纱与主纱原料、纱线结构不同的花式纱线完成，如图4-42（a）所示；另一种是使用不同组织结构在纵行方向或横列方向上相互配合来完成，如图4-42（b）所示。正反针的双反面组织、罗纹组织、抽条方法、罗纹空气层组织、绞花组织等，这些织造方法都可以形成凸条效应。

2. 彩条

条纹运用多种色彩即形成彩条，从针织物的织造工艺来看，一般以横条纹居多。这类织物的条纹宽窄搭配要合理，色彩选择要与织物风格相适应，既有鲜艳色，又有中性色，使织物或美观大方，或色彩丰富，或文雅、素净。如图4-43所示（彩图见封二），如果一组条纹的明度、纯度和宽度由明到暗、由浅到深、由窄到宽逐渐过渡，针织物表面就富有立体感和层次感。针织服装设计大多使用横彩条外观效果（图4-44），也有设计师将横向彩条针织物纵向使用，这种"横织竖用"的使用方法，使产品织造工艺更加简单，如图4-45所示。

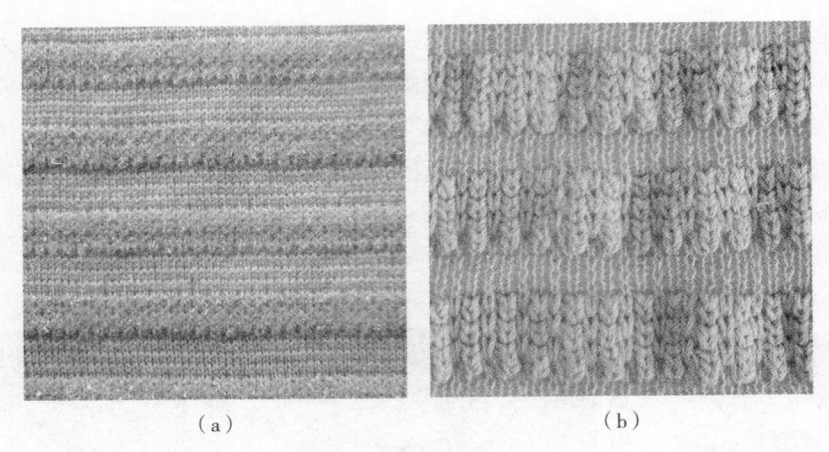

(a) (b)

图 4-42　凸条设计

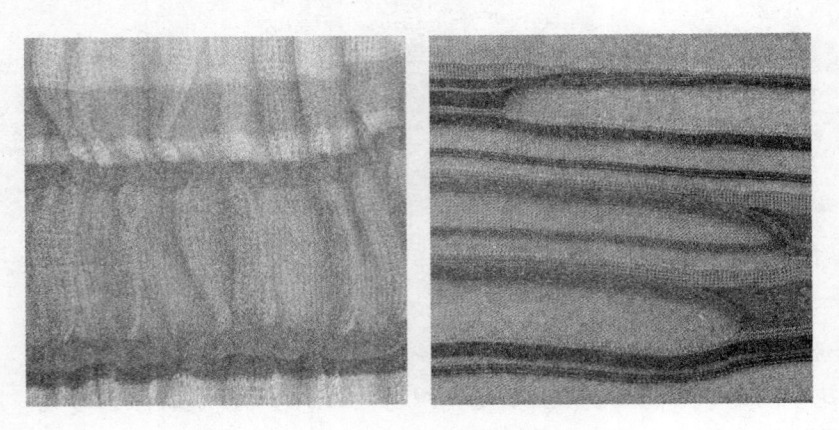

图 4-43　彩条纹样设计

图 4-44　针织服装的横条效果 　　　　图 4-45　横织竖用的着装效果

3. 斜条

斜条在设计中最常用的工艺方法是利用素色纱线通过织物组织变化实现。图 4-46 就是

通过挑眼组织按照设计需要在每一横列编织中有选择地在某些织针上做移圈工艺实现的。图4-47是通过扳花组织配合抽针工艺织成的宽窄不同的折线条纹。

4. 提花条

纵向彩条纹多使用提花组织织造完成，也有在针织物中局部横向阔条使用提花工艺完成的，呈现横列方向的提花条效果。提花条图案使织物表面既有条形外观，又有花型外观，活泼多变，丰富多彩。一般双面提花组织比单面组织厚，所以双面组织在与单面组织配合设计时，单面组织的使用也使得面料具有一定的透气感，这是针织服装设

图4-46　挑眼组织斜纹设计

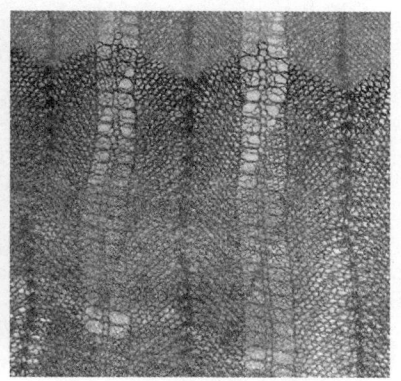

图4-47　扳花、抽针、挑眼组织综合设计

计中值得推荐的一种彩条组织配合。

5. 花式条

花式条织物表面的条纹具有各种花型效果，如由条纹构成波纹、皱纹、斜纹、花色纹等，也可在织物中运用花式线形成各种不同的外观效果，还可以将不同的织物组织（一般为2～3种）简单并列在一起，得到纵向或横向条纹组织，形成条形外观，采用这种方法时要注意不同组织相交之处，组织正反面要相反，以使交界处界线分明，条纹清晰、明显。例如，绞花组织的设计，要配合在纬平针反面结构上，才能凸显拧麻花的立体效果，如图4-48所示。

设计师在条形图案设计中，可同时改变色彩、组织、纱线规格、原料等因素，以使条形织物的外观富于变化，获得不同的装饰效果和审美情趣。

（二）几何图案

几何图案造型布局有呈散点排列的局部提花，也有满地提花，如图4-49所示，此类图案的取材可以参考二方连续和四方连续图案、民族图案、编织织物图案等。各种形状的简单几何图案，在工艺织造中的表现手法是一致的，以下仅以格形为代表举例。

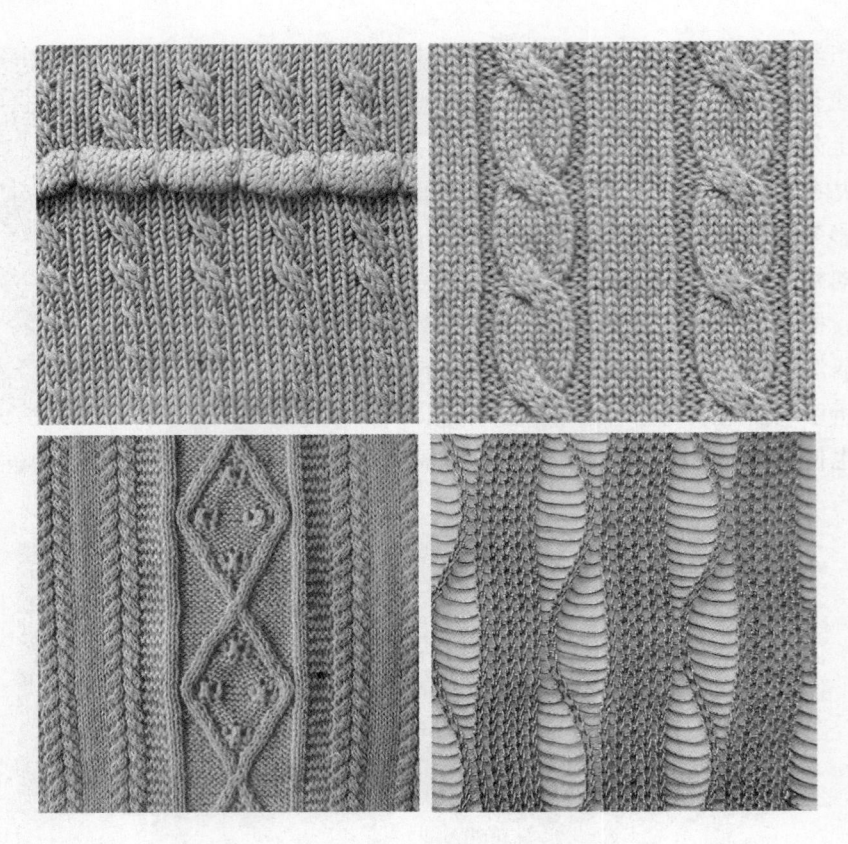

图 4-48 花式条设计

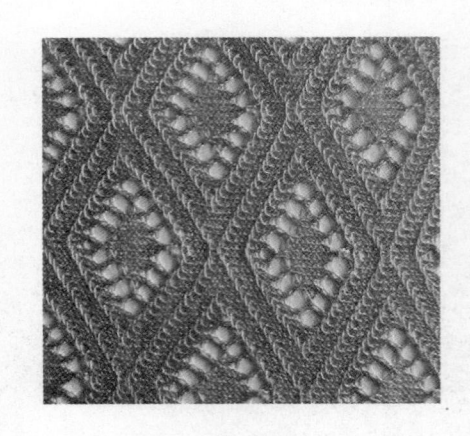

图 4-49 满地提花

　　格形图案适用于各种针织物，是图案中的一大派别。图案以长方形为主，也有正方形；格形有由几个线圈组成的小方格，也有诸多线圈组合而成的大方格；色彩上有素色格、彩格；外形上有对称格和不对称格。格形可以通过格子的组织结构、色彩提花以及各种组合进行种种变化。

1. 小方格

　　小方格可以由两种以上的色纱构成，不同线密度、不同结构的纱线按照设计需要，可有选择地在某些织针上参与编织来实现，其色纱循环较小，所以格形较小，常采用提花组织。织物表面格形纹路清晰，由于格形较小，织物的外观容易产生色彩的空间混色效果。素色小方格常采用双反面变化组织设计，利用正反面线圈结构的显色特点，表现小方格效果，如2+2双反面组织（图4-50）。

2. 大方格

　　若织物表面想以大色块的拼接方式表现，色彩设计中可多使用嵌花组织，如图4-51所示，是利用两种颜色的纱线通过交换地纱和面纱位置达到的两色提花效果。也有通过不同组织的

图 4-50　2+2 双反面组织的小方格 　　　　　　图 4-51　嵌花效应的大方格

相互配合而形成的花式大方格效果，如图 4-52 所示。

3. 彩格

彩格色彩活泼，格形变化丰富。一般所选用的色彩较多，但需注意要根据电脑横机的导纱嘴数量来决定可编织色彩的多少，色彩数量越多，针织物克重越大。不同色纱之间的配合能体现不同的色彩风格。同时彩格的设计要根据织物的用途选择色纱的数量，例如，夏季针织面料相对比较轻薄，应尽量避免使用多彩格设计，如图 4-53 所示。

图 4-52　多种组织配合形成的大方格 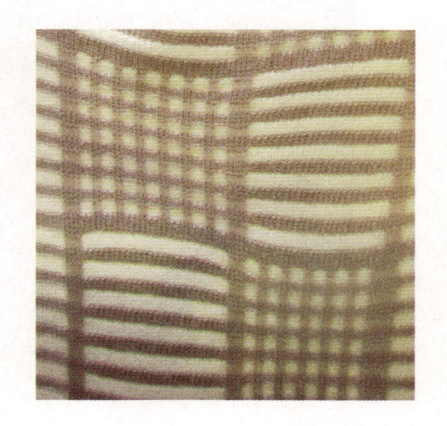　　　　　　图 4-53　两色提花效应的彩格

（三）写实纹样

针织产品花型的形成在编织过程中会受到一定的工艺限制，所以针织物中较少采用写实纹样表现花型图案。如图 4-54 所示，写实纹样更适合在针织面料上直接印染。印花针织物主要是依靠各种印花方法使针织物表面形成花型图案，花型起到主导作用。印花除了传统凹凸版印花和丝网印花以外，还可以采用"数码印花"，这是通过数据传输，将图案输入计算机，经计算机分色制版软件编辑处理后，由计算机直接控制特定设备将染料印制到针织产品上，而获取花型图案的一种印花技术。它具有印花精确度高、套色准确、色彩丰富和过渡自然的

图 4-54　针织物印染设计

艺术特点。印花不仅可以应用于 1400～2000mm 宽幅织物的大面积印花，也可以局部的形式应用于表面比较平整的织物上，让组织与色彩同时起作用。

另一种方法是将写实纹样进行艺术加工，浓缩成似花非花、似物非物的半抽象图案（图 4-55），如花鸟鱼虫、卡通形象等。这些图案的形态比自然形象更简洁别致、富有趣味，再配以色彩的变化，通过提花组织将其表现在针织物上。

图 4-55　抽象花型设计

（四）纹理效果

纹理效果的设计灵感更多来源于自然界的自然现象和物质的肌理效果，通过绘制、组织纹样、特种结构的纱线、各种印染后处理等进行综合设计。通过针织物组织结构的组合运用，使其表面表现出自然界物质的视觉或触觉肌理，产生凹凸不平的肌理效果。这类设计也称为仿生设计，设计师可以在其中找到极大的设计乐趣（图 4-56）。

总之，针织物的原料、组织、花型、色彩等构成了不同的花型性格。纹样色彩的明快与沉静、粗犷与精细、质朴与华丽等风格变化，给面料设计带来了丰富的素材，巧妙地运用这些特点，能使色彩、花型更好地服务于针织面料设计。

图 4-56　针织物仿生肌理设计

第三节　针织服装色彩的配合对比设计

针织服装色彩的配合对比，就是色彩在针织面料这个服装载体中的协调与矛盾。各种颜色在针织服装中的面积、形状、位置以及色相、明度、纯度等心理刺激的差别构成了针织服装色彩的情感。如何掌握色彩的配合对比设计规律呢？我们可以从五个方面进行探索：色相变化、明度变化、纯度变化、色调配色、强调配色。

一、以色相变化为基础的色彩配合对比

色相配合对比是基于色相差别而形成的对比。如图 4-57 所示，色相的对比强弱可以由色相环上的距离来表示。以色相变化为基础的色彩配合对比有七种方法。

1. 同类色配合对比

同类色的配合对比实际就是明度的变化配合对比。例如，浅蓝、蓝、深蓝。如图 4-58 所示，将这三种不同明度的蓝配合在一个画面中。在设计运用时，设计师要注意明度和纯度的变化差别配合。

2. 邻近色配合对比

即在 24 色相环中任选一色和与此色相邻间隔 15°左右的色相进行对比。例如，红与黄红、黄绿与绿，这种配合因为色相差别小，所以服装色彩很明确，容易达到统一的调和效果，但是容易产生单调的感觉，为了避免这一现象，在针织服装中常运用明度和纯度的变化拉大色彩间距离，弥补色彩的沉闷感，如图 4-59 所示。

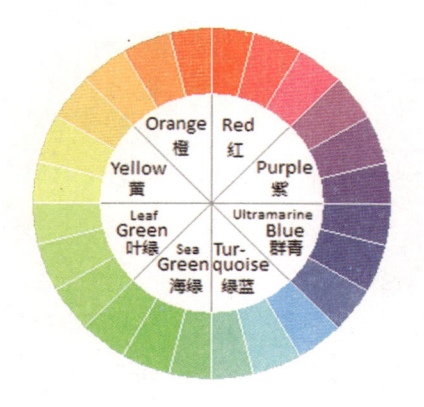

图 4-57　24 色相环

3. 类似色配合对比

即在 24 色相环上间隔 60°左右的颜色之间的配合对比。例如，红与橙、橙与黄、黄与绿、

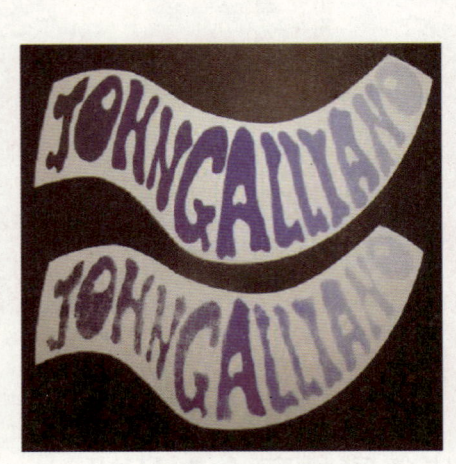

图 4-58 同类色配合对比

图 4-59 邻近色配合对比

蓝与紫，属于原色与间色的配合对比。在这个范围内的色彩配合，色相差别适度，这种对比虽然保持了邻近色的单纯、统一、柔和、主色调明确的特点，但在实际设计中同样要注意明度和纯度上的配合变化，或者可以运用小面积的对比色或比较鲜艳的颜色做点缀，以增加色彩的生气，如图 4-60 所示。

4. 中差色配合对比

即在 24 色相环上间隔 90°左右的颜色对比配合。如图 4-61 所示，红与黄、蓝与绿等。这种配色介于类似色和对比色之间，色相差比较明显，在针织服装设计中易产生明快的效果，是色彩设计中比较常用的配色，但同样要留意色彩之间明度和纯度的变化。具体配合原则要

图 4-60　类似色配合对比

图 4-61　中差色配合对比

掌握：明度、纯度同时减弱；减弱明度、加强纯度；减弱纯度、加强明度。

5. 对比色配合对比

即在 24 色相环上 120°左右的颜色对比。例如，近乎三原色之间的对比，如图 4-62 所示，绿与紫、蓝与黄、红与蓝等。对比色的配合设计要比类似色更加鲜明，具有饱满、华丽、欢乐的感情特点，对比色配合多用于休闲运动系列的服装设计。

6. 互补色配合对比

在 24 色相环上间隔 180°左右的颜色对比。如图 4-63 所示，红与青绿、黄与青紫、绿与

图 4-62 对比色配合对比

图 4-63 互补色的配合对比

红紫等。互补色相配合，能使色彩对比达到最大的鲜明程度，可强烈刺激人的视觉感官，但设计师要注意在设计过程中常使用黑、白、灰、金、银色做两色之间的调和色进行配合；另外，也可在设计中加强或减弱某一色的纯度。与对比色相比，互补色更加完整，也容易使人产生杂乱、过分刺激、动荡不安和粗俗生硬的感觉。

7. 色相的渐变

即是两种或两种以上的色相逐渐变化，其包括两种形式：一是使用两种或两种以上色相自身的明度渐变;二是由甲色相逐渐转化为乙色相,再逐渐转化为丙色相。如图 4-64 所示,这种色相渐变的针织服装设计在近两年较为流行,经常为设计师所使用。

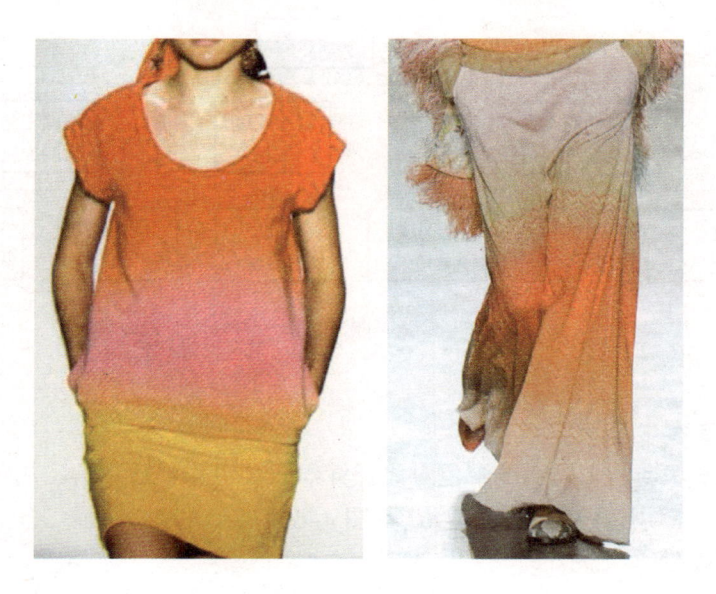

图 4-64　色相的渐变

二、以明度变化为基础的色彩配合

明度配色对比是将不同明度级别的色彩并列在一起,使针织服装的色彩对比出现明的更明、暗的更暗的现象。在色彩对比中,理解、掌握明度的黑、白、灰关系是明度对比设计的关键点。黑、白、灰决定着画面的基调,它们之间不同量、不同程度的对比能够创造多种色调的可能性。明度变化对比可以带来光感、空间感和层次感,由此可以表现事物的立体感和远近感,如传统中国画就是利用无彩色的明度对比来体现画面的远近虚实关系的。明度的差别可能是一色的明暗对比,也可能是多彩色的明暗对比。在有彩色系中,紫色与黄色明度上就有着明显的明度差别,参见图 4-57。

除了黑色与白色以外,明度可以划分为 9 个明度色标等级(图 4-65),根据明度色标分

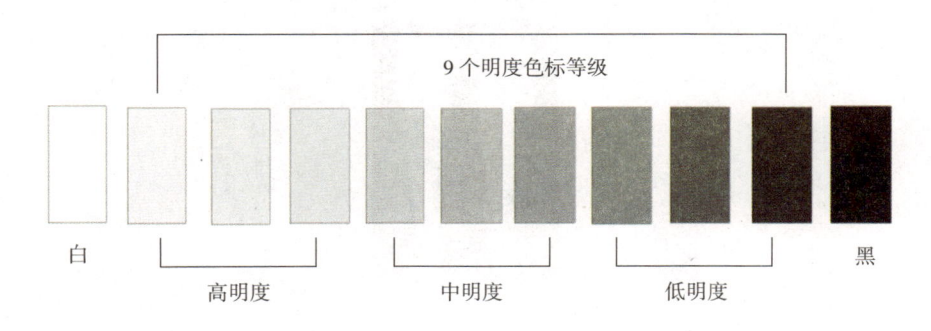

图 4-65　明度等级

为低明度（暗调子）、中明度（灰调子）、高明度（亮调子）3个明度基调。明度配色方法（图4-66）可以分为以下几种：

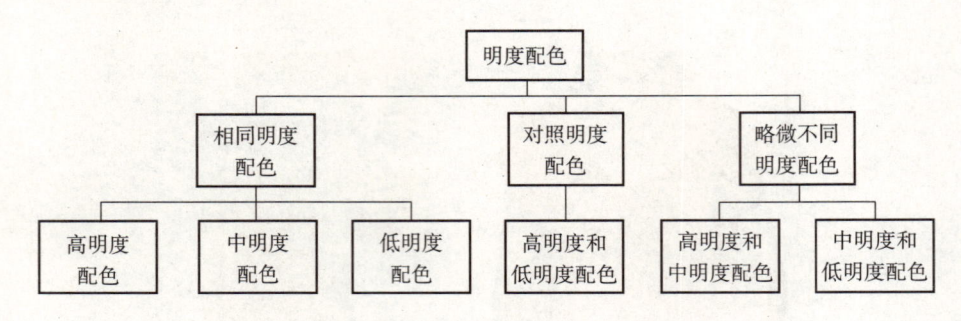

图 4-66　明度配色方法

1. 相同明度配色

按照三个明度基调，相同明度配色对比在针织服装色彩设计中的应用可以分为高明度配色、中明度配色、低明度配色，如图4-67～图4-69所示。

2. 对照明度配色

即高明度和低明度之间的色彩对比配合，在针织服装设计中的应用如图4-70所示。

3. 略微不同明度配色

即相邻明度基调之间的色彩对比配合，在针织服装色彩设计中的应用可以分为高明度和中明度配色（图4-71），中明度和低明度配色（图4-72）。

图 4-67　高明度配色

第四章　针织服装色彩设计

图 4-68　中明度配色

图 4-69　低明度配色

图 4-70　对照明度配色

143

图 4-71　高明度和中明度配色

图 4-72　中明度和低明度配色

三、以纯度变化为基础的色彩配合

由于纯度不同而形成的色彩对比效果称为纯度对比。它是色彩对比的另一个重要方面，但因其较为隐蔽，故容易被忽视。在色彩设计中，纯度对比是决定色调感觉华丽、高雅、古朴、粗俗、含蓄与否的关键。其对比强弱程度取决于色彩在纯度等色标上的距离，距离越长，对比越强，反之则对比越弱。纯度对比既可以体现在单一色相不同纯度的对比中，也可以体现在不同色相的对比中，纯红和纯绿相比，红色的鲜艳度更高；黄和黄绿相比，黄色的鲜艳度更高，当其中一色混入灰色时，也可以明显地看到它们之间的纯度差。黑色、白色与一种饱和色相对比，既包含明度对比，也包含纯度对比，这是一种很醒目的色彩搭配。在进行针织服装色彩设计时，可以通过两种方法降低一个饱和色相的纯度：混入无彩色调和——黑、白、灰色；混入该色的补色调和。

纯度和明度一样，也可以划分为 9 个纯度色标等级，根据纯度色标分为低纯度、中纯度和高纯度 3 个纯度基调。纯度配色方法（图 4-73）可以分为以下几种：

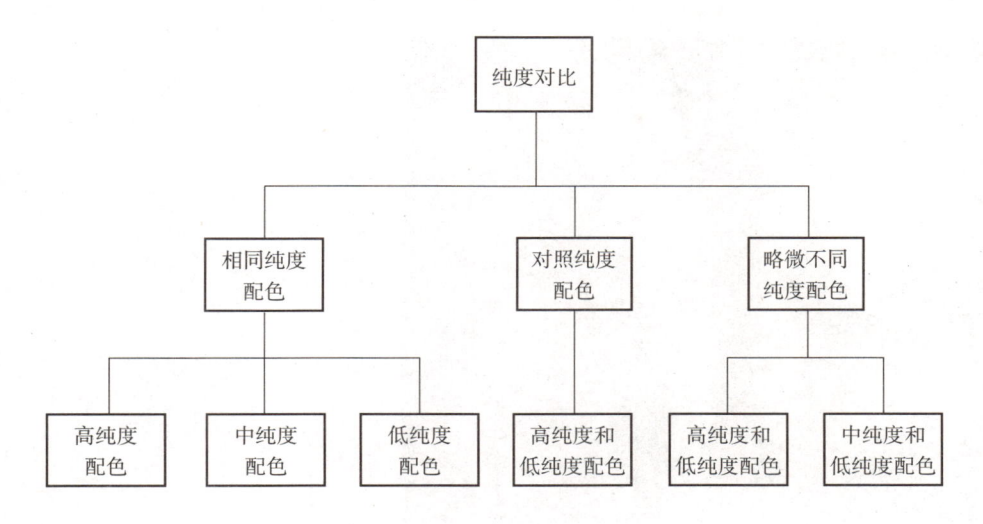

```
                    ┌─────────┐
                    │ 纯度对比 │
                    └────┬────┘
        ┌────────────────┼────────────────┐
   ┌────┴────┐      ┌────┴────┐      ┌────┴────┐
   │相同纯度 │      │对照纯度 │      │略微不同 │
   │  配色   │      │  配色   │      │纯度配色 │
   └────┬────┘      └────┬────┘      └────┬────┘
   ┌────┼────┐           │           ┌────┴────┐
┌──┴─┐┌─┴──┐┌┴───┐  ┌────┴────┐ ┌───┴────┐┌───┴────┐
│高纯││中纯││低纯│  │高纯度和 │ │高纯度和││中纯度和│
│度配││度配││度配│  │低纯度配 │ │低纯度配││低纯度配│
│ 色 ││ 色 ││ 色 │  │   色    │ │   色   ││   色   │
└────┘└────┘└────┘  └─────────┘ └────────┘└────────┘
```

图 4-73 纯度配色方法

1. 相同纯度配色

按照 3 个纯度基调相同，纯度配色对比在针织服装色彩设计中的应用可以分为高纯度配色（图 4-74）、中纯度配色（图 4-75）、低纯度配色（图 4-76）。

图 4-74 高纯度配色　　　　　图 4-75 中纯度配色

2. 对照纯度配色

即高纯度和低纯度之间的色彩对比配合，在针织服装设计应用如图 4-77 所示。

3. 略微不同纯度配色

即相邻纯度基调之间的色彩对比配合，在针织服装色彩设计中的应用可以分为高纯度和中纯度配色（图 4-78），中纯度和低纯度配色（图 4-79）。

145

图 4-76 低纯度配色

图 4-77 对照纯度配色

图 4-78 高纯度和中纯度配色

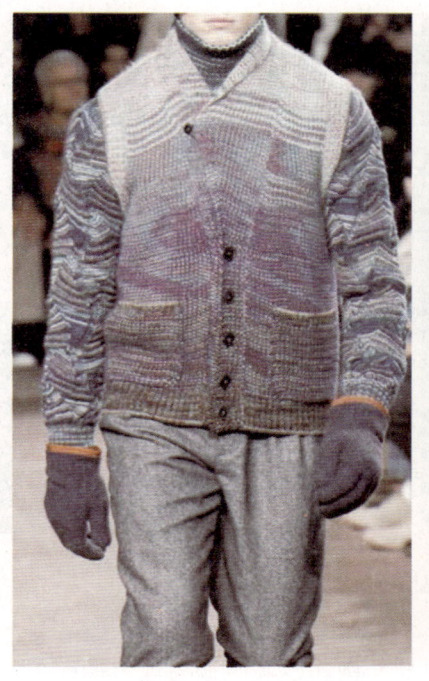

图 4-79 中纯度和低纯度配色

四、色调配色

1. 同一色调配色

即将相同色调的不同颜色配搭在一起而形成的配色关系。同一色调颜色的纯度和明度具有共同性，明度按照色相略有变化。例如，婴儿服饰的色彩多以淡色调为主；在对比色相和中差色相的配色中，一般采用同一色调的配色手法，如图 4-80 所示。

2. 类似色调配色

即将相邻或接近的两个或两个以上色调搭配在一起的配色。类似色调配色的特征在于色调与色调之间有微妙的差异，较同一色调有变化，不会产生呆滞感。如图 4-81 所示，将深色调和暗色调搭配在一起，能产生一种昏暗感；鲜艳色调和强烈色调再加明亮色调，便能产生鲜艳活泼的色彩印象。

3. 对照色调配色

图 4-80 同一色调配色

即相隔较远的两个或两个以上的色调搭配在一起的配色。如图 4-82 所示，对比色调因为色彩的特性差异，能造成鲜明的视觉对比，产生一种对比调和感。对比色调配色在配色选

图 4-81 类似色调配色

择时，会因为横向或纵向而有明度和纯度上的差异。例如，浅色调与深色调配色，即是深与浅的明暗对比；鲜艳色调与灰浊色调搭配，会形成纯度上的差异。

五、强调配色

强调的意思就是突出和显眼，使某色彩用量很少却能起到画龙点睛的效果。在单色当中，少量加入一些对比色彩，就会使其成为焦点对象。如图4-83所示，在无彩或者低纯度的色彩中，将高纯度色彩或基调形成对比关系的色彩作为强调色。

图 4-82 对照色调配色　　　　　　　　图 4-83 强调配色

第四节　针织服装色彩设计与面料创作

一、色彩的联想

人们经过长期生活经验的积累，对某些物质、色质效应形成了固定的概念与联想。当看到具有眩光效果的明亮色彩时，人们就会认为是表面光滑的硬质合金物体，设计师们常把这类色调称之为硬色调。而那些洁白又无反光的白色如自然界的棉花、白云、羽毛，让人们感受到的是光线的优雅柔和。在通常情况下，明快的颜色给人以细腻、丰富、表面光滑的感觉，而深色给人以厚重、粗糙和诚实的感觉。色彩的感觉是针织服装色彩设计中的重要色彩艺术语言，可以加强对服装个性和情绪的表达。

同样，当一个场景或者一个词语展现在我们面前时，与之相应的环境颜色也随之浮现在我们的脑海里。不同的是，虽然是同一个场景名词，但由于每个人的成长经历不同或者是某一次的生命经历在脑海中有了深刻印象，故所反映出来的色彩情感是不一样的。例如，提出一个《雨天》为题目的场景，不同的人就会有不同的色彩情感联想。在雨天中，有的人心情会很好，有的人心情会很糟。从而使人们联想到的色彩或是带着粉色系的暖灰色调，或是阴暗蓝色系的冷灰色调。综上所述，不同的颜色对人有不同的情感暗示，不同的情感又会使人联想到不同的色彩。针织服装设计师可以通过颜色使人们感受到服装的生命力，以增强服装的个性与温馨感。

二、针织面料灵感来源创作

针织服装设计是集基本设计元素为一体的综合行为，每一种基本元素在设计作品中都相互配合，形成统一的视觉效果。设计师的任务就是选择这些单位元素并将其融合在一起。这些设计元素被称为设计的"灵感来源"。灵感具有偶然性、突破性和短暂性的特征。它常常需要外来因素的诱发启示和心理刺激。朱光潜先生认为："意向可以旁通"。诗人、艺术家寻求灵感往往不在自己的本行范围内，当设计的灵感堵塞时，不妨跳出自己的专业，在别的艺术范围内找到一种意象，让它们在潜意识中酝酿一番，然后再用自己的特别技艺将其"翻译"出来。这种在他人天地中找寻自己的灵感火花的方法在艺术创作中是常见的事。

（一）针织面料创作的灵感来源

作为针织服装设计人员，可以通过身边的很多途径找到创作灵感来源，这里介绍三种途径：

1. 从自然界直接采集

可以从大自然中直接获取灵感，如图4-84所示，大自然中一切花草树木、动物生灵、景色意境等，都是针织面料创作的优秀启迪者，它们以自己独特的美为设计者提供了丰富的设计素材。

2. 间接采集

间接采集包括：国际纺织品流行趋势（图4-85），每一季度新品时尚发布会（图4-86），

图 4-84　自然界直接采集灵感来源

图 4-85　国际纺织品流行趋势预测信息　　　　　　　图 4-86　时尚发布会

已有的面料（图 4-87），个人的爱好。把握服装流行发展的脉搏，需要设计师在各种资讯中找到创作的灵感，现代快捷丰富的咨讯向设计师展示了几乎所有与纺织服装相关的产品信息。相关的时尚款式、美容化妆、服饰潮流等可使设计师保持新鲜的时尚意识心态，同时均可作为设计背景素材，为设计师提供相应的理论和形象依据。

3. 人类历史文化资料

从工艺美术到绘画艺术，从淳朴的民间文化到豪华的宫廷气质，民族文化遗产是服装设计师灵感来源的经典范本。同样，从古希腊的瓶画到罗马艺术装饰，从蒙德里安的冷抽象到康定斯基的热抽象，从日本的浮世绘画到欧洲的现代派绘画，从休养生息的瑜伽到足球运动的激情，从音乐的联想到文学的意境表达都能启发针织服装艺术设计的构思，如图4-88、图4-89所示。

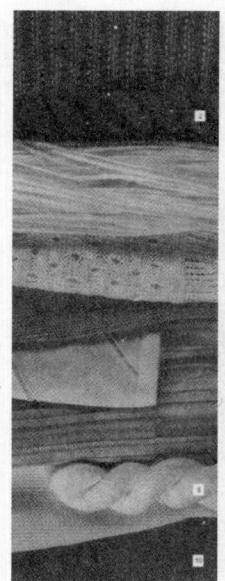

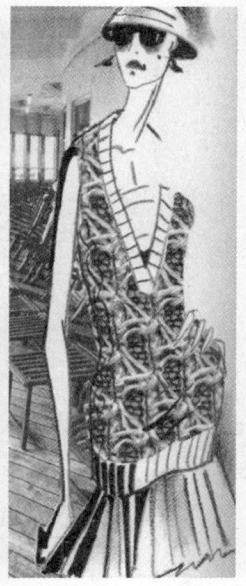

图4-87　已有的面料展示　　　　　　　　　图4-88　俄罗斯民族文化灵感来源

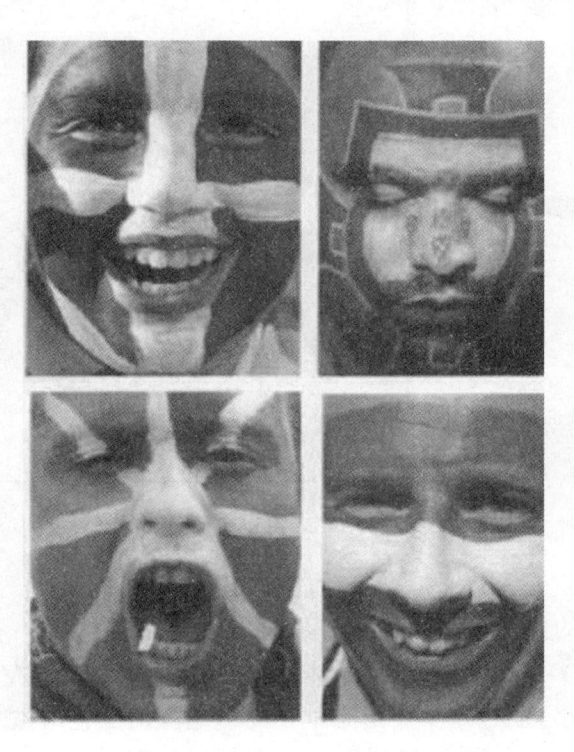

图4-89　运动文化灵感来源

▶针织服装设计与CAD应用

（二）针织面料灵感创作方法

利用 Illustrator 设计软件进行针织面料灵感创作，包括五方面：

（1）找到个人比较喜欢的色彩图片或色彩流行趋势图片，置入到新建文档中。

（2）从这个图片中提炼主要的色彩标志，简称色标，如图 4-94 所示。

（3）色标色彩比例搭配方案设计，如图 4-99 所示。

（4）针织面料间条系列色彩设计，如图 4-102 所示。

（5）针织面料提花系列色彩设计，如图 4-105 所示。

具体操作步骤如下：

①新建文档：启动 Illustrator，可进入其操作界面，单击欢迎界面【新建文档】选项。在新建文档对话框中可修改名称"面料系列设计"，设置画板大小、单位、方向以及色彩模式，如图 4-90 所示。

②置入灵感来源图片：打开文件菜单下的【置入】，选择所需要的灵感来源图片，左手按下 Shift 键，同比例放大缩小到合适尺寸，如图 4-91 所示。

③创建色标：在灵感来源中，设计人员需要根据设计主题挑选出图片中主要的几种色彩，并且将其作为标志性色彩分别展现出来。接下来，使用工具箱中的【吸管工具】，鼠标回到灵感来源图片中左键点击所选中的色彩区域，如图 4-92 所示，工具箱中的填充色

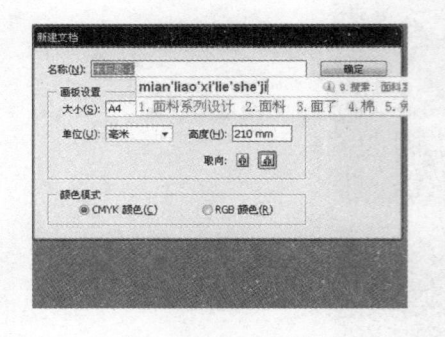

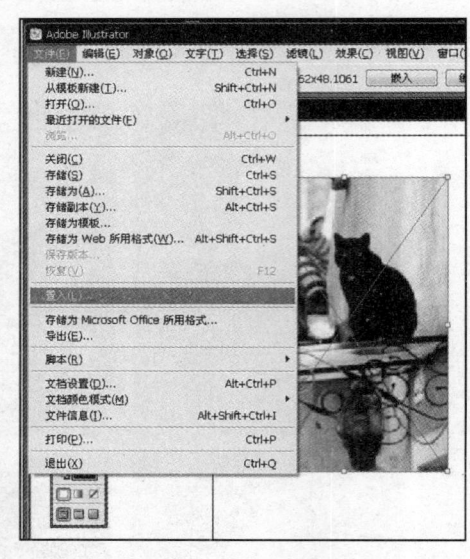

图 4-90　新建文档　　　　　　图 4-91　置入图片　　　　　　图 4-92　吸取填充色

即显示出吸管所吸取的颜色。然后选择工具箱中的【矩形工具】，在画板中单击左键即弹出矩形对话框，如图 4-93 所示（彩图见封二），在选项栏中调整宽度为 35mm，调整高度为 15mm，最后点击确定创建一个矩形方框，随即选择的颜色就被填充到所创建的这个矩形框中（色标可以是任意的图形形状）。按照以上方法分别找到图片当中的主要七种颜色，

图 4-93 矩形设置

图 4-94 创建主要色标

如图 4-94 所示（彩图见封二）排列在右边。

④创建色彩比例配搭设计：如图 4-95 所示，创建一个宽度为 15mm、高度为 115mm 的矩形框。然后使用工具箱中的【直线工具】，在矩形框内画横向分割线，应以色彩分区，如图 4-96 所示。接下来使用工具箱中的【选择工具】，全选所画的矩形路径，再使用工具箱中的【实时上色工具】，如图 4-97 所示给每个色彩区域填色。

⑤复制调整新的色彩搭配：使用工具箱中的【选择工具】，全选前一个色彩搭配方案，左手按下 Alt 键，如图 4-98 所示，拖动复制一个新的色彩搭配放在旁边。然后再使用工具箱中

图 4-95 创建矩形

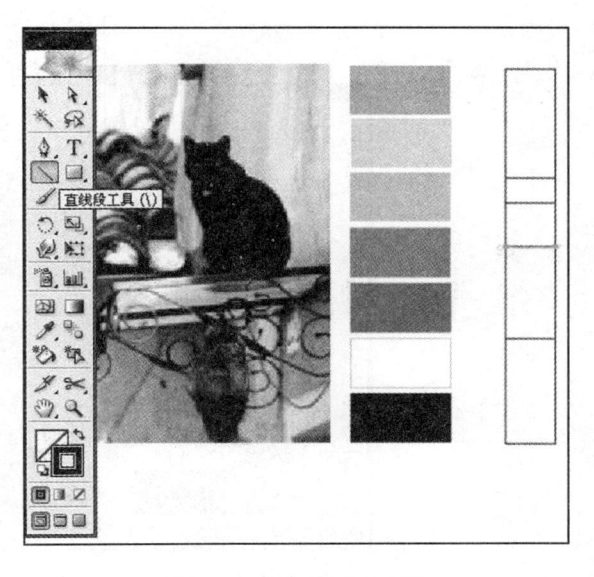

图 4-96 绘制横向分割线

153

▶针织服装设计与CAD应用

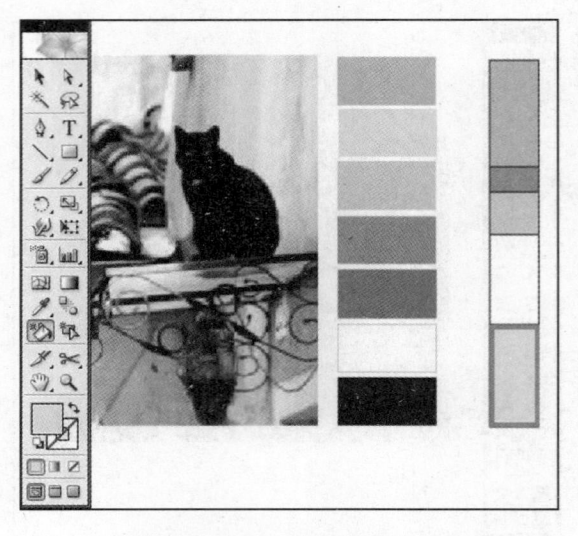

图4-97 实时上色

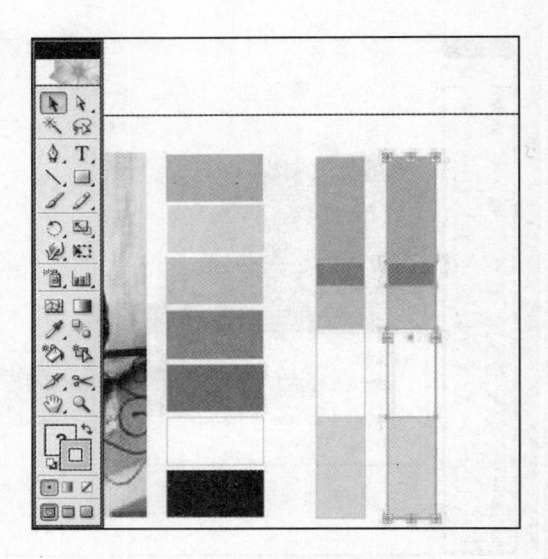

图4-98 复制色彩比例搭配

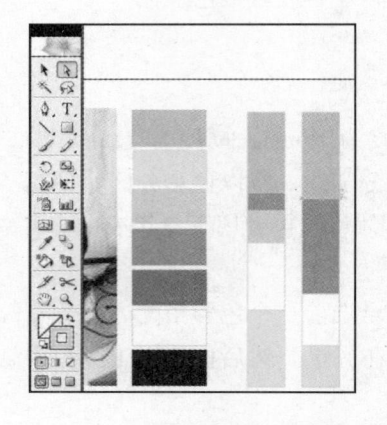

图4-99 调整色彩比例搭配

的【直接选择工具】，逐一调整横向直线，以此改变色彩比例搭配关系，如图4-99所示（彩图见封二）。按照以上方法，如图4-100所示（彩图见封二）复制一系列矩形色彩比例搭配图样，并且注意进行调整不同色彩的比例关系。最后，使用【选择工具】，框选所有色彩比例搭配图样，并且在工具箱中将描边调整为【无】，目的是避免后期在创建四方连续图案时描边线。

⑥针织面料间条系列色彩设计：如图4-101所示（彩图见封二），使用工具箱中的【选择工具】，框选某一个色彩搭配方案，并且拖动至【色板调色板】中，用创建四方

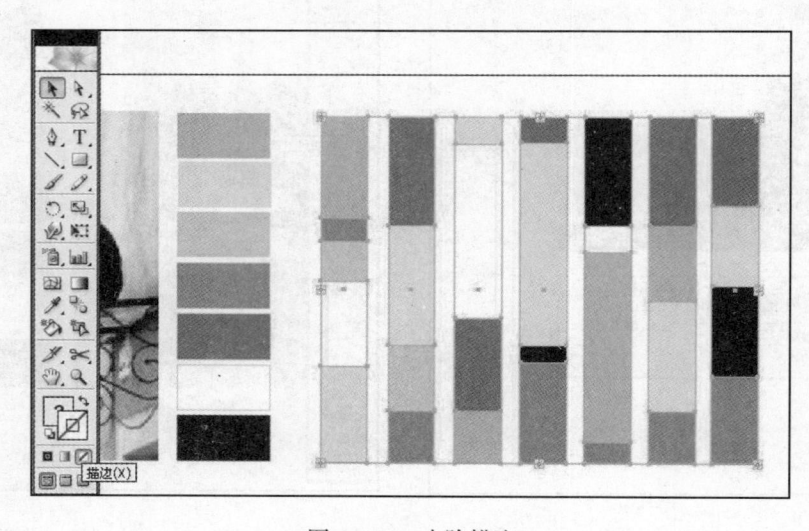

图4-100 去除描边

154

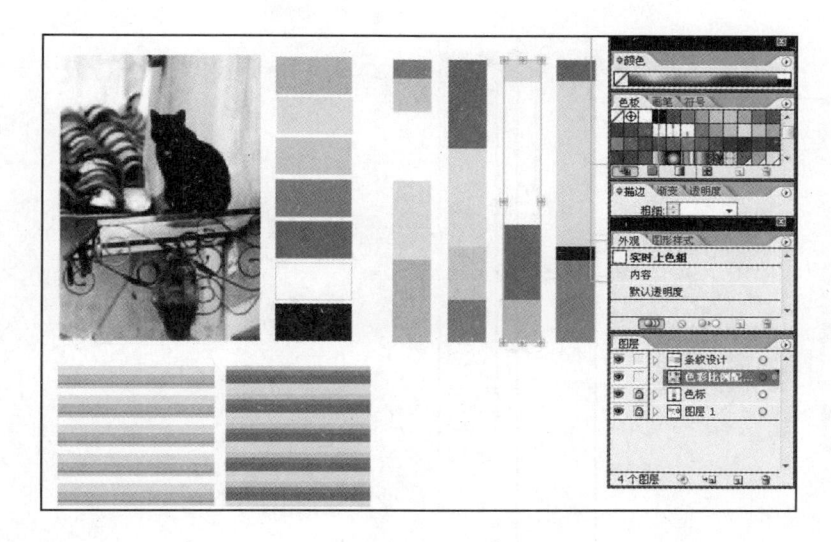

图 4-101　间条色彩设计

连续图案的方法可以设计出不同的间条。同时，可以配合工具箱中的【比例缩放工具】，使用同一色彩搭配方案图样形成不同效果的系列性面料间条设计，如图 4-102 所示（彩图见封三）。

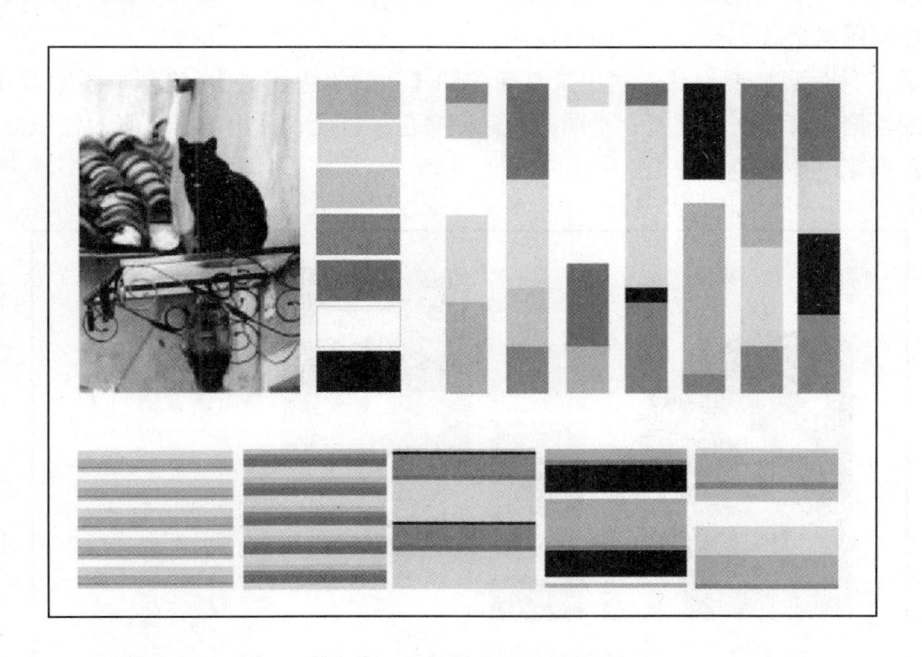

图 4-102　针织间条系列设计

⑦针织面料提花系列色彩设计：如图 4-103 所示，创建一个新的菱形路径图案，并且进行实时上色，选择填充色标中的色彩。然后同步骤⑥，使用工具箱中的【选择工具】，框选某一个着色后的菱形图案，并且拖动至【色板调色板】中。接下来，在工具箱中的填充色中使用该图案，并且将描边设置为【无】，鼠标单击【矩形工具】配合 Shift 键，拖出一个正方形的四方连续图案面料设计。同时，如图 4-104 所示，可以配合工具箱中的【比例缩放工具】，

155

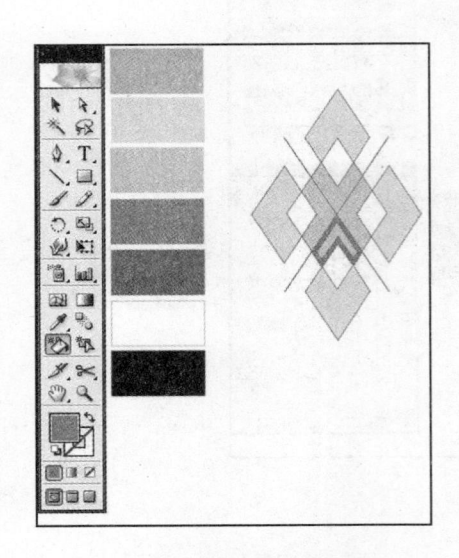

图 4-103　创建菱形路径图案

图 4-104　比例缩放

使用同一色彩图案形成不同效果的面料设计。

⑧完成多种色彩搭配设计：利用工具箱中的【实时上色工具】，将菱形图案改变成不同的色彩搭配，同时可以在底部衬上不同的色标做底色，以此设计出丰富多彩的针织提花面料，如图 4-105 所示（彩图见封三）。

图 4-105　完成系列性色彩提花设计

三、针织服装综合创作设计

矢量绘图 Illustrator 软件和位图编辑 Photoshop 软件是 Adobe 公司旗下的两款重要设计类软件。它们之间具有很强的兼容性，充分发挥各自的优势可以更好地为针织服装设计服务。例如，将 Illustrator 绘制的矢量图像再输入 Photoshop 做后期处理可使图案更加细腻、自然，符合人的视觉要求。设计师从面料创作到服装款式设计再到最终色彩效果图展示的全部设计过程需要综合运用 Adobe Illustrator 和 Photoshop 设计软件操作完成。

（一）Illustrator 绘制四方连续纹样服饰图案实例

具体步骤如下：

（1）新建文档：启动 Adobe Illustrator CS2 之后，即可进入操作界面，单击欢迎界面中的【新建文档】选项。在弹出的对话框中设置文件的名称、尺寸、纸张方向、颜色模式，如图 4-106 所示。

（2）符号喷绘：如图 4-107 所示，选择【钢笔工具】，自由画出心形图案，并填充相应的颜色。左手再配合 Shift+Alt 键，绘制出正方形，设置为无描边，并填充上设计所需要的绿色。打开【控制面板】中的【符号面板】，打开【符号库】中的【花

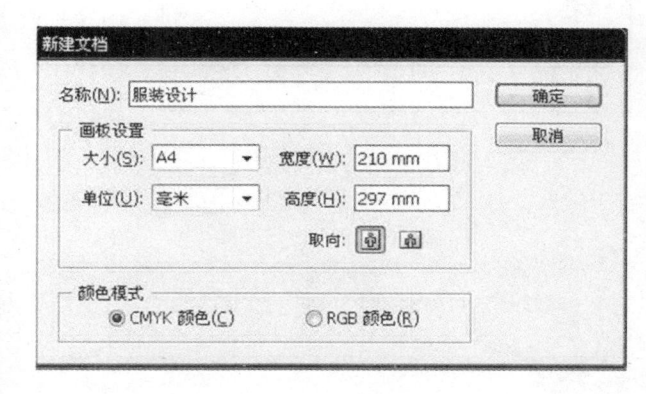

图 4-106　新建文档

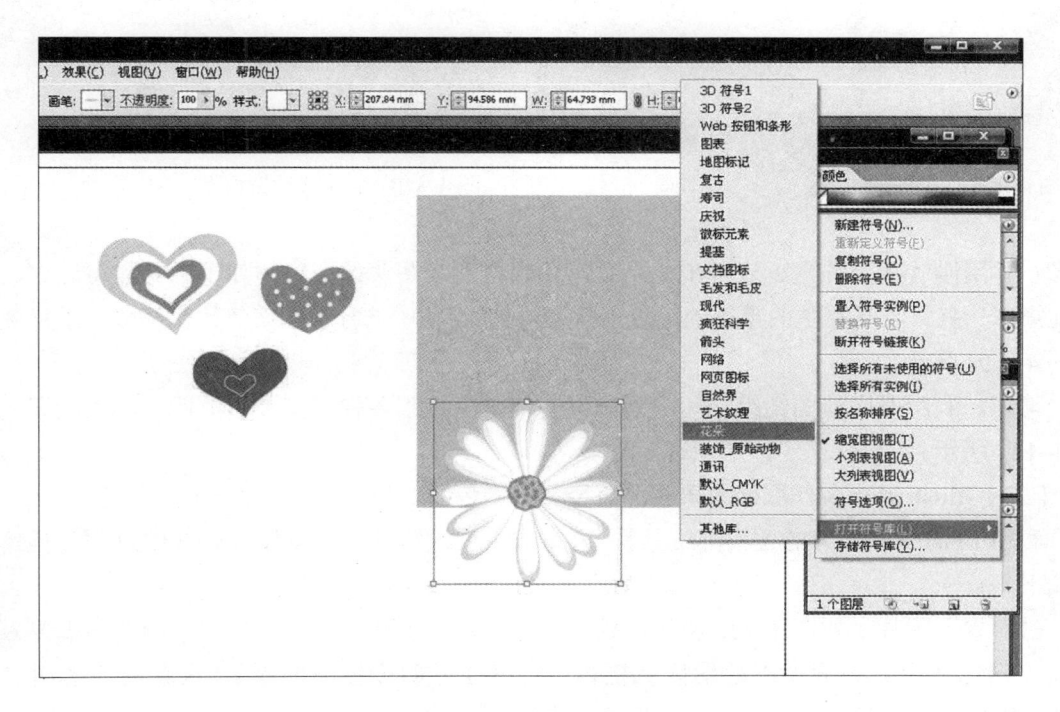

图 4-107　使用符号库

157

▶针织服装设计与CAD应用

图4-108 绘制心形图案

朵库】，选择雏菊符号。如图4-108所示，使用工具箱中的【符号喷枪工具】，在画面中点击鼠标左键，然后使用【选择工具】按照设计预想等比例放大缩小所绘制的雏菊图案。

（3）如图4-109所示，为了更好地显示花型循环，选中绿色矩形，然后鼠标右键选择【置于底层】命令，并将心形元素分别拖至绿色方框内，依据设计在矩形框内排列组合心形图案和雏菊图案作为四方连续元素使用。其效果可如图4-110所示。此时，用【选择】工具选中所有元素，把它们拖放到色板面板中，然后使用【选择工具】，框选四方连续元素，鼠标拖至色板浮动面板中，再使用工具箱中的【矩形工具】，随意在空白处用【矩形工具】绘出一个

图4-109 单位循环元素　　　　　图4-110 自定义图案面板

矩形，并用刚才新建的色板进行填充，画出该四方连续图案的面料。如果图案显得过大，选中此矩形，打开工具箱中的【比例缩放工具】，在对话框中选择将图案等比例缩放，最终效果如图4-110所示。

同理，利用不同的图案组合和不同比例的缩放将得到各种丰富多彩的四方连续图案，如图4-111所示。

（二）Illustrator制作服装效果图的路径及基本色调

利用Illustrator强大的【钢笔工具】，可完成由手绘线稿向矢量图像转换的过程。具体步骤如下。

（1）置入图片：如图4-112所示，锁定其他图层，新建一个图层，将手绘的图稿置入该图层，同比例放大充满图纸绘图区域框内。打开【透明度控制面板】，设置图片透明度为60%，如图4-113所示。

图 4-111 四种不同组合和不同缩放所得到的图案

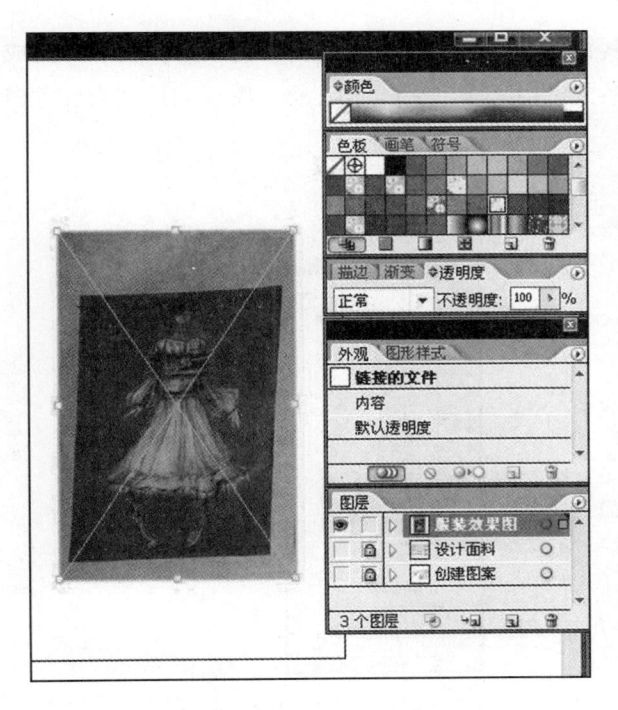

图 4-112 置入图片

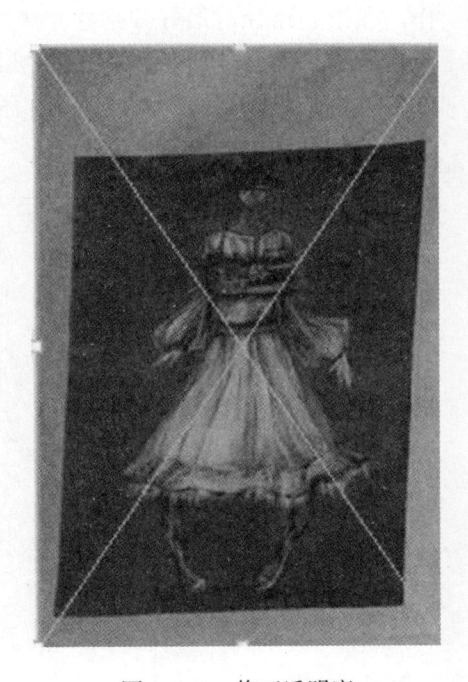

图 4-113 修正透明度

（2）绘制路径：单击工具箱中的【钢笔工具】绘制出人物基本路径（外轮廓设置为无填色、黑色描边、描边粗细为 1pt，其他褶线相应为 0.5pt），如图 4-114 所示。为了方便后续操

159

图 4–114 绘制路径

作，在绘制路径时最好分别建立图层并对其命名。绘制路径极为重要，完成路径就等于完成作品的 1/3。因此绘制路径的过程要耐心直至绘制出理想的路径。注意，图层的排列需要考虑到服装的色彩遮盖层次，如图 4–115 所示。

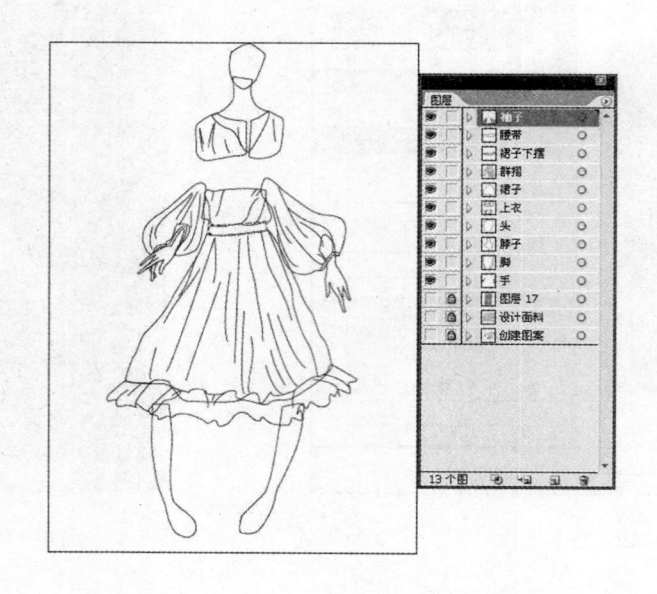

图 4–115 图层层次设计

（3）利用上一步绘制出的路径，对各个图层填充需要的前景色。如头部、脖子、手部填充肉色。同时运用色板填充对服装各个部位进行初步图案填充。在色板中使用前面所绘制的不同四方连续元素。然后再逐一进行图案比例的调整，通过此操作，可以得到服装效果图雏形，如图4-116、图4-117所示。最后进行AI格式保存。

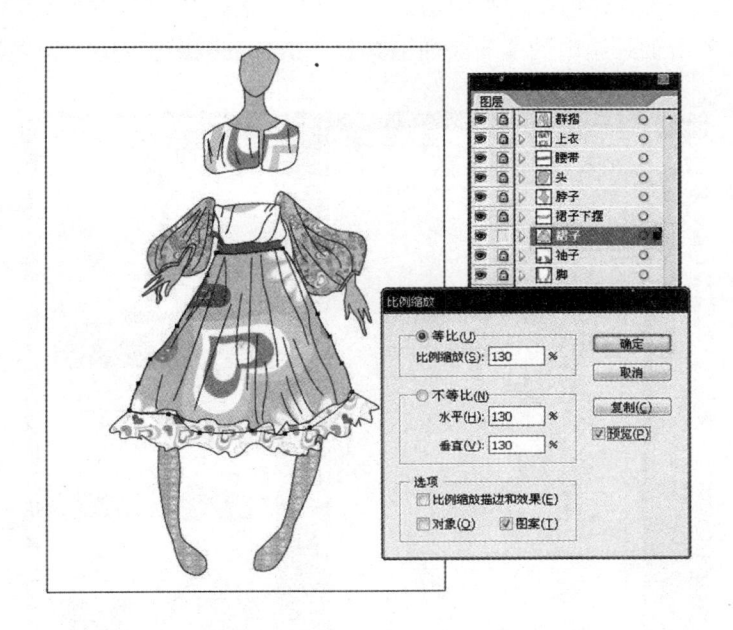

图4-116　调整图案比例

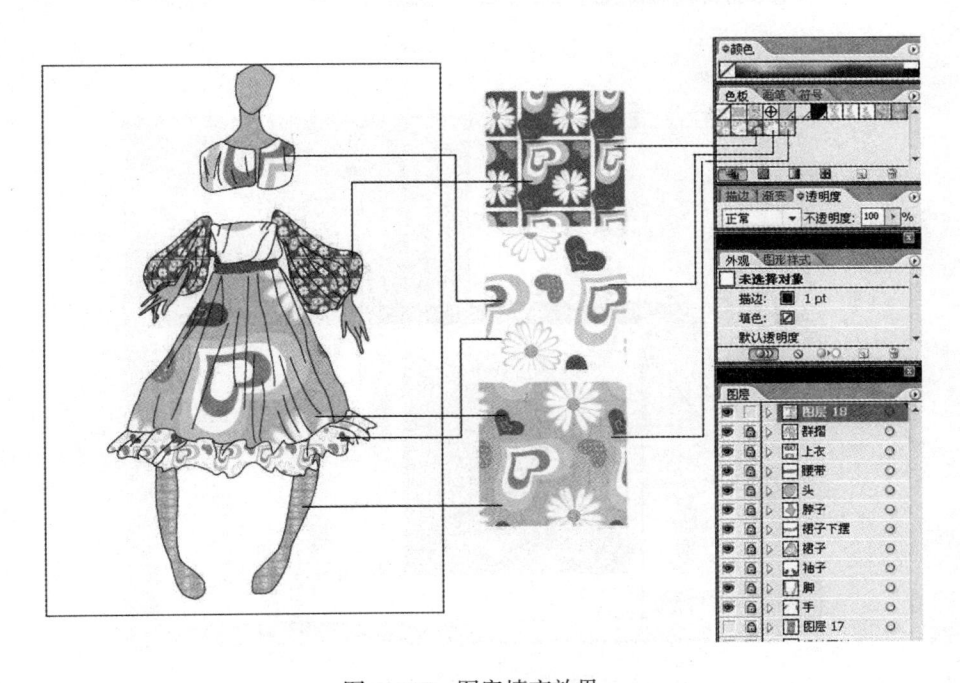

图4-117　图案填充效果

(三) Photoshop 处理服装效果图的后期修饰

通过 Illustrator 软件绘制，最初的线稿已经转为矢量图像。再利用 Photoshop 自身强大的功能对矢量图像进行处理，可以使服装效果图更加复杂，更具美感。具体步骤如下。

(1) 填充底色：运行 Photoshop CS3 软件，文件菜单下打开上述制作好的矢量图像。如图 4-118 所示，新建一个图层并置于初始图层 1 下面，命名为"背景"，双击前景色选择白色，如图 4-119 所示，单击工具箱中的【油漆桶工具】，单击画框范围空闲区域，背景被填充为白色，

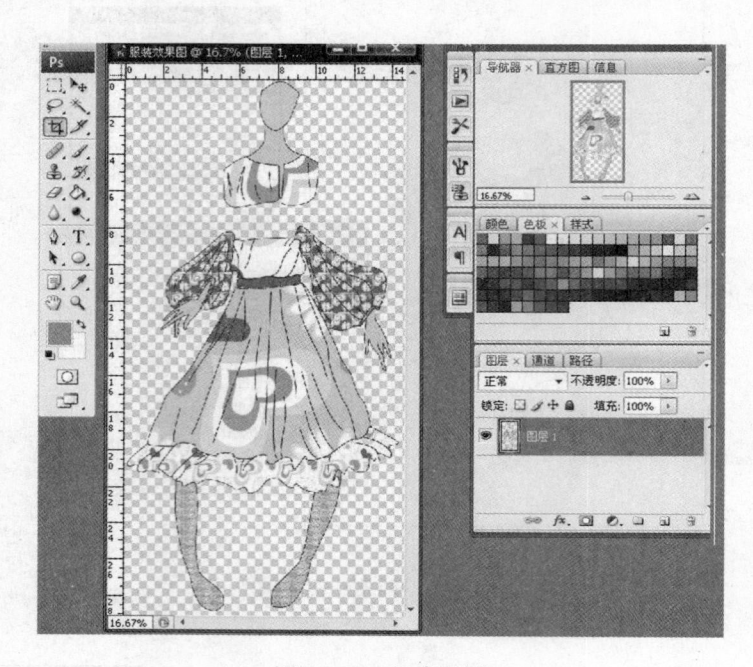

图 4-118 新建图层

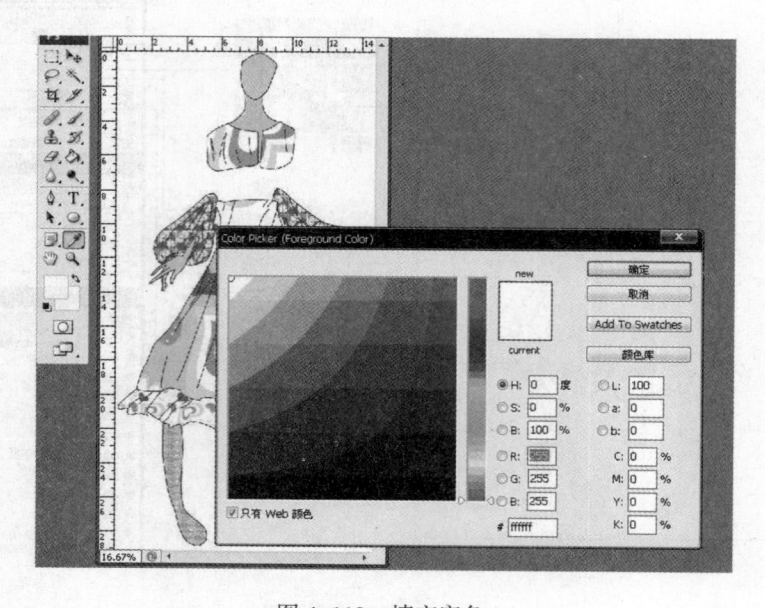

图 4-119 填充底色

使得矢量图像的路径显得清晰。

（2）绘制围裹：如图 4-120 所示，单击工具箱中【画笔工具】，选择柔角画笔直径为 300px，利用拾色器选择合适的颜色在围裹处绘制出大致轮廓，如图 4-121 所示。

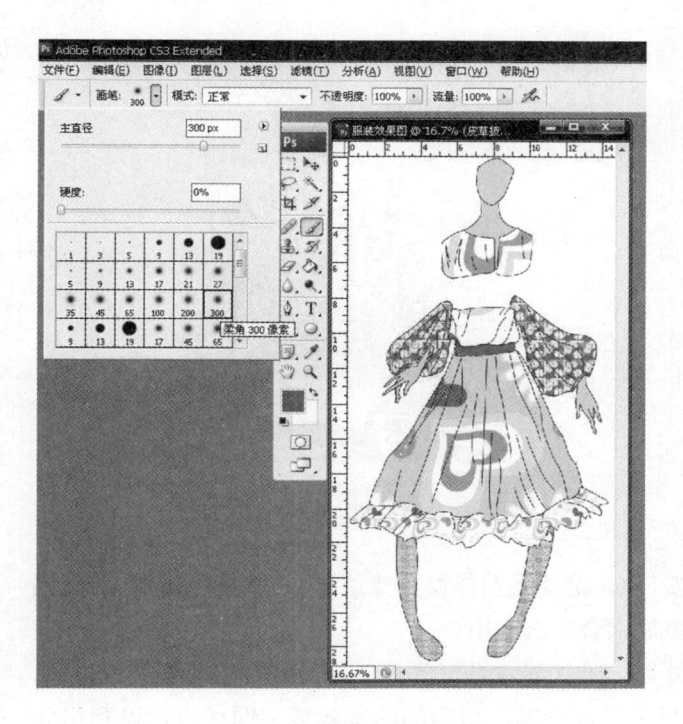

图 4-120　修改画笔路径　　　　　　　　　　图 4-121　绘制围裹

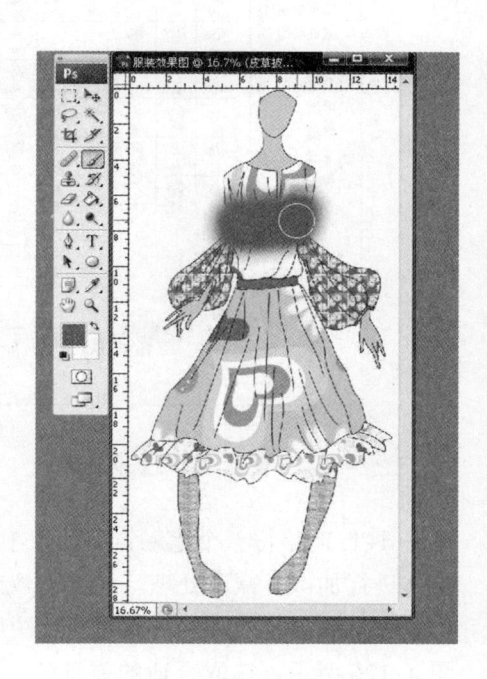

（3）三维立体效果绘制：选择图层 1，单击工具箱中的【加深工具】、【减淡工具】，如图 4-122 所示。对矢量人物图像进行加深、减淡处理。此过程需结合光线照射方向原理，对模特各个部位的明暗效果进行细致修整，直至达到理想的效果，如图 4-123 所示。

（4）毛羽肌理绘制：新建一个图层，如图 4-124 所示，运用【画笔工具】在围裹处绘制出较为详细的轮廓及其毛绒效果，如图 4-125 所示，通过使用快捷

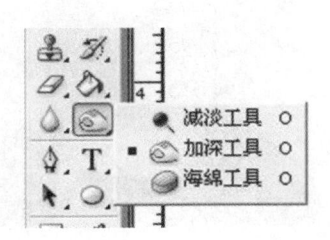

图 4-122　加深、减淡工具　　　　　　　　　图 4-123　加深、减淡的处理效果

163

▶ 针织服装设计与CAD应用

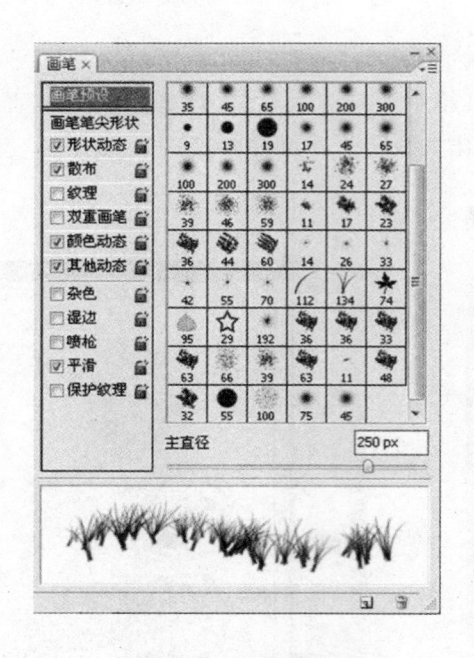

图 4-124　毛羽画笔

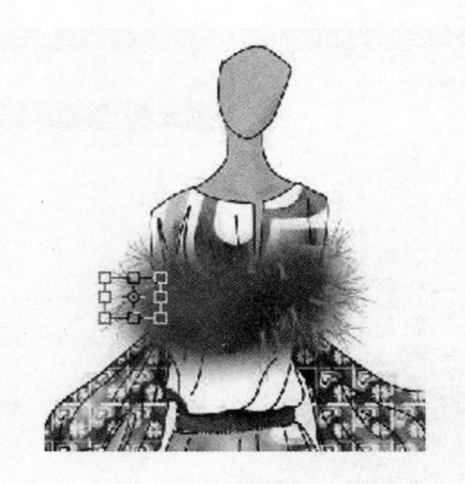

图 4-125　调整毛羽方向

键 Ctrl+T，调整每一个笔触方向和大小，按 Enter 键使毛羽显得自然蓬松。同时使用【加深工具】整体进行加深、减淡处理，使毛羽效果更加融合在围裹中。

（5）底摆花边装饰：新建一个图层处理裙子底部效果。单击工具箱中的【画笔工具】，如图 4-126 所示，选取合适的前景色，在裙子底部绘制出所需的图案效果；同样也可以利用同一个【画笔工具】，丰富围裹设计效果，如图 4-127 所示。

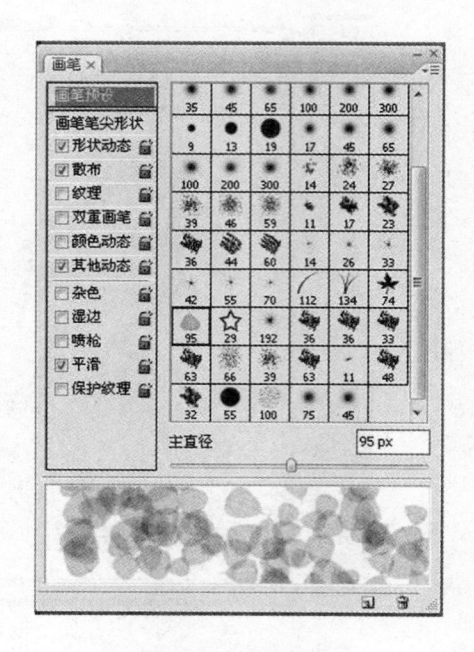

图 4-126　画笔设置

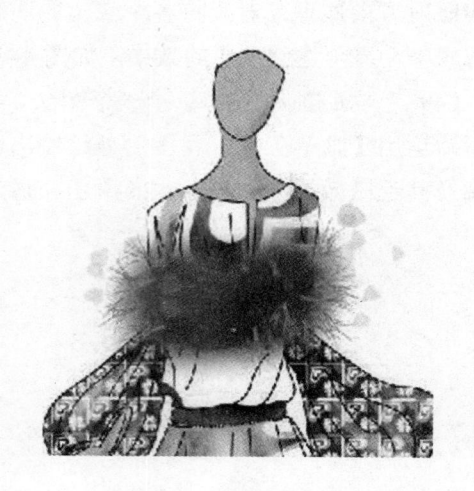

图 4-127　围裹点缀

164

（6）胸针设计：利用心形图案设计元素装饰围裹。打开新的图片，首先使用工具箱中的【魔术棒工具】，如图 4-128 所示，同时选择【添加到选区】，分别选择心形图片周边的所有白色区域。然后点击菜单栏【选择】下拉菜单中的【反向】，将心形图案使用【移动工具】拖拽到效果图的围裹合适位置，如图 4-129 所示。

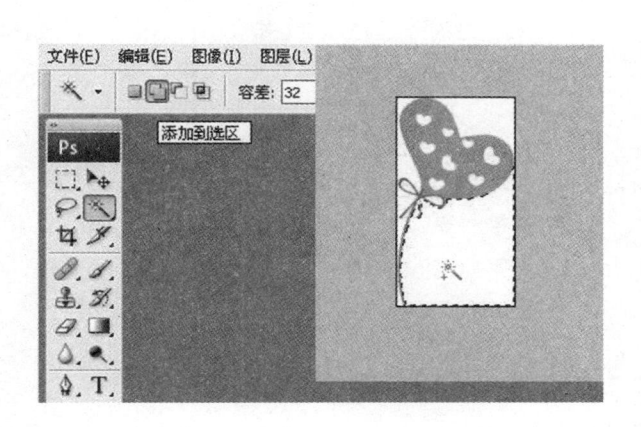

图 4-128　反向选择心形图案　　　　　　　　图 4-129　移动到效果图

（7）图层样式修改：双击图层面板的心形图案图层，随即弹出图层样式对话框，如图 4-130 所示，选择合适的特殊效果。单击选择投影、内阴影、斜面和浮雕/等高线特殊效

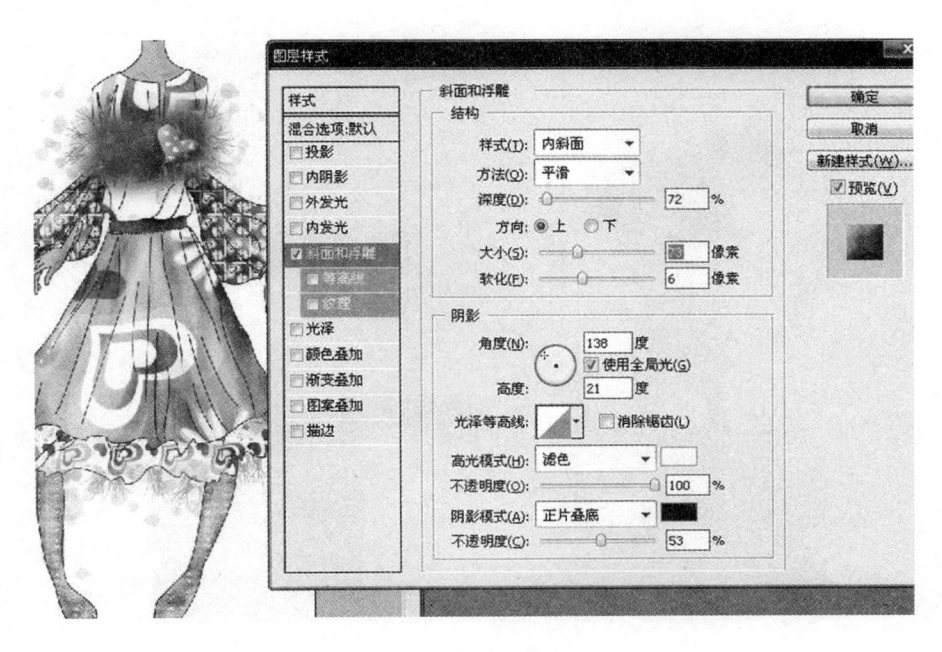

图 4-130　斜面和浮雕设置

165

▶ 针织服装设计与CAD应用

果逐一进行修整设定，如图4-131所示。

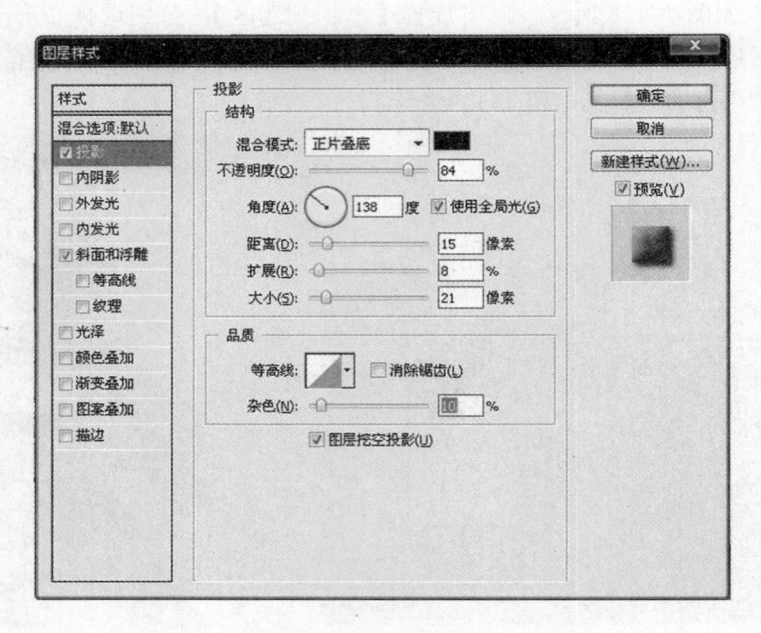

图4-131 投影设置

（8）头部细部处理：如图4-132所示，选择合适的画笔，绘制出头发的外轮廓。为了制作出较为细致的头发效果，新建一个宽、高均为15pt、分辨率为72像素/英寸、背景色为透

图4-132 绘制头发

166

明的 PSD 文件，如图 4-133 所示。图 4-134 是运用最小直径的【铅笔工具】在随机位置绘制出头发笔触，执行【编辑/定义画笔预设】命令，在随即弹出的对话框中对其命名为头发画笔，如图 4-135 所示，接着单击画笔工具并点击设定按钮，选中之前定义的头发画笔笔触并设定

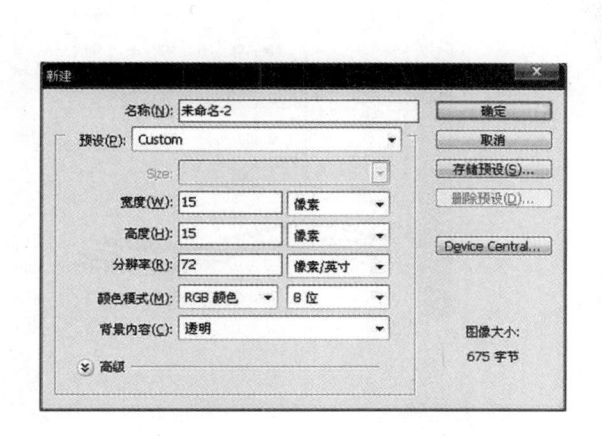

图 4-133　新建文档

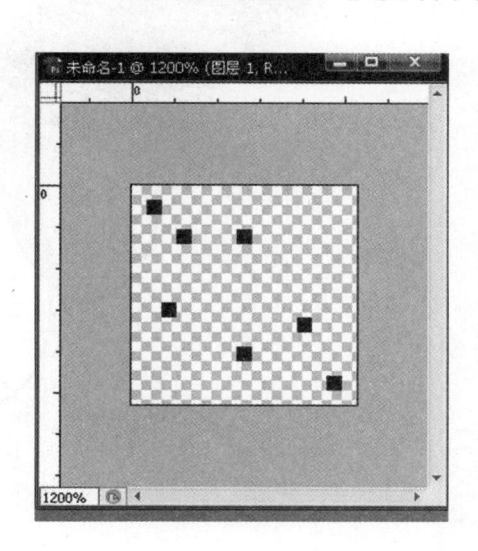

图 4-134　头发笔触设定

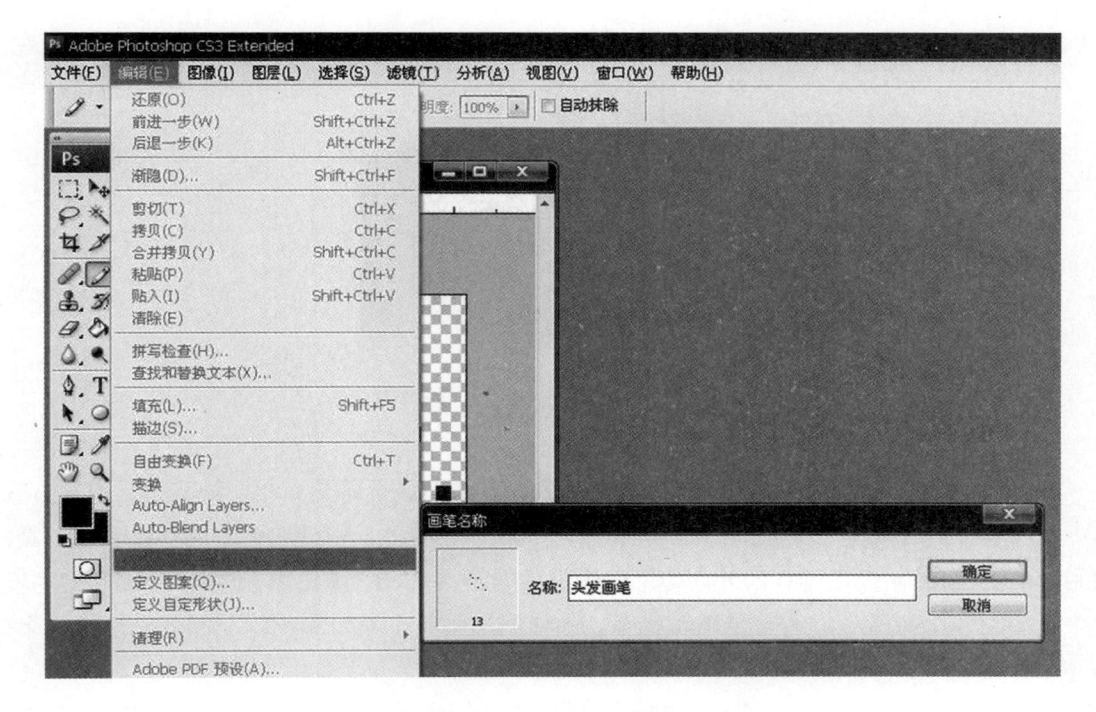

图 4-135　头发画笔命名

特效，如图 4-136 所示。选定头发笔触在头部绘制出人物发型，同时选取合适的前景色使用另一画笔笔触绘制出发箍，如图 4-137 所示。

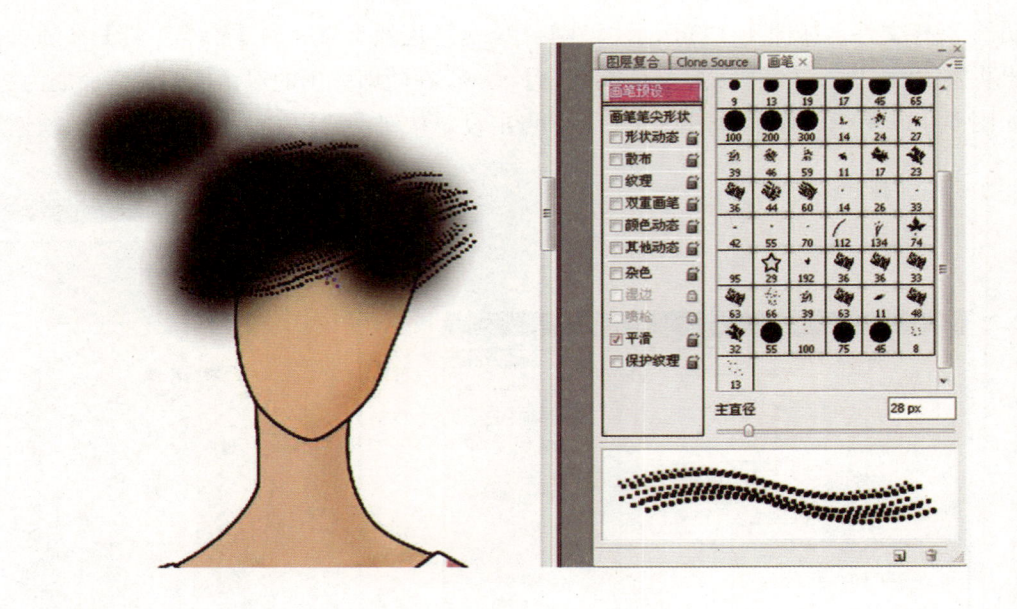

图 4-136　定义头发笔触

图 4-137　头发细部及发箍

（9）绘制腮红：腮红及睫毛的设计制作有多种方法，这里着重介绍一种较为常用的方式。单击工具箱中的【画笔工具】，设置画笔粗细为 36pt，在拾色器中选取适合的腮红颜色，鼠标回到画面中，在脸部画出腮红部分。如果效果不甚理想，可以执行【图像/调整/色相和饱和度】命令，如图 4-138 所示，调整至理想状态。同样利用画笔工具绘制出睫毛部分，最终效果如图 4-139 所示。

（10）完成：通过以上步骤对人物各个部位进行细致处理，即完成了对人物效果图的制作。服装效果图最后再用【加深工具】做光线明暗效果调整。在图层面板的最底层新建一个图层，并粘贴一张背景图片放大至理想效果。至此完成全部过程的操作，得到的效果图如图 4-140 所示。

第四章　针织服装色彩设计 ◀

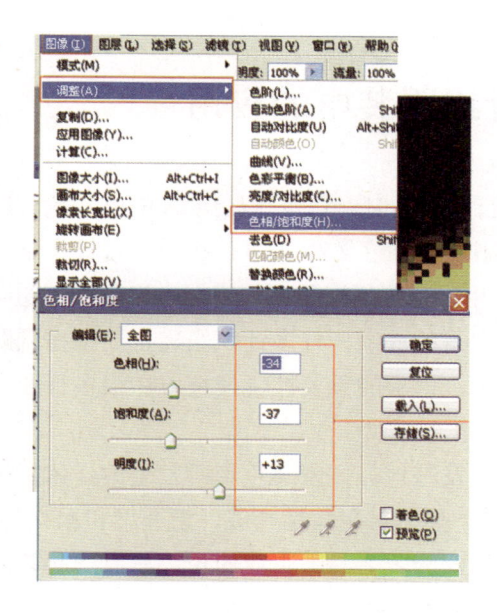

图 4-138　调整色相饱和度

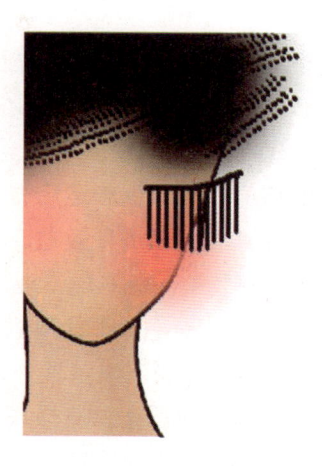

图 4-139　绘制腮红和睫毛

图 4-140　效果图完成图

169

第五节　流行色在针织服装中的应用

色彩贯穿于生活的每个角落，在面对琳琅满目的商品时，消费者只用 7s 的时间就可以确定对这些商品是否感兴趣，而这 7s 之中，色彩的作用达到了 67%。从这个数字统计中不难发现，"色彩经济"对行业的发展起着至关重要的作用。色彩运用得当，将在为产品增色的同时提升产品的附加值。看到色彩运用得当的企业所取得的成绩，许多针织服装企业也在跃跃欲试，越来越重视"色彩经济"效益。在意识层面上，色彩的重要性已经植根在很多行业人士的身上，如今参与和关注色彩的专业人士已经遍布各个行业。

目前在中国，男装色彩研发基地、内衣色彩研发基地、休闲装色彩研发基地、休闲男装色彩研发基地、童装色彩研发基地分别落户七匹狼、爱慕、美特斯邦威、爱登堡和派克兰帝。而这些色彩研发基地的设计总监会与日本、韩国等亚洲著名品牌企业的设计总监一起共同研讨未来 1～2 年的产品流行趋势，并参与国际流行色委员会的中国提案工作。

一、流行色的定义

流行色属于外来词，意思是合乎时代风尚的颜色。在某个时期和地区内，某些颜色受到人们的偏爱，并得到广泛使用，达到应用的最高峰，这就是一次色彩的流行，这些色彩就是流行色。流行色是一个涉及人、时间、地区、社会等因素的综合性课题，具有一定周期循环性、规律性。流行色与常用色有所区别，在色彩预测流程中，一些经常出现在流行色循环周期中的色彩就成为常用色，如棕色、米色、绿色、黑、白、灰、藏蓝等颜色。色彩预测专家通常把常用色比作产业色彩中的"面包和黄油"，认为它们是没有风险的颜色，因为它们有着极长的生命周期。而相对常用色来说，流行色来得快去得也快，有可能只出现在某一个季节里。宣传流行色也是商家惯用的营销方式，在流行趋势的报告中，总是更多注重宣传几个特定的流行色，设计师经常运用常用色作为基础色去烘托流行色。各个行业链中的商家为获得更大的利润往往会加快追赶流行色趋势的脚步。

对于流行色，人们目前有两种观点：肯定和否定。持肯定观点的人认为，色彩预测作为一种工具，被专业的色彩部门使用，为相关行业提供准确的预测信息，使企业确切地预知下一季度的消费者色彩喜好，能够大大降低企业生产风险，是有益于公司和消费者的。而持否定观点的人则认为，流行色试图通过市场引导消费者的消费倾向，左右市场产品的色彩。这种说法虽有些极端，但是也有一定道理，试想纺织服装企业生产类似色彩的产品，必然导致消费者在某一时间内买到的服装纺织品大多是这些颜色。

从宏观上讲，以上两种观点往往是相互交织着，准确的流行色信息可以帮助企业降低生产风险，但是如果某些颜色生产过剩，也会带来产品的积压。可见，流行色在这两者之间存在一定的模糊空间。

二、流行色的产生

流行色是一定时期，一定社会政治、经济、文化、环境以及人们心理活动的综合产物。它的产生原因和形成模式至今没有统一定论。一般认为流行色的最初形成是由于人们朴素的审美意识和他们的从众心理，形成了小范围内的"流行色"。流行色通常有以下两种传播方式：

1. 由下至上

先是由民间发起，由于在小范围内得到认可，使得某些色彩被集中使用，引起更多人的效仿，从而导致一次流行色的产生。

2. 由上至下

这是由专业人士的推崇传播而形成的，是目前流行色形成的主要原因。形成了由上层时尚社会倡导并逐步传播到民间的一种流行模式。

三、流行色的研究、发布机构

从20世纪开始，处于工业化大生产的服装行业不再对客户进行一对一的服务，制造商与消费者之间没有了直接的对话式联系，同时随着时间的变化，制造商对消费者的需要也越来越模糊。当人们认识到这一点后，在20世纪30年代，英国伦敦最早成立了色彩研究机构——英国色彩评议会（British Colour Council）；之后，美国在纽约设立了纺织品色彩协会（American Textile Association）；法国在巴黎设立色彩研究机构（L' Officiel Delacourleur）；接着德国、意大利、瑞士也相继成立了色彩研究机构。在亚洲地区，日本于1953年成立了日本流行色协会。1963年9月9日，由当时的11个国家联合设立了国际流行色委员会，全称为国际时装、纺织品流行色协会（International Commisson for Colour in Fashion and Textiles）。中国丝绸流行色协会成立于1982年2月，并于1985年改名为中国流行色协会，成为国际流行色委员会会员国。除了国际流行色委员会研究流行色、分析及发布流行趋势以外，还有一些其他研究机构，也将流行色的研究和流行趋势分析作为工作内容的一部分，如国际羊毛事务局（IWS）、国际棉业振兴会（IIC）、法国服装工业协调委员会等。并且他们中的一些人先后以观察员的身份加入了国际流行色委员会，参与其流行色的研究和发布工作。这些机构担负着针对本国的实际情况来进行流行色的预测、选定和对生产销售进行指导的任务。

自从流行色预测作为一个行业从制造业中独立出来，它就卸去了制造商在预测中的职责，预测专业性部门便开始提供具有前瞻性的趋势预测信息。作为服务性机构，其任务是每年召开两次会议，从各成员国提案中讨论表决未来18个月的流行色彩。然后将所搜集到的信息汇编为趋势预测包，并销售到纺织服装产业的各个环节中去。在流行色使用的整个过程中，设计师和买手起着主导作用，因为他们负责为其生产公司的产品选择色彩。但最初的信息使用者是纤维和纱线制造商。他们将此信息作为当季设计的导向、建议和灵感来源。然后，他们用相同或类似的方法，结合地区的地域和民族特点再开发出符合本身环境的色彩范围，为面料制造商和针织品公司提供服务；面料商又为服装企业服务；同时针织企业和服装企业又给零售商提供服务。

在国外，色彩流行趋势发布首先由国际流行色委员会这类权威机构发布，紧接着是各类一线品牌的发布，随后是二线品牌的产品发布。目前我国色彩趋势的发布建立在中国流行色协会与一线企业之间的结合上，通过诸如《流行色趋势》这样的色彩预测信息商业刊物等在一些重要的市场促销和宣传中显示出来。而色彩研发基地在一线品牌企业就像种子一样，慢慢成长起来。国际流行色委员主席大关撒先生在一个发布会上谈到企业参与色彩推广活动时说，"像中国流行色协会与一线企业之间这样巨大的结合，在日本是很难做到的。"由此可见，中国流行色预测产业具有广阔的发展前景。

四、流行色预测制定的依据

流行色预测是流行预测或趋势预测一系列过程中的一部分。色彩预测者们通过主观想象、艺术基础等感性工具和客观地以科学为基础的理性来预测流行色趋势。这是色彩研究专业人士经过不断的摸索、分析，总结出的一套从科学角度来预测分析的理论系统，集合社会学、心理学等众多社会学科参与其中。预测者的感性很重要的一部分来自直觉和灵感，预测者必须以实验和过去的知识为基础才能达到。和理性相比，感性比较模糊，只可意会，不能言传。除了感性的预测部分以外，理性的分析包括从过去的流行色信息中来收集、评估分析及解读数据。通常情况下，流行色的交替是有一定的时间周期的，虽然每年两季推出新的流行色系列，但是每个系列从出现到衰落一般需要3～5年的时间。预测者要在这个时间段中理性分析流行色彩的延续变化。总之，不管是感性还是理性，对于流行色制定的依据，我们可以从以下四点找到：

1. 审美疲劳的心理因素

人对某事物的感知一般会经过新奇、熟悉、麻木到厌烦四个阶段，随着时间的递增，这种感知走出一条抛物线一样的轨迹，直到该事物慢慢退出人的喜好舞台。在最初的新奇阶段，某种色彩被时尚设计师所推崇，随着新产品的发布，制造商或消费者竞相追随，使这种颜色在一段时间内达到使用的最高峰，同时在消费者心中达到熟悉程度，也正是因为熟悉的视觉刺激而让消费者感到了麻木，没有了先前的兴趣，时间一久就会产生厌烦的心理感觉。生活中有一个真实写照，"女人的衣橱里总是少了一件衣服"，这句话其实在很大程度上是在形容流行的变化之快。女人们需要不断地在自己的衣橱内输入新鲜的"血液"才能跟上流行的步伐。所以，设计师就需要不断地推出新的色彩系列，以适应消费者"喜新厌旧"的情绪。

2. 社会风俗习惯、宗教信仰

每个国家、每个民族都有自己的文化特点，不同的宗教信仰、不同的生活习惯、不同的民族政治、不同的科学教育使人类所追求的文化也不同。当一个国家或者一个民族在一段时期内被大众所关注的时候，这个国家或者民族的色彩特征就会随之被广泛传播，带来色彩的一次世界性流行。随着通信技术的发达，世界上任何一个角落都有可能成为下一种流行色的发源地。而这种流行色将带有这个国家和民族的特点。

3. 重大的历史事件

每一天社会都在发生变化，世界范围内所出现的重大历史事件也会影响色彩预测。如同2011年利比亚战事一样，在人类的心中所造成的色彩情感多为两种情况。一方面是忧郁的色调，由于失去了和平，一切事物都变得陈旧和破落，战火、硝烟、死难的遗体……这一切都是因为战争，被迫逃离家园的落魄流浪者形象带来灰暗忧郁的色彩，同时也会有自我保护的金属质感光泽出现在色彩中；同是战争的阴影，另一方面的色彩表情却反映出人们对以前幸福、浪漫生活的回忆，如同泛黄的记忆照片一样，温馨、祥和、宁静的色彩凸显了人们对平静安稳生活的向往。再如，2008年雷曼危机造成整个世界范围内的经济不景气，随后2009～2010年秋冬新品发布会中，黑色便不约而同地成为那一季度的主打色。黑色在这一季度一改以往常用色的角色，成为当之无愧的流行色主角。因为在人的潜意识中，黑色不仅仅是凝重与压抑的色彩表情，它在服装中的出现同时明确地表达出了人们杜绝浪费的环保意识。

4. 自然环境

自然环境包括人类生存环境的一切构成因素，随着工业化的进步，人类所生活的这个地球逐渐被污染和破坏，林地消失、沙漠化进程加快、水源的枯竭以及自然灾害的频发，这一切使得全世界都在关注地球自然环境，环境保护成为这些年来全球共同关注的话题。

色彩在任何领域中的选择和应用都会随着大自然的变化发生奇妙的改变。因为自然环境的改变带来空气质量、光照强度的改变，相同的颜色所反射的色感也不同，在繁华的都市中所选用的色彩和在青藏高原所选用的色彩就截然不同。所以，流行色彩的选择要反映特定地区的自然环境。例如，在追求朴实的色彩、强调自然的色调中，其核心色是黑暗而昏沉的炭泥褐，岩石灰，树皮色，雪白色等。同样，在不同季节里，人们喜爱的颜色也有所差异，因此，国际流行色协会每年发布的流行色也分为春夏和秋冬两部分。总体来看，在春夏和秋冬的常用色选色上，春夏季色彩明快且有生气，而秋冬季色彩相对比较沉稳含蓄。

五、流行色在针织服装设计中的应用

流行色发布机构每年都会推出新的流行色彩系列，但每一个系列从出现至最后退出流行舞台，一般需要3～5年的时间。每当一个色彩系列达到流行高潮的时候，就开始孕育萌芽新一季度的流行色彩系列。

预测流行色的最终目的是看它是否被广泛地认可和应用以及流行范围的大小等。每一季度流行色研究机构以各种形式发布流行色信息，为纺织、服装等行业的生产提供指导，并对设计师的设计和消费者的消费行为产生影响。但并不是各种被发布的流行色都会被市场接受，其中的一部分由于各种原因可能被排斥在市场之外。流行色是否能够被接受，关键要看它与使用者的宗教传统、风俗习惯、心理预期等因素之间是否存在矛盾。作为一名针织服装设计师，必须熟知基础市场对色彩的喜好和厌恶，了解消费者在不同时期对色彩的心理期盼。

流行色不是单独或孤立的一种或几种色彩，它们往往来源于自然环境中的一组相关的、

▶针织服装设计与CAD应用

带有联想性和某种色彩倾向性的色彩系列。流行色组常常以某个主题为中心，传达一种色彩情绪、色调感觉。设计师在应用流行色进行服装设计时，并不是将色彩研究机构所发布的色彩系列中提到的所有色彩全都使用上，而是选择几种色彩为主色，其他色彩用来与之相配，作点缀衬托之用。在进行针织服装设计时，关键要抓住色彩的风格特点、色调特点，因为流行色彩适应了当时的社会环境，是人们审美情趣与社会气氛之间的某种吻合，实质是人对环境做出的一种心理反应，因而，这些色彩能够使穿着者产生某种和谐感和美感。

设计师在进行针织服装设计时，还要注意针织物风格特点与色彩感情的配合，力求使色彩语言的运用更准确，更有针对性，从而达到设计的目的。

☞ 练习题

1. 以色相变化为基础设计7种色彩配合对比（图1），应用于同一款针织服装设计中。
　　要求：纸张页面为A4。
　　　　　色彩模式为CMYK。

同类色配合对比　　　邻近色　　　类似色　　　中差色

第四章　针织服装色彩设计

对比色　　　　　互补色　　　　　色相的渐变

图1　7种色彩配合对比

2. 灵感来源色彩归纳（图2）。
要求：a. 寻找灵感来源图片一幅。
　　　b. 提炼5个主要色标。
　　　c. 色彩比例归纳二方连续。
　　　d. 找寻相近面料图案色彩样品。
　　　纸张页面为A4。
　　　色彩模式为CMYK。
3. 针织面料色彩设计。
a. 色彩间条二方连续设计（一个图案，6种配色效果）。
b. 色彩提花四方连续设计（一个图案，6种配色效果）。
要求：色标使用练习题2中的5个主要色标。
　　　色彩模式为CMYK。
　　　灵感来源、色标、面料设计和图案要求展示在一张A4的画面内（图4-105）。

175

▶针织服装设计与CAD应用

图2　灵感来源色彩归纳

4. 针织服装系列性创作设计。

　　要求：a. 5件针织服装作为一个系列展现在一张画面内。

　　　　　b. 色彩归于一个主题。

　　　　　c. 灵感来源：使用练习题2的灵感来源色彩归纳。

　　　　　d. 面料纹样使用四方连续纹样、二方连续纹样、单独纹样或适合纹样。

　　　　　e. 附有服装前后片款式图。

　　　　　f. 页面大小为 400mm×600mm。

　　　　　g. 色彩模式为 CMYK。

第五章　针织面料的肌理设计和应用

对服装设计师来说，针织面料就是其合作者，是其创作的基础。而面料的发展很大程度上受到社会生产力水平的制约，所以设计师普遍是被动地接受面料，使其创造性受到限制。针织服装设计除了对服装廓型、花型的设计以外，同时也需对面料进行设计，因此很多设计师把重点放在纱线、图案、色彩、组织结构设计等方面，通过针织织物常见组织与色彩的配合达到花色图案的综合设计。但是从20世纪80年代开始，以面料创新入手的设计在时装界成为一种新的趋势。服装设计师开始参与面料的构思和设计，面料的创新为针织服装设计的发展找到了新的契机。在当下流行的各种服装服饰中，除了纹样、色彩仍在永无止境地翻新变化外，强调面料的肌理变化也已经成为一种时尚。

一、针织面料的肌理设计

在辞海中肌理解释为"人的肌肤组织"。在现代设计中，肌理则泛指各种天然材料自身的纹理、结构形态或人工材料经人为组织设计而形成的一种表面材质效果，即材料表面的组织构造，是指材料表面的纹理效果。

服装材料的质地与肌理，虽然都是由纤维原料与组织结构所形成的外观效果，但两者也有所不同，质地主要是指人为质地，即在同一质地上可以创造出许多不同的人为效果，其目的是要增强面料的艺术感染力，使材料的艺术特点都能充分表现出来。肌理可以分为两大类：一是视觉肌理，二是触觉肌理。适当地应用肌理效果，能丰富和表现设计的构思，使其具有浓郁的装饰性，如图5-1所示。

图5-1　视觉肌理与触觉肌理对照

（一）视觉肌理

视觉肌理是用眼看而不用手摸就能感觉到的，主要通过服装的不同材料、不同图案或纹样、不同题材风格、不同的表现形式形成视觉美感，有助于丰富材质艺术的装饰表现形式，如图5-2所示。

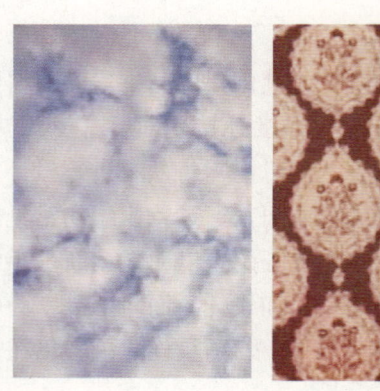

图5-2 视觉肌理图片

1. 针织面料视觉肌理的几何表现

几何形态是人类最初的纹样造型，其通过点、线、面有规律或无规律地构成组合，形成几何画面效果。任何一种几何形态的组合，给人的视觉冲击力都带有深深的哲理和精神内涵。如图5-3所示，有选择地使用针织物组织中的抽针工艺，就可以模仿出如图5-4所示的视觉效果。

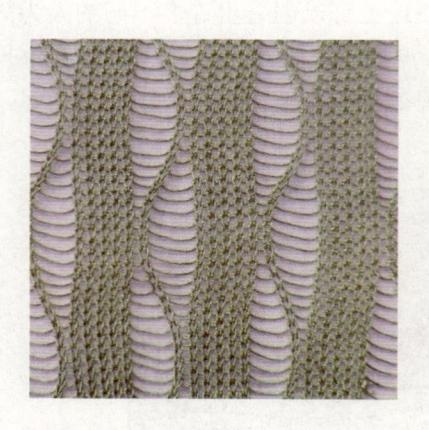

图5-3 视觉肌理针织面料设计　　　图5-4 几何形态图案设计

2. 视觉肌理的抽象表现

抽象形态是来源于自然界中偶然的、无形的、随意形成的状态，如水纹在玻璃上流动的形态、鹅卵石的纹理……其造型特殊别致，表现肌理奇特有趣，是一种不经雕刻的偶得天成的自然美。同时抽象形态中也包括人为创造的各种风格抽象画面，从中提取形态的本质、精髓和外部特征,形成更丰富、更精练、更单纯的现代视觉语言,这是艺术形态的最高境界。如图5-5所示,大自然当中蛇皮的色彩视觉肌理,透过针织工艺和纱线的选择就可以轻松模拟出来。

图5-5 蛇皮肌理针织面料设计

(二)触觉肌理

触觉肌理是通过触摸能感觉到的肌理,它给予我们不同的心理感受,如粗糙与光滑、软与硬、轻与重等。就针织面料设计而言,除了新材料是由于内部织造形成的肌理效果以外,触觉肌理设计一般是通过不同织物组织结构之间的配合,使之表面产生新的肌理效果,或者通过对现有的面料进行创造性的设计加工,使之产生丰富的层次感。

针织面料的立体设计:改变传统面料的表面肌理形态,可使其形成浮雕和立体感。为丰富立体设计效果,可以通过面料的减型设计来实现,即破坏面料的表面,使其具有不完整、无规律或破烂感等特征。如图5-6所示,借助罗纹半空气层组织,通过后期人为破损工艺,更加完善对报纸层叠的效果模仿(图5-7)。面料的钩编织设计是用不同的纤维制成的线、绳、

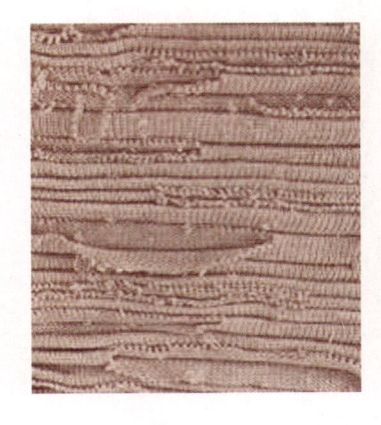

图5-6 报纸触觉肌理针织面料设计　　　　图5-7 报纸肌理图片

带、花边，通过编织等手法，形成疏密、平滑和凹凸的变化，直接获得一种肌理对比的美感。如图5-8所示的灵感来源图片堆积和凹凸的表面肌理效果，在工艺上，设计师可以先对原材料进行有目的的选择，再通过纬平针基础组织编织出来。针织面料的立体设计有的应用于整块面料，有的应用于局部，使它与其他平整针织面料部分形成对比。无论是哪种应用，触觉肌理的设计方法都能使针织服装达到意想不到的艺术效果。

图5-8　钩编织触觉肌理设计

二、面料肌理设计在服装设计中的运用

提到面料肌理，人们就会想到三宅一生褶。三宅一生改变了高级时装及成衣一向平整光洁的定式，以各种各样的材料，如日本宣纸、白棉布、针织棉布、亚麻等，创造出了各种肌理效果。在针织服装设计中，面料的肌理设计已被广泛应用。它强调针织面料本身的艺术设计，丰富其表面的肌理效果是针织服装设计师出奇制胜的法宝。然而，一件完美的作品，不仅需要面料肌理的独特处理，更需要把各种元素贴切地组合搭配在一起，与服装艺术达到整体和谐，如图5-9所示。

设计灵感来源

　　自身织纹、色彩与肌理的丰富变化、在各种灵感的支撑下，使针织服装呈现精彩绝伦的非凡面貌。

图5-9　面料肌理设计在服装设计中的综合运用

（一）同材料不同肌理的搭配

同材料不同肌理的搭配运用在同一面料上时，可通过进行合理的肌理设计，力求产生不同的肌理效果，以丰富设计内容，打破同一材质的单调、乏味之感，创造出意想不到的视觉效果。

（二）不同材料不同肌理的组合搭配

不同材料不同肌理的组合搭配会使人感觉到服装本身的丰富内容，如果彼此搭配不当则会产生杂乱的感觉，所以要求设计师具有扎实的美术功底，在设计时要注意各要素的统一协调。

（三）对比思维方式

在不同质地的搭配中，设计师常常运用对比思维方式，各种质地在对比下得以夸张和强化，从而把面料的个性语言体现得淋漓尽致。

（四）将不同图案的面料搭配或并置

将不同图案的面料搭配或并置在一起，可使服装层次感增强，服装面料的视觉魅力和艺术感染力得到升华，其内容和色彩的变化会形成不同的艺术风格，使人产生不同的联想情感，有热烈的、柔美的、理性的、华贵的等。

（五）不同质地和图案的面料组合

面料质地和图案不同，将其组合在一起常常使人产生激动和兴奋的感觉，这种搭配手法已成为21世纪服装设计的主流。但由于其元素较多，运用不当会产生杂乱无章、令人眼花缭乱之感，所以要注意搭配的统一协调性。

三、面料肌理设计要求艺术与科技相结合

随着人类生存空间的恶化，自然生态遭到破坏，全球气候变暖，空气质量下降，碧水蓝天被污染，人类越来越向往以前美好的大自然。因此，坚持以人为本，倡导绿色设计，保护环境，回归自然，走可持续发展的道路，已成为越来越多的人的共识。现代服装设计师需要将设计与科技、社会发展相结合，运用新材料、新技术、新工艺来开发新产品，掌握市场动向和经济信息，把握不同消费层的消费心理和社会发展趋势。高新技术向纺织工业深层次和全面地渗透，使得从纤维、纺纱、织造到染整等纺织品加工的各个生产流程中都融合了化学、物理、生物、电子等技术。这些高新技术的介入对当今面料设计的影响非常大，它们从根本上更新和改变了传统面料设计的装饰手段，使服饰面料呈现出一系列新的风貌。

练习题

1. 收集大自然中的肌理图片30幅。
2. 在网络中收集人为艺术肌理图片10幅。
3. 挑选上述两项练习中的5幅图片，撰写触觉模拟或视觉模拟的设计策划方案。

第二篇　针织服装在专业型软件中的设计实践

第六章　软件介绍

第一节　国内各品牌针织设计软件介绍

时代在改变，纺织服装产品生产周期在缩短，顾客的要求变得越来越细致，市场不再分国界。无论是设计、制造、分销还是销售工作，都必须采用一种全新的互动式商业模式，以便更具灵活性并能快速反应。"在服装行业，唯一不变的就是需要变化"，法国力克的产品设计经理（Jean-Christophe Pochet）如是说。"服装系列推出所需的时间差越来越短，风格也更加迥然不同，产品更是具有个性化，这样就要求新款式的设计速度要加快，修改的速度要提高，还要保证款式修改的沟通更加快速准确。"产品快速、精确的上市时间，能够为零售商、品牌和制造商创造更多的财富机会。

伴随着生产的需要，在科技高速发展、竞争日益激烈的今天，计算机越来越多地应用到各个生产领域中。

在针织行业中，产品打样之前呈现准确的视觉效果是必需的，款式花样设计又被视为整个生产流程的"先头兵"。故比针织设计软件行业的新产品层出不穷，例如，毛衫款式设计类软件有法国力克 Kaledo 系列设计系统（4 个模块）、富怡图艺设计系统 2.54/2.55 版（4 个模块）、彩路设计系统 4.31 版（6 个模块）。针织毛衫工艺类软件有法国力克毛衫工艺系统、易佳毛衫工艺系统、毛衫工艺快车 2007 版、卓艺特 3.6/4.1 版（量身定做智能工艺系统）、卡梅特针织工艺 3.0 版、富怡工艺 2.7/3.0 版、毕加索 / 裕人 / 孙氏横机制版系统（电脑横编机设计毛衣织片花样绘图）等，另外，STOLL 斯托尔电脑横机、岛精电脑横机的设计软件也都被很多针织企业、设计室和大专院校所使用。

目前市场上，较多使用的针织类设计软件集中在法国力克设计系统、富怡图艺设计系统和彩路设计系统。

第二节 法国力克辅助设计软件

一、力克公司简介

成立于 1973 年的法国力克公司是世界领先的技术提供商，是 CAD/CAM 整合技术解决方案的全球领导者，其提供的产品不仅可实现从产品设计、开发及制造的自动化操作，还可简化并加快整个过程。力克为时尚业（服装、饰件、鞋类）、汽车（汽车座椅、内饰和气囊）、家具及其他行业（如航天、船舶、风力发电及个人防护装备等）开发最先进的专业化软件和裁剪系统，并提供相关支持。力克拥有 1400 名员工，为全球 100 多个国家的 23000 客户提供服务。力克的优势在于其可为时尚、汽车和家具行业以及其他使用工业和复合材料的行业提供专门的整合性技术解决方案（CAD/CAM 软件和设备以及相关服务）。力克通过将其 CAD/CAM、三维技术与网络工具的完美结合，进行最优化的数据传输，凭借力克成套的可进行自由调整的解决方案系列，可以满足整个生产过程中从服装系列设计到视觉化销售所有环节的需求。力克凭借最新的设计软件和其在设计领域 15 年的经验成为世界服饰设计软件界的领导者。世界上每两个工作站中就有一个安装了力克软件，力克拥有超过 6000 家的用户，如 Calvin Klein（美国），Cander Lise Charmel（法国），Courtauld（英国），Fabrica Têxtil Riopele（葡萄牙）等服饰行业的佼佼者，这些公司之所以能够从容地面对市场挑战，力克公司的产品功不可没。

二、力克的产品和服务

力克的产品和服务基于五个主要部分：

（1）创建——专为时装设计师开发解决方案。

（2）开发——2D/3D 样板开发及样品制作解决方案。

（3）生产——用于优化裁剪房的新一代裁剪设备（激光和裁剪技术）和解决方案。

（4）管理——专为时尚行业开发的产品生命周期管理（PLM）解决方案，以优化公司作业流程以及系列产品的生命周期管理。

（5）优化——服务是力克全球业务的核心。力克共有 490 名业内专业人士致力于培训、咨询、安装和硬件维护、在线支持、远程和现场支持（通过其 5 个国际热线支援中心）、零件的运输以及远程和现场 CAD/CAM 支持等工作。这些服务可帮助客户充分利用力克所提供的技术，并确保生产制造商实现投资回报。

三、力克设计软件的特点

力克设计软件有完善的色彩管理，使所有模块之间在调用色彩时都能把握精准，以此保证打印的设计稿色调准确、图像质量完美。力克包括潘通（PANTONE）色、各类打印机在内的多种色库，也可建立设计师常用色库，令设计与生产的沟通极为简便。力克具有强大的功能，从草图到彩稿，从多种款式色调配组到款式效果，从设计构思到生产工艺单，各类逼真的虚拟面料，生产前的工作全部可在屏幕上完成，使得设计工作变得如此直观快捷，其实际效益不言而喻。

力克设计软件以图形窗口建立文件，并附有档案数据库管理功能，除了查找容易之外，更为使用者做联网管理建立了基础。力克公司从一系列的基本系统和专业模块中挑选合乎院校、企业、设计研究室所需要的和经济预算的组合，以适应不同单位和个人的需要，如针织、机织、彩图分色和电子寻色系统等。

力克设计软件在针织服装设计应用中具有以下优点：
（1）拥有丰富的纱线模板供设计师选择。
（2）拥有几百款精细的组织设计模板，方便设计师进行织物组织结构配搭设计。
（3）具有智能自动配色方案，方便设计师配色设计。
（4）具有强大的软件工具配备，方便设计师进行设计创作。
（5）具有高度的实用性，作为现代化的工具，可在操作中快捷模拟出针织毛衫的编织效果及针织面料的仿真效果等。
（6）可以将任意图案转换成针织仿真效果，节省设计程序。
（7）易学易用，对于具备计算机基础应用知识者，只需通过短期培训后就能轻松掌握并运用自如。

四、力克 Kaledo 系列设计系统

2008 年 9 月，世界领先的时装设计解决方案供应商力克推出其全新的 Kaledo 系列，这款创新产品是从力克早前的设计技术解决方案升级得到的，这次升级使设计师不仅能提高设计量，还能在更短的时间内完成产品确认，同时它还促进了设计师与所有参与开发人员之间的交流与沟通。

Kaledo 系列包括用于产品设计的 Kaledo Collection 和用于设计原创印花、针织面料和色织布的纺织应用软件 Kaledo Print、Kaledo Knit 和 Kaledo Weave。

新的 Kaledo 系列是力克公司 30 年来与大型时装公司合作的经验结晶，融合了 Prima Vision 和 U4ia 的技术精华并将逐步取代它们普遍用于针织和印花设计解决方案。基于有关产品设计和纺织设计的工作流程，Kaledo 为设计者提供了一个非常直观的工作环境，他们可以共享工作所需的所有数据信息。"在激烈的竞争环境中，我们的客户既需要强化自身品牌形象，又要提高创新能力"，力克首席执行官 Daniel Harari 强调，"过去 6 年，我们投入了一千多万欧元，由三十多名最优秀的工程师和技术人员专门致力于开发全新的 Kaledo 系列。通过简化设计，并在早期将其融入产品生命周期，我们帮助客户大大加快了产品开发速度，并增强了竞争力"。采用 Kaledo Print、Kaledo Knit 和 Kaledo Weave 设计软件，设计者可演示、测试、修改和开发更多的服装款式，并能轻松设计各种颜色和大小，同时设计者可以通过高仿真模拟展示创意，并以更简单易懂的方式与他人沟通设计理念，做出正确决策。

第七章 Kaledo Print 设计方法

第一节 Kaledo Print 界面

Kaledo Print 作为创造性印花图案设计模块,它是专为织物设计师量身定做的理想工具,能够帮助他们完成创造性的印花设计和色彩设计方案。设计师可以在 Kaledo Print 设计环境中扫描、导入或者创建图像,通过工具清除、减色、构建调色板和色彩设计,使作者在样品设计前能够看到图样,对于视觉信息和技术信息进行有效沟通。

一、Kaledo Print 工作环境

Kaledo Print 所有的设计任务都在一个环境中进行管理:打开真彩扫描或 Kaledo Print 文件,菜单栏,主色查看器,调色板查看器以及状态栏,工具栏中包括减少颜色、抽取图案、设计重复内容、色彩设计、画笔工具、查看工具、选择工具和蒙版工具等,控制面板中包括打开工具所呈现的工具特性(图 7-1)。

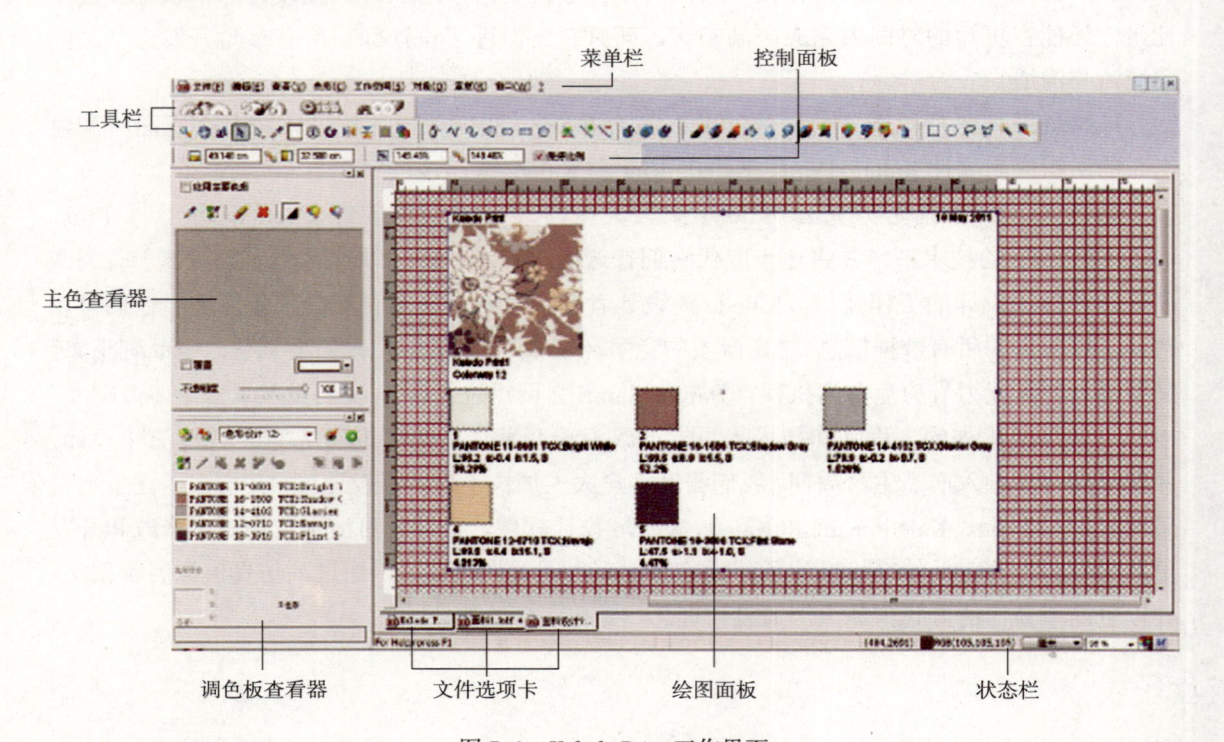

图 7-1 Kaledo Print 工作界面

二、Kaledo Print 常用工具

Kaledo Print 可以在同一窗口中进行文件选项卡的自由切换，可以在任意窗口中管理真彩色和索引色图像。在 Kaledo Print 中，设计师可以结合色彩减少空间 ▨、清洁图像空间 ▨、设计重复工作空间 ▨ 和色彩设计空间 ▨ 这四个主要的打印设计制作室，并通过与之相关的下一链接工具对图像进行减色、清除杂色、四方连续排列以及色彩着色处理。Kaledo Print 还拥有强大的绘画工具 ▨，通过用效果画笔、纹理画笔、图案画笔、渐变画笔、油漆桶、渐变工具等填充所需要的颜色，这些工具不但能够填充平面色，还可以填充过渡色或渐变色等，使设计作品更生动。调色板查看器能帮助设计师选择设计色彩；主色查看器配合调色板查看器使用，可以对设计实体中的多个颜色进行重新改变或填充。总之，灵活运用 Kaledo Print 工具可以随心所欲地创作出各种特殊虚幻意境的面料效果。

第二节　Kaledo Print 设计案例

一、Kaledo Print 在面料设计中的操作使用

（一）季节调色板设计

季节调色板能够帮助设计师在设计过程中以最快的速度查找到所需要的系列色彩，是面料系列设计中不可缺少的一项功能。季节调色板窗口将允许设计师创建、装入、添加、重命名和保存季节调色板。来自季节调色板的单个颜色可以交互式地修改或者删除。具体设计步骤如下：

（1）创建画板：启动 Kaledo Print ▨，可进入其操作界面，单击标题栏【文件】选项，在下拉菜单中选择【打开】，根据个人设计的色彩主题打开相应的图片，如图 7-2 所示。

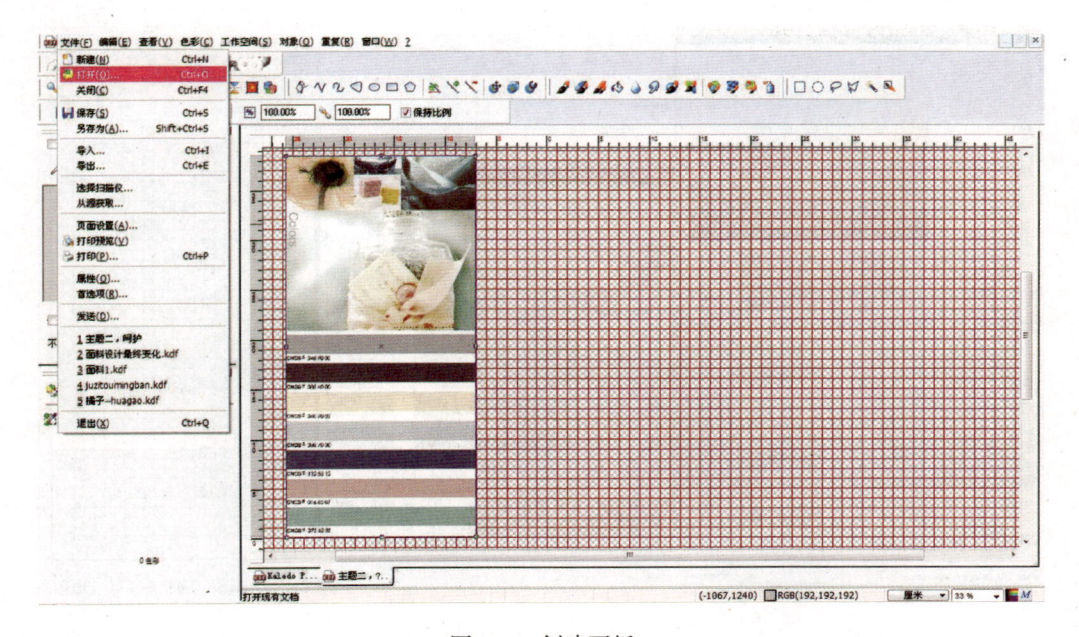

图 7-2　创建画板

▶针织服装设计与CAD应用

（2）添加色彩：点击【调色板查看器】的【添加色彩】图标，鼠标变成吸管样式，在图片中点击设计所需要的颜色区域，色标便出现在调色板查看器中，如图7-3所示。

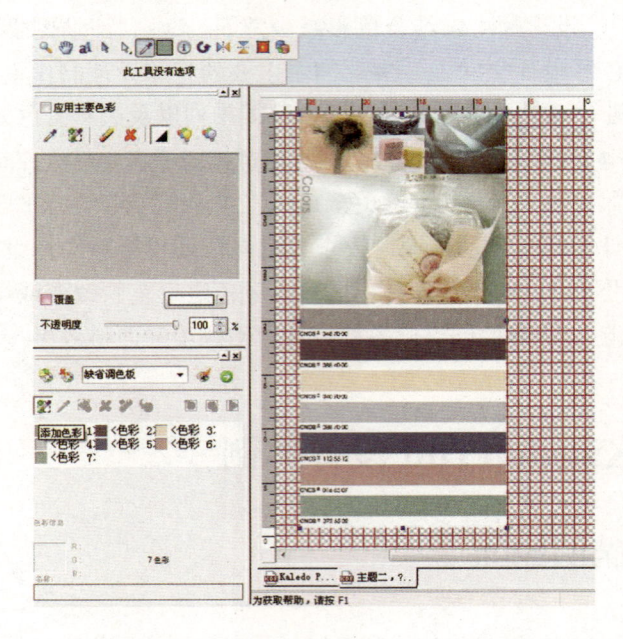

图7-3　添加色彩　　　　　　　　　　　　　图7-4　色标名称

（3）修改潘通色：鼠标左键双击色彩查看器中的色标名称，如图7-4所示，随即弹出【修改调色板色彩】窗口，点击左下角的【潘通色库】，将自动呈现与色彩查看器中色标最为接近的潘通色。鼠标左键单击该颜色，色彩查看器中的色标名称随即改变为潘通色号，如图7-5

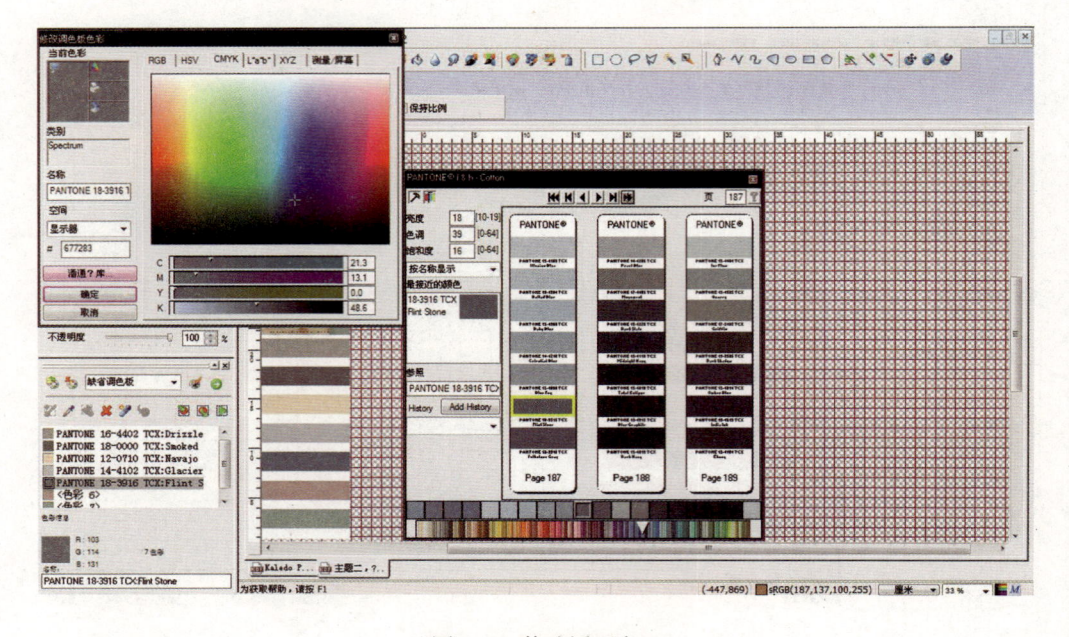

图7-5　修改潘通色

所示。对所选择的色标逐一进行操作。

（4）保存季节调色板：点击【调色板查看器】右边的【选项】图标，在扩展菜单中点击【另存为】，如图7-6所示，将设计好的季节调色板保存到相应的文件夹内。季节调色板的文件名将以 .lpx 为后缀保存，如图7-7所示。

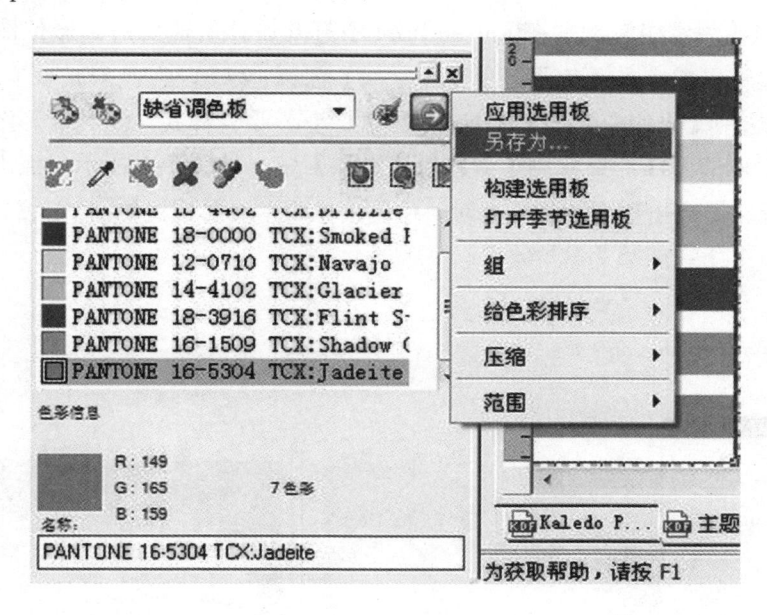

图7-6 保存季节调色板

图7-7 命名保存

（二）图形剪贴板设计

图形剪贴板设计用以存储剪切和复制的设计元素，在设计过程中可以帮助设计师迅速锁定设计元素。通过单击菜单栏【工作空间】下拉菜单可以打开【图形剪贴板】；也可以通过菜单栏【查看】→【工具栏】→【自定义】,选择【定制】窗口内的【各种】,将图形剪贴板的图标显示在面板上。

剪贴板图像设计除了使用画笔工具绘制以外,还可以在已有的设计图案中提取出来,在 Kaledo Print 中可以通过以下几步完成:

(1)真彩图转为索引图像:在 Kaledo Print 中打开设计所需要的真彩位图图像,在选中图像状态下,鼠标左键点击【色彩减少工作空间】图标 ,在色彩减少工作空间窗口中,选择【预览】,选中【平均取色器】图标 ,鼠标变为吸管样式,回到真彩图像中把主要颜色通过斜拉矩形框的方法,提取到【调色板查看器】中,如图 7-8 所示。点击【应用】回到图像页面,鼠标左键点击位图图像。此时,位图图像将由真彩模式 转变成为索引模式 ,显示在状态栏右下角,如图 7-9 所示。

图 7-8 平均取色

(2)清洁平面花型:在【调色板查看器】中点选绿色色标,使用工具栏中的【画笔工具】 ,依据需要修改的面积调整笔触大小,将设计中不需要的色彩去除,如图 7-10 所示。

应用主色清除色彩:按 Shift 键选择【调色板查看器】中所有色标,点击【添加到主色】图标 ,如图 7-11 所示,所有色标都显示在【主色查看器】中。在【主色查看器】中,鼠标选择画面中所要保留的蓝色和绿色色标,在【应用主要颜色】打对勾 ,然后在【调色板查看器】中,鼠标选择"色彩 2"绿色色标,用【画笔工具】将树叶周边的杂色去除干净,如图 7-12 所示。

(3)掩膜选择:花型色彩清除完成后,使用掩膜工具栏中的【边缘查找器】工具,鼠标

第七章 Kaledo Print设计方法

图 7-9 转为索引图像

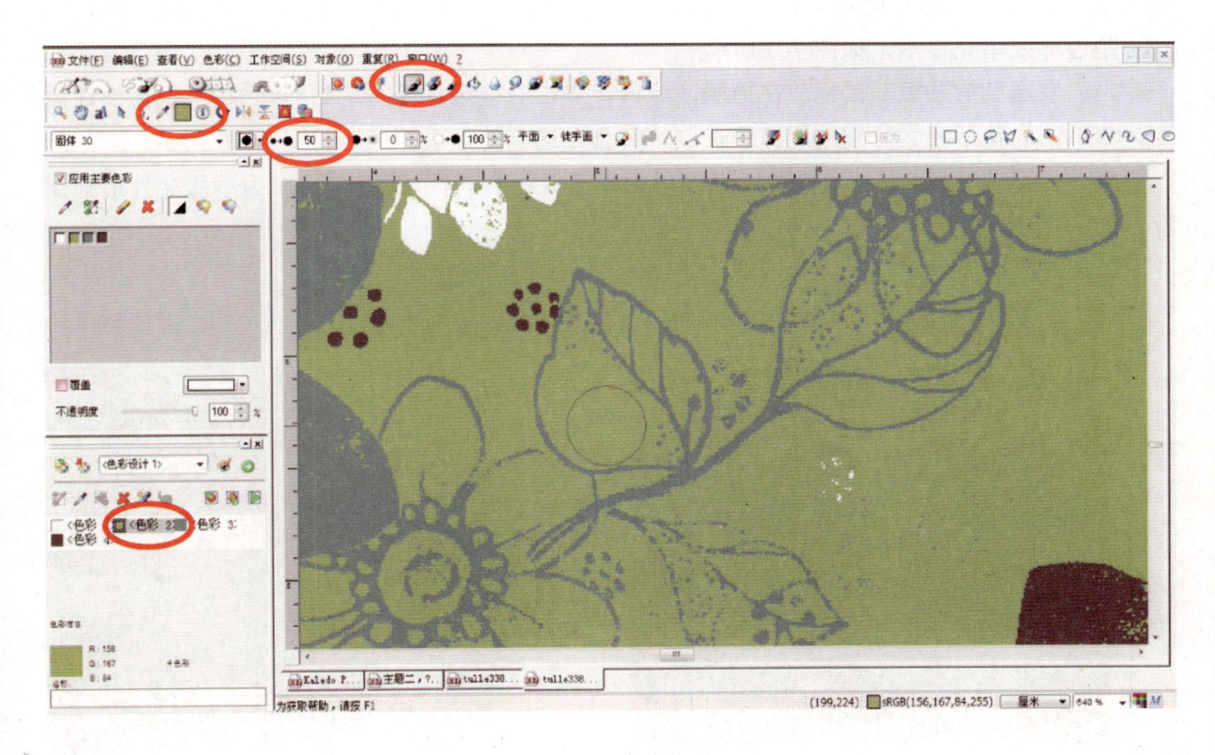

图 7-10 清洁花型

191

▶ 针织服装设计与CAD应用

图 7-11　添加到主色　　　　　　　　　　图 7-12　应用主色清除色彩

变为笔头样式，鼠标左键点击修改好的叶子图案，如图 7-13 所示。可以分别根据习惯设定动画是边界或填充显示，如图 7-14 所示。

（4）发送到剪贴板：鼠标放在掩膜区域内，点击右键选择【发送到剪贴板】。根据设计需要，将不同的花型图案分别使用掩膜选取，并且发送到剪贴板即成，如图 7-15 所示。

（5）保存剪贴板：鼠标点击剪贴板窗口图标【保存】。剪贴板将以 .udc 为后缀文件形式保存，如图 7-16 所示。

图 7-13　边缘查找器　　　　　　　　　　图 7-14　填充式显示

192

第七章 Kaledo Print设计方法 ◀

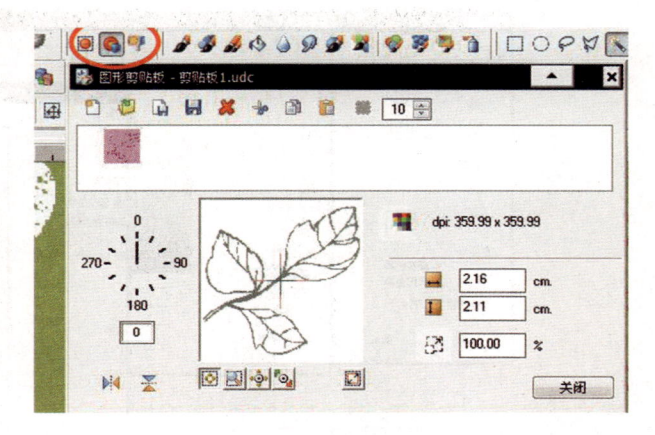

图 7-15 发送到剪贴板

图 7-16 保存剪贴板

（三）面料花型设计

在 Kaledo Print 面料花型设计部分，设计师可以根据设计方案使用不同的画笔进行图案的绘画，同时设计师也可以根据剪贴板所保存的内容，进行打散重组和色彩设计。具体步骤如下：

（1）新建图像：启动 Kaledo Print，进入其操作界面，鼠标点击菜单栏【对象】下拉菜单中的【新建图像】，如图 7-17 所示。如图 7-18 所示，将对话框的内容设定好，选定当前单元（Kaledo Print 面板右下角状态栏有单位设定），选定底板色彩。透明度设计为 100% 不透明。

（2）设计重复工作空间：选择新创建的图像后，点击图标【设计重复工作空间】，如图 7-19 所示。也可以通过点击标题栏【重复】下拉菜单的【放入重复中】来实现。

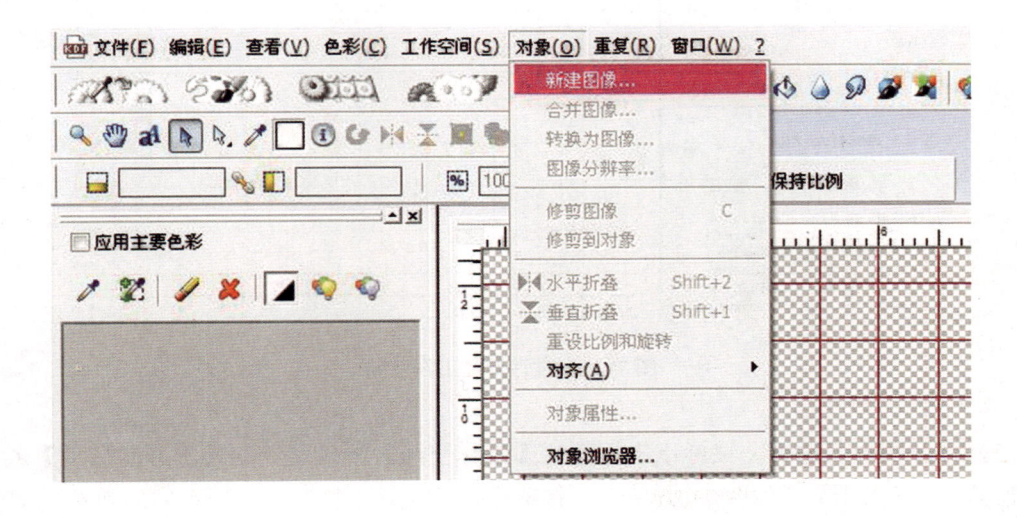

图 7-17 新建图像

193

▶针织服装设计与CAD应用

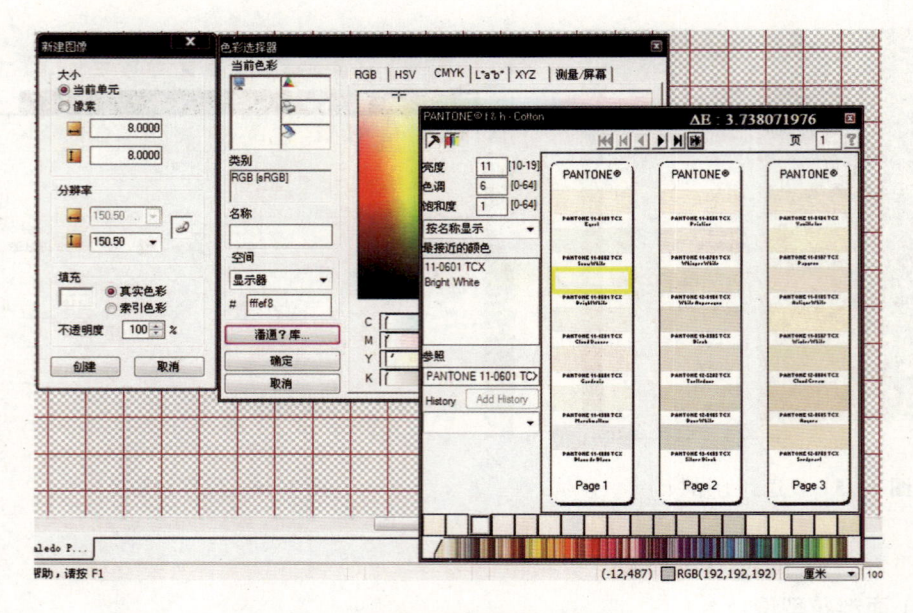

图 7-18　设定图像大小和色彩

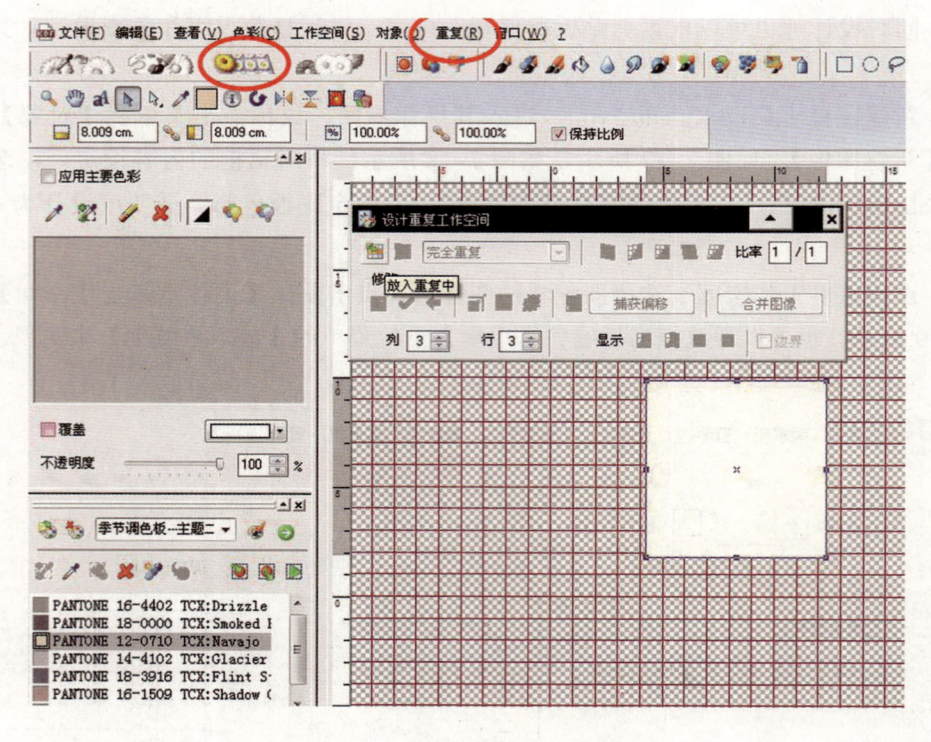

图 7-19　设计重复工作空间

（3）打开图形剪贴板：鼠标点击标题栏【工作空间】下拉菜单的【图形剪贴板】或者单击图形剪贴板图标 ，如图 7-20 所示。在剪贴板对话框中打开之前所存储的剪贴板文件。

（4）重组花型设计：鼠标选择花型图案拖至新建图像框内，如图 7-21 所示。花型大小

第七章 Kaledo Print设计方法◀

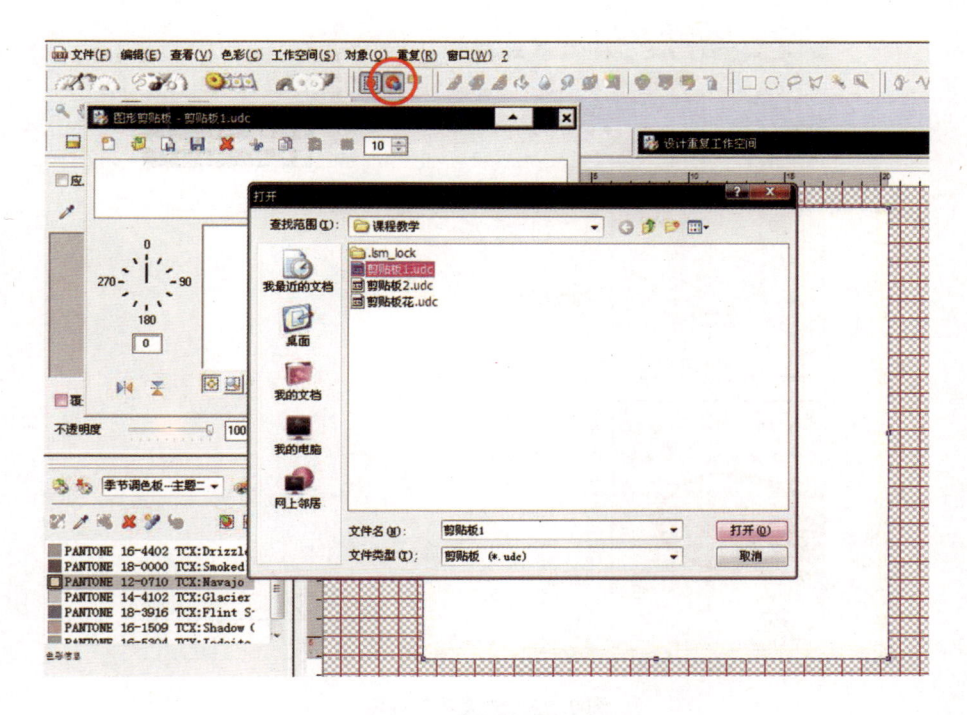

图7-20 打开图形剪贴板

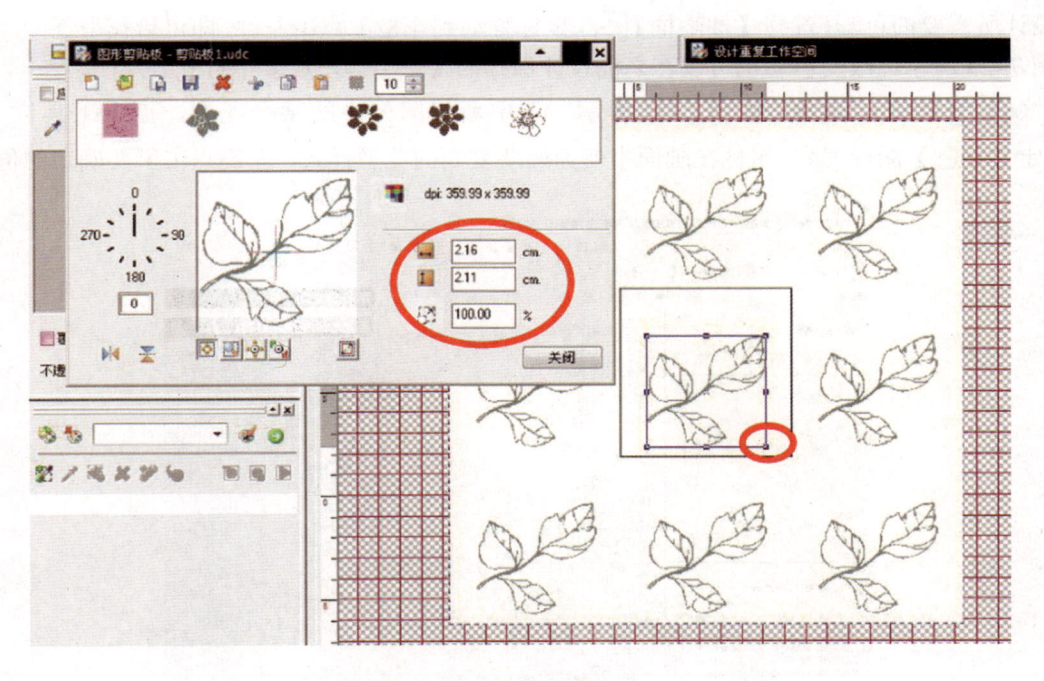

图7-21 重组花型设计

可以通过拖动图像矩形框四个边角点确定，也可以通过设定剪贴板右下角的长宽或者比例定制。

（5）改变花型色彩：Ctrl+鼠标滚轴放大花型，如图7-22所示，在【调色板查看器】选

195

▶针织服装设计与CAD应用

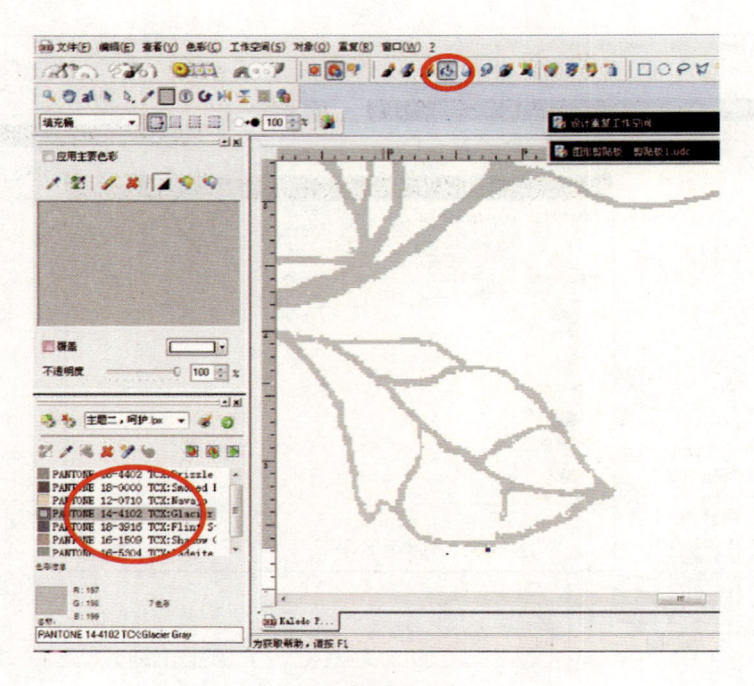

图 7-22 放大花型视窗

择设计所需要的色彩，选择【油漆桶】，鼠标移动到花型上点击左键，即可给花型逐一改色，如图 7-23 所示。改变色彩也可以在之前设计保存的【季节调色板】中打开。

（6）复制组合花型：如图 7-24 所示，选中新建图像中的某个花型，点击工具栏中的【自定义复制】图标，鼠标在画面中变为所要复制的花型样式，左键点击所要确定的位置，

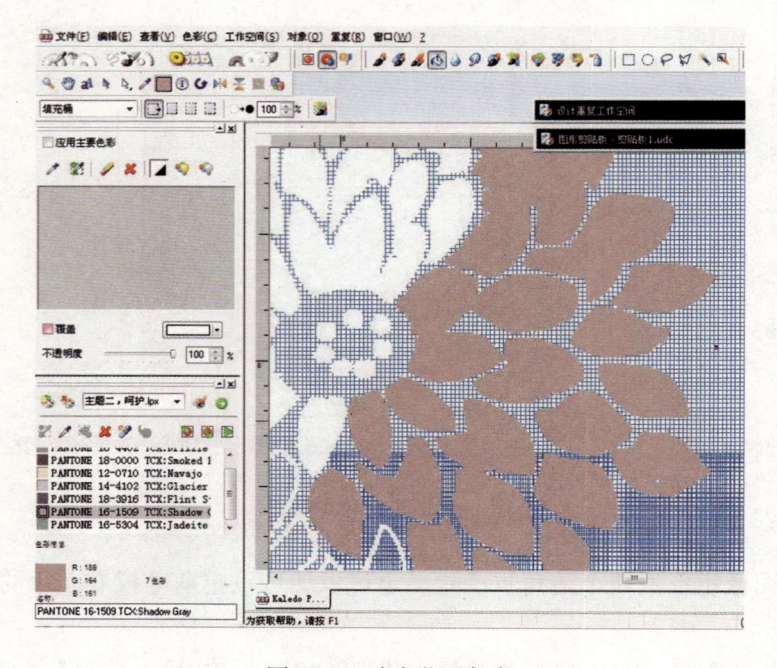

图 7-23 改变花型色彩

196

第七章 Kaledo Print设计方法 ◀

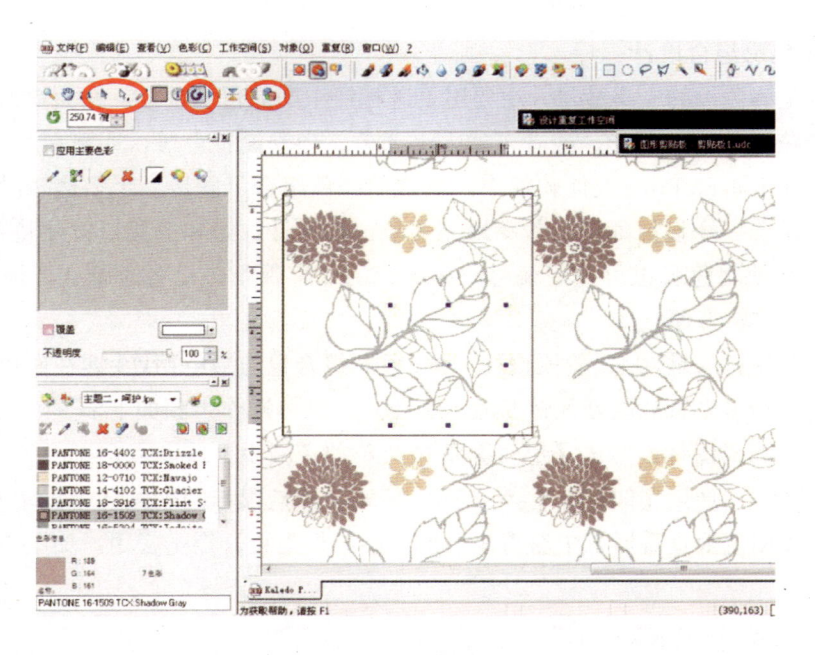

图 7-24 复制组合花型

点击右键取消复制。再选择工具栏中的【旋转】图标，自定义旋转某个花型的方向。然后点击工具栏中的【选择】图标，配合 Shift 键，同比例改变花型大小。

（7）完成花型面料组合设计：使用【油漆桶】和【调色板查看器】或【季节调色板】中的色彩，逐一对面料的底色、花型进行填色，即完成，如图 7-25 所示。

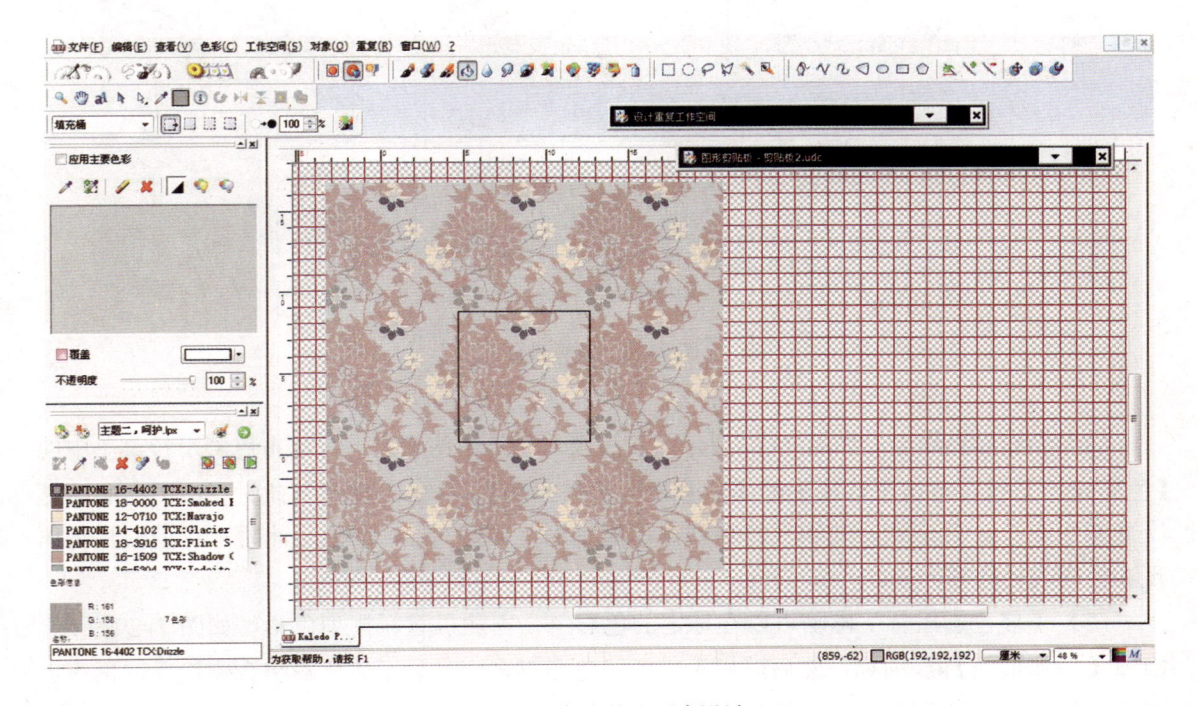

图 7-25 完成花型组合设计

197

(四)创建色彩组合设计

颜色组合是调色板的一个变量,主要用于进行针织产品色彩设计。在面料设计完成稿中,选择想改动的花型部位的色彩,或者可加入潘通色、当季流行色等,即可在款式中做自动的换配色组合。在 Kaledo Print 设计软件中,款式的配色组合可同步显示多达 36 幅画面,大大丰富设计师的灵感,令设计师最有效率地完善自己的设计。亲和的接口方便将各类资料、款式整理成库,其使用色彩也可整理编号,相对应的储存保留,令各季款式、流行色的管理、查阅和调用变得非常方便。

设计师需要注意的是,和调色板设计一样,色彩组合也与减色相连,即在做色彩组合之前,设计的效果图片必须先做减色处理转变为索引图片。具体操作步骤如下:

(1)减色:选择图片,单击【色彩】下拉菜单的【减少】或者点击工具栏中的【色彩减少工作空间】,使用【取色器】,选中预览。然后鼠标回到图片中点击要减少颜色的区域,直到在【调色板查看器】中获得想要的色彩结果为止,点击应用,如图 7-26 所示。

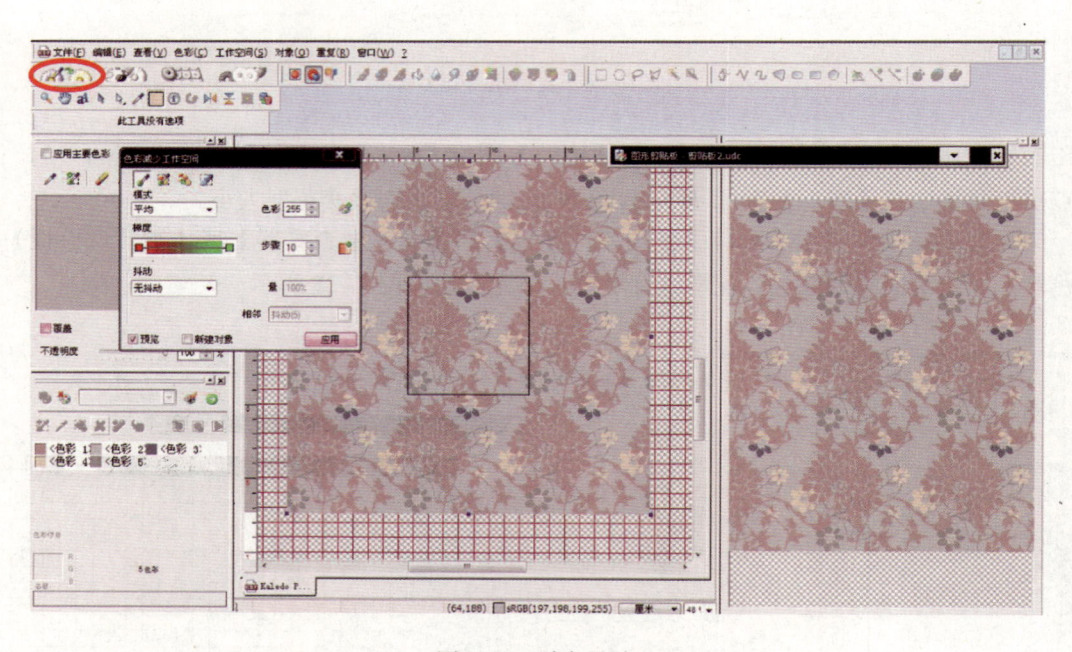

图 7-26 减色设计

(2)创建颜色组合:如图 7-27 所示,花型图片在选中的状态下,单击色彩下拉菜单中的【色彩设计】或者单击工具栏中的【色彩设计工作空间】。提示:此时花型图片必须转变成索引图片,若是真彩图软件将自动提示对话框,如图 7-28 所示。此时,花型图片将出现在色彩设计选项卡上。

(3)平移色彩组合:电脑可以在选定的色彩组合中随机重新排列色彩,如图 7-29 所示,点击【添加拖拽】图标,然后随机生成新的色彩组合应且显示在色彩组合窗口内。再次点击【添加拖拽】图标,以再次生成新的色彩组合。提示:计算机自动能够生成的色彩组合

第七章　Kaledo Print设计方法 ◀

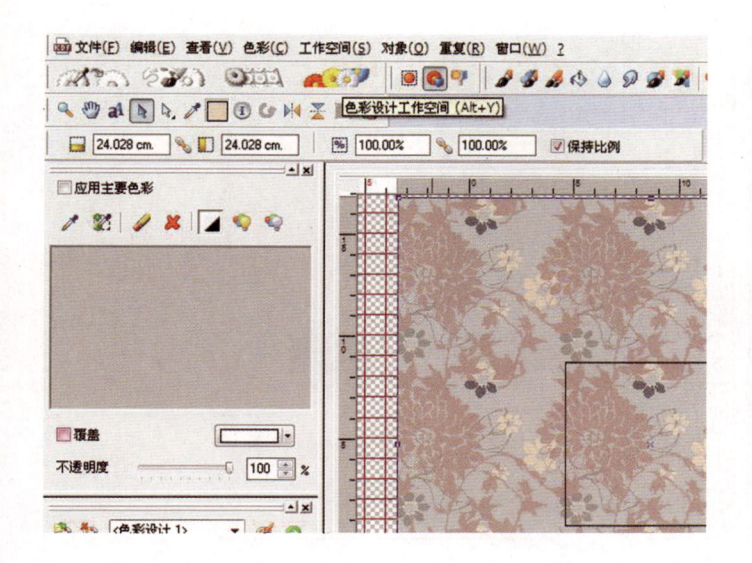

图 7-27　创建色彩组合　　　　　　　　　　　　　图 7-28　错误提示

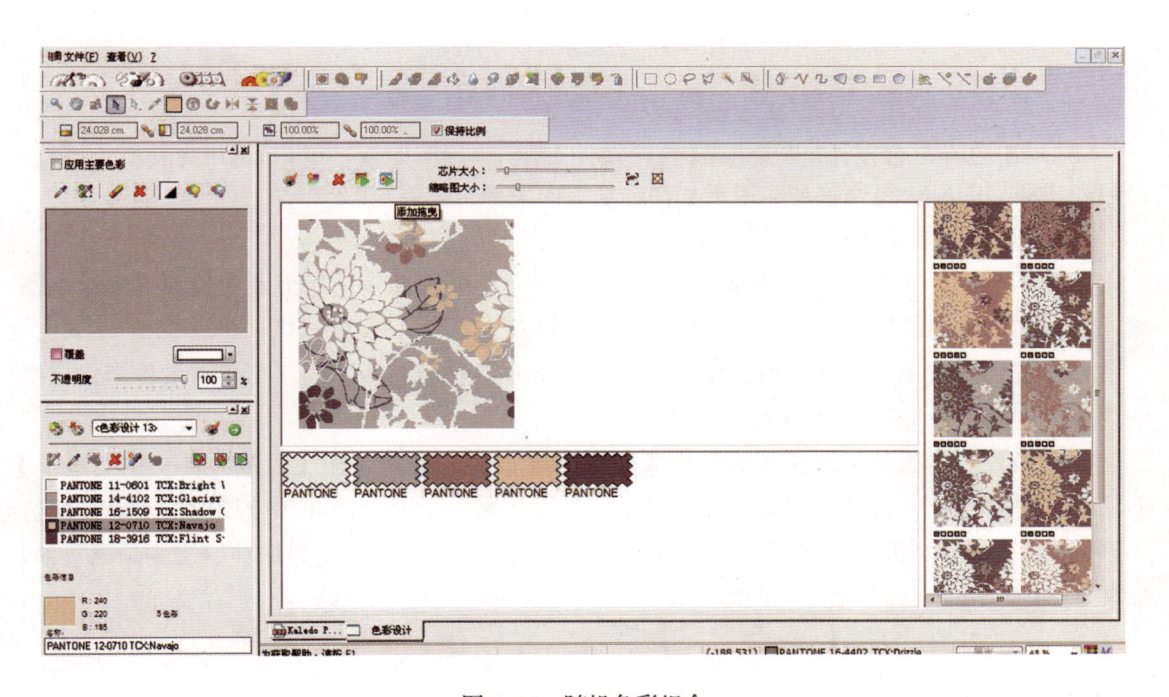

图 7-29　随机色彩组合

数量可以在【调色板查看器】中看到，如图 7-30 所示。

（4）修改颜色：如果要锁定一个颜色，使其保持在相同的位置，并且不作为平移的一部分，可以按住 Shift 键，鼠标左键点击某个设定颜色的色块，色标上方便会出现小锁图案。再按住 Shift 键，鼠标左键点击该颜色的色块，锁定即取消。另外，按住 Shift 键，鼠标左键拖拽色标至其他色标上，达到复制色标的效果。按住 Ctrl 键，鼠标左键拖拽色标至其他色标上，达到互换色标的效果。

199

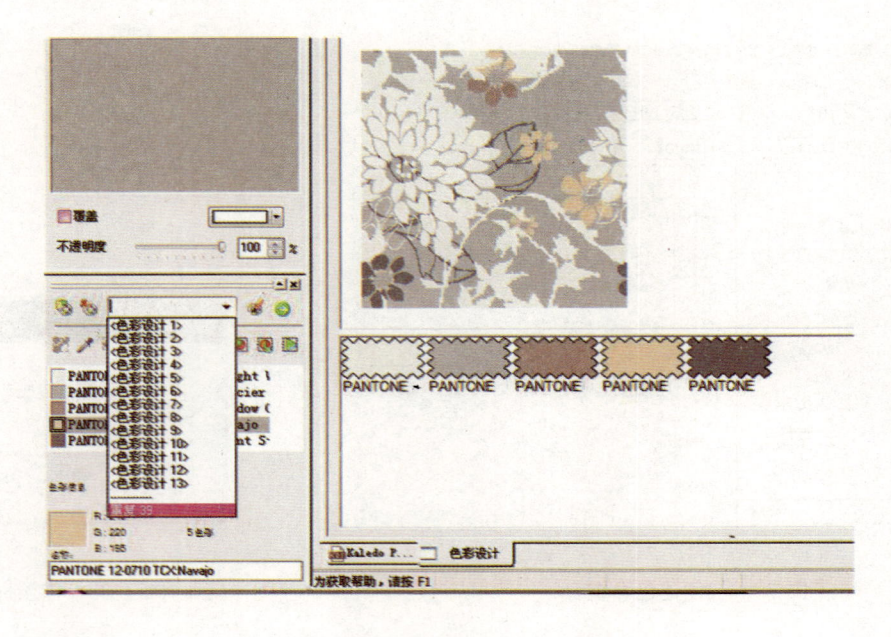

图 7-30　色彩组合设计查找

（5）退出色彩组合设计：再次单击【色彩设计工作空间】图标 ，将退出重新着色过程，最后一次激活的颜色组合将被应用于文件选项卡的图像上。

（五）图案画笔设计

图案画笔可以使用图案剪贴板图像来绘画。每个笔刷都能使用当前画笔的设置来绘制图案。图案的原始颜色将应用于画布。具体操作步骤如下：

（1）建立图案：选择设计所需要的图案，点击右键发送到剪贴板（花型图案色彩建议修改为季节调色板设定的色彩）。

（2）设置图案画笔：双击工具栏中【图案画笔】 ，即可弹出【画笔控件—图案画笔】对话框，从剪贴板中选择要绘制的纹理，并且根据设计需要，调整对话框中的角度、大小、挤压、不透明度、下降、空隔和散开等，达到设计的笔触要求，在画面的边界循环内绘制画笔效果，如图 7-31 所示，完成图案画笔应用设计。

二、调色板数据设计

报告减色图像调色板数据信息的方法有两种：一是在窗口中直接生成调色板数据；二是自动创建打印模板。

（一）生成调色板数据

具体操作步骤如下：

（1）设置调色板数据选项卡：首先选中图像，点击菜单栏【色彩】下拉菜单【调色板数据】，打开【调色板数据】对话框，分别对设置、色片、页面装饰选项卡进行设置，如图 7-32 所示。其中，在设置选项卡中根据需要可以勾选设定所要显示的色彩设计方案，也可以设定

第七章　Kaledo Print设计方法 ◀

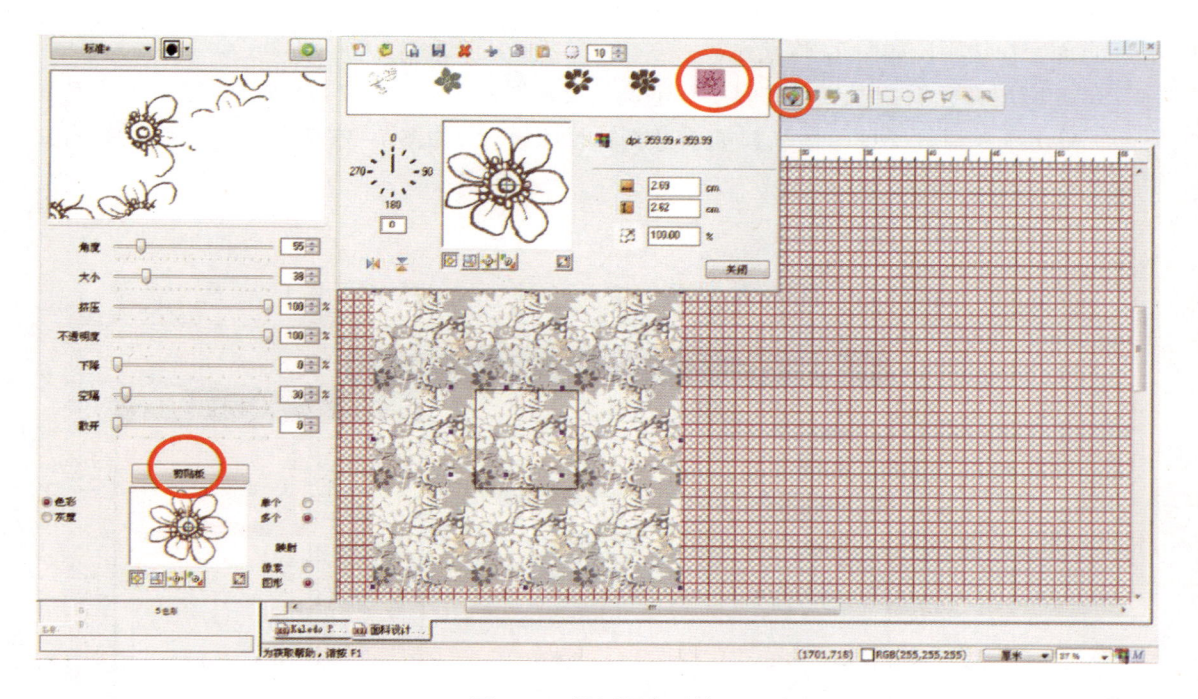

图 7-31　设置图案画笔

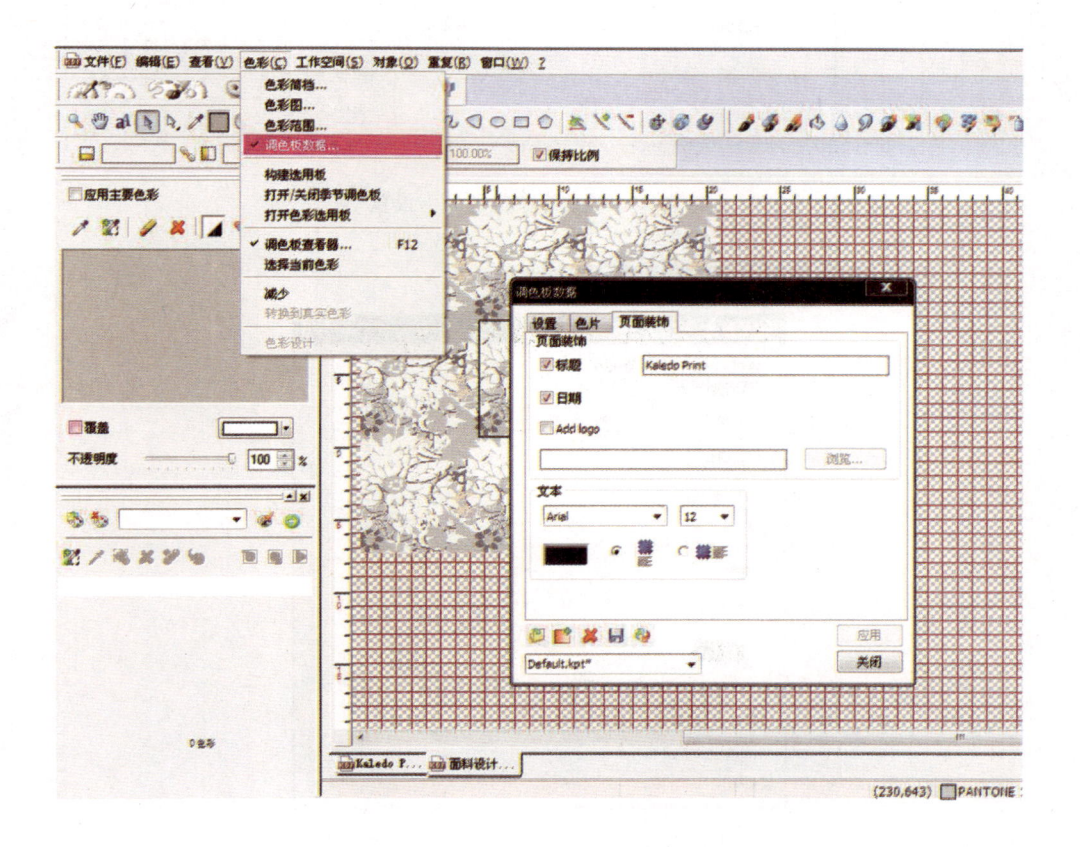

图 7-32　打印调色板数据选项卡

201

▶ 针织服装设计与CAD应用

打印页面空白边距，如图 7-33 所示。

（2）应用调色板数据：点击应用确定调色板数据显示，如图 7-34 所示。选择某个色彩设计，单击菜单栏的【打印预览】，查看数据板排版设计，如图 7-35 所示。完成图如图 7-36 所示。

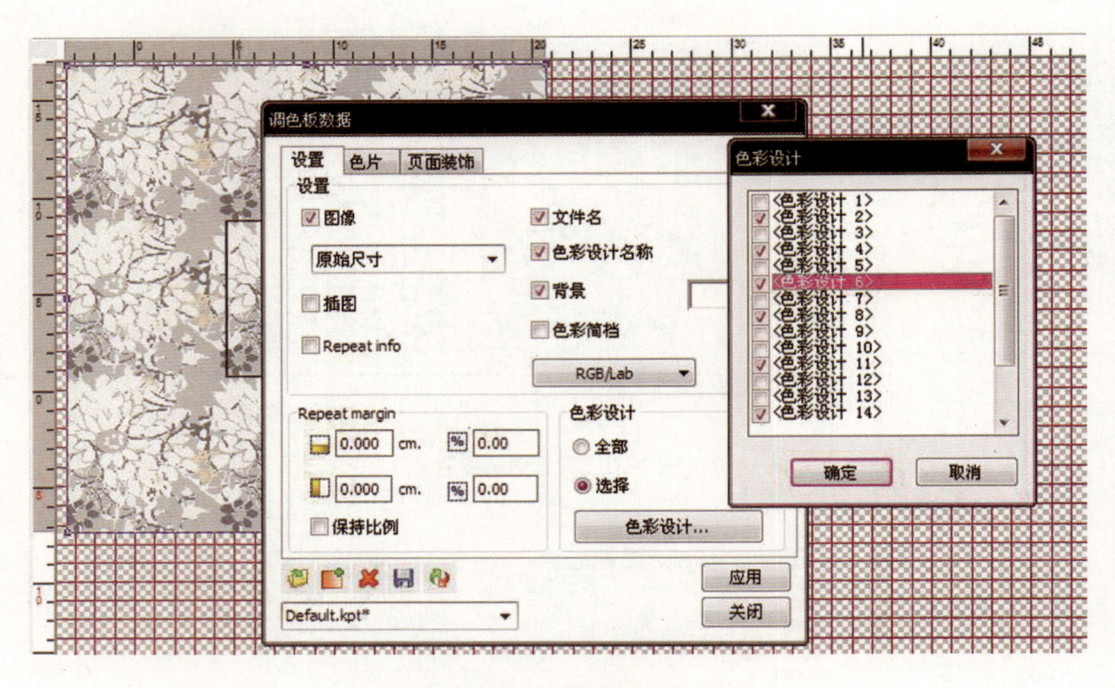

图 7-33　调色板数据选项卡设置

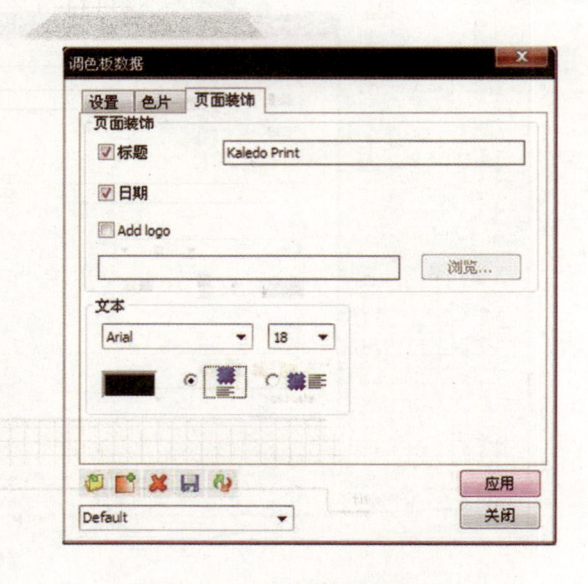

图 7-34　应用调色板数据设计

202

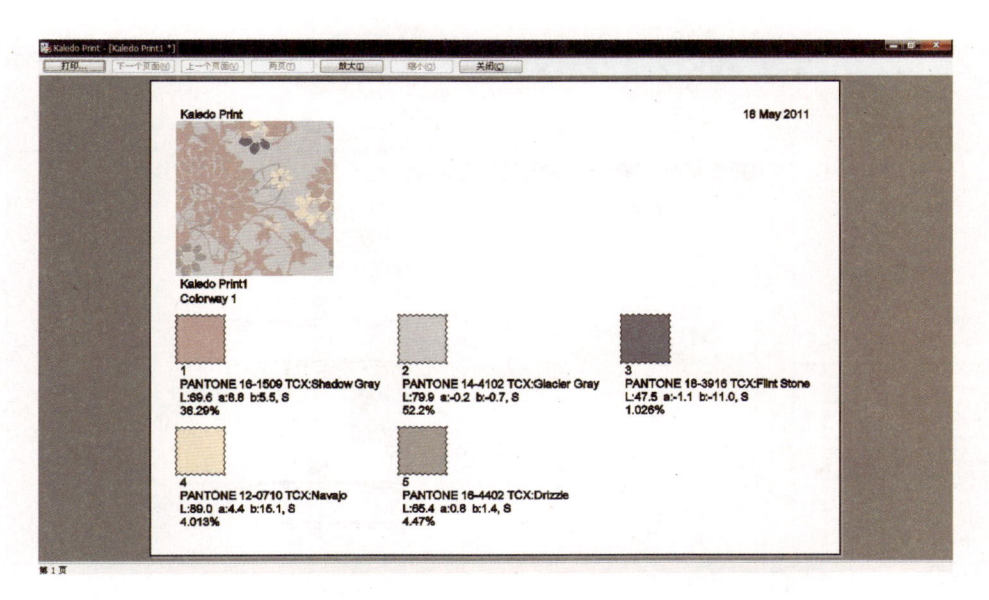

图 7-35 打印预览

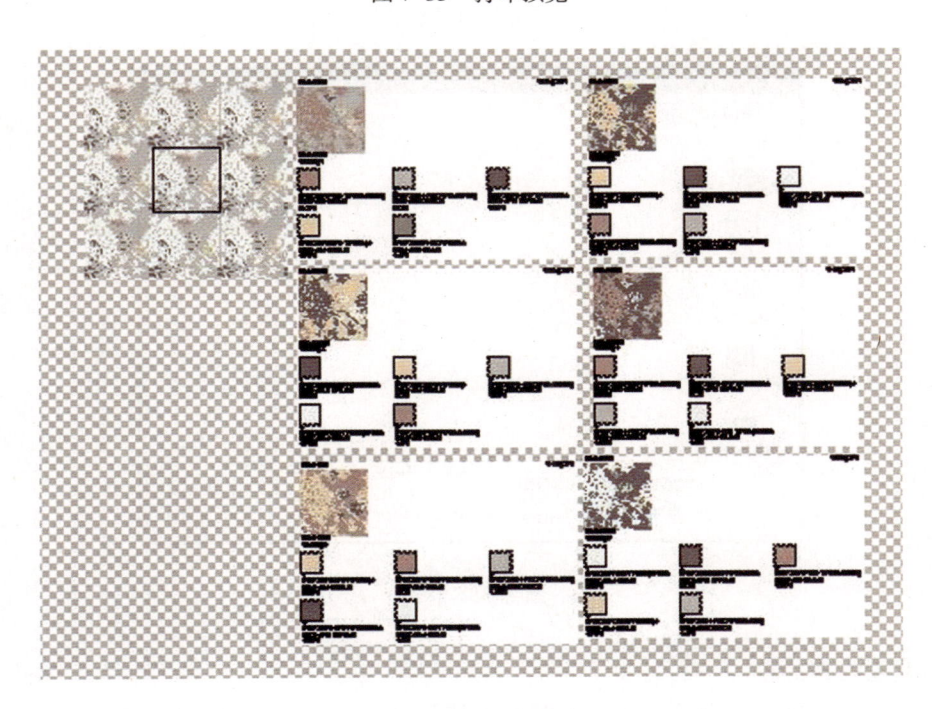

图 7-36 完成图

(二)自动创建打印模板

具体操作步骤如下:

(1) 页面设置:选择菜单栏下拉菜单【页面设置】,创建打印模板,如图 7-37 所示。

(2) 保存:在 Kaledo Print 中,文件可以 *.kdf 默认格式类型保存,如图 7-38 所示,也可以 *.jpeg 位图格式导出。

▶针织服装设计与CAD应用

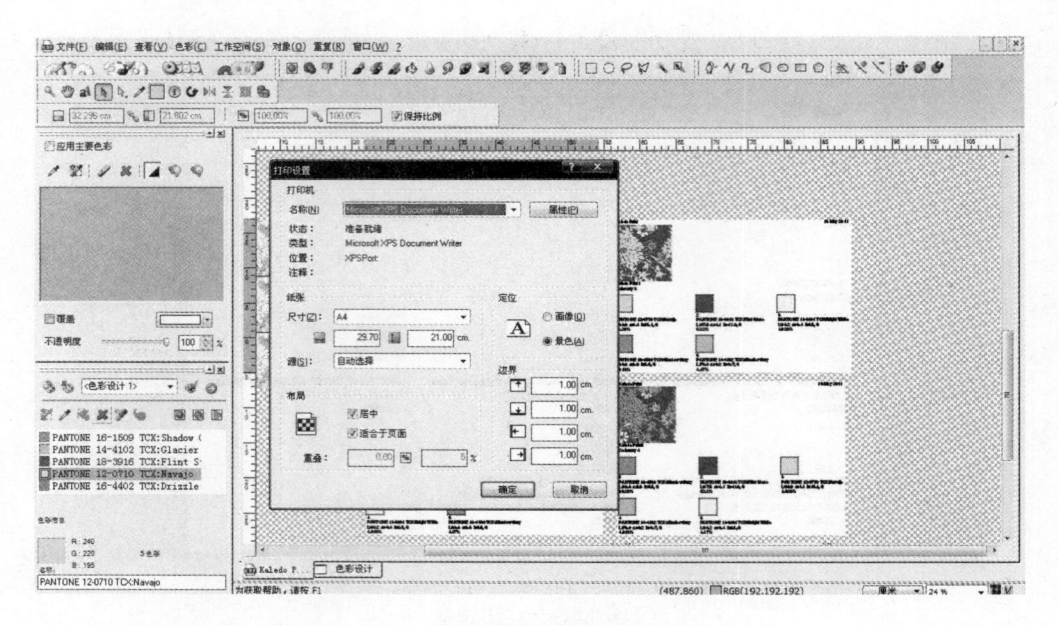

图 7-37 页面设置

图 7-38 保存

三、重复设置

设计重复工作空间允许设计者修改图像以使其可以重复。在设计重复工作空间中，对单位循环元素的修改编辑有四种方法：更改边界、扩展边界、自定义修剪和扩展、综合边界修改设计。将设计内容放入重复中，创建重复对象。它可以显示为一个或者多个平铺，也可以将重复对象作为整体进行编辑，还可以在重复对象中编辑单个对象。

（一）更改边界

打开设计的图片，选中图片。打开工具栏的【设计重复工作空间】对话框，点击【修改工具】，如图7-39所示。鼠标将边界框的角拖动到所需大小，即完成。

204

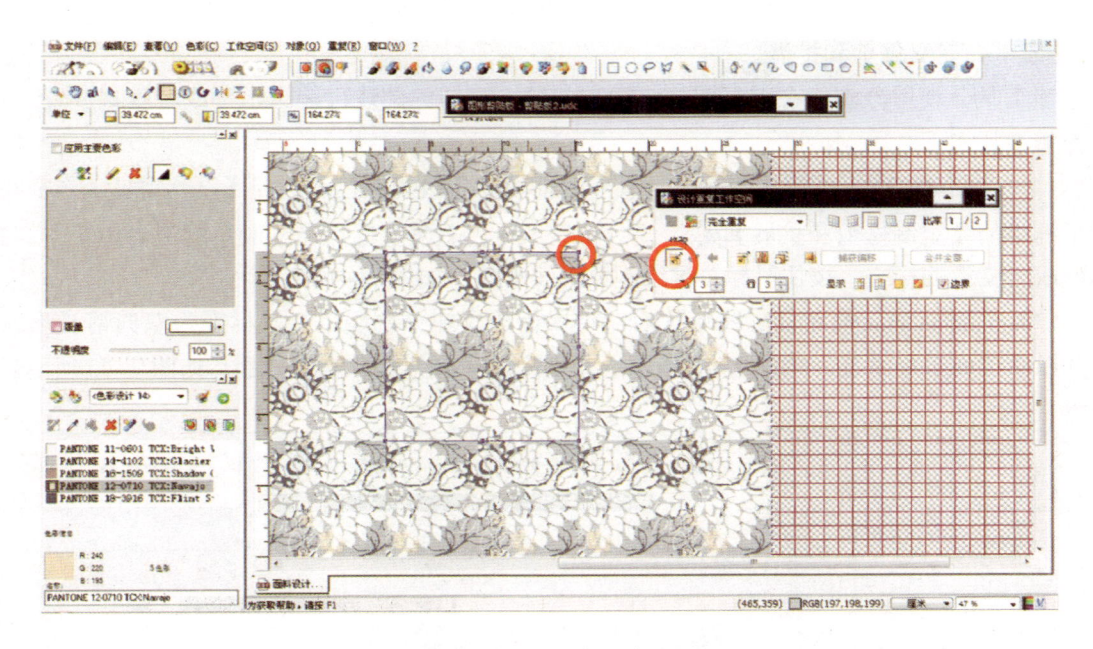

图 7-39 更改重复对象边界

(二)扩展边界

可以重新定义可重复对象平铺的大小,添加或除去重复对象中的空间。在扩展循环边界时,填充部位的颜色由画笔当前色决定。点击【修剪扩展】,重复边界框将出现在图片上。必要时,使用工具栏中的【吸管】选择当前填充色,再将边界框的角拖动到所需要的大小,如图 7-40 所示,即完成。

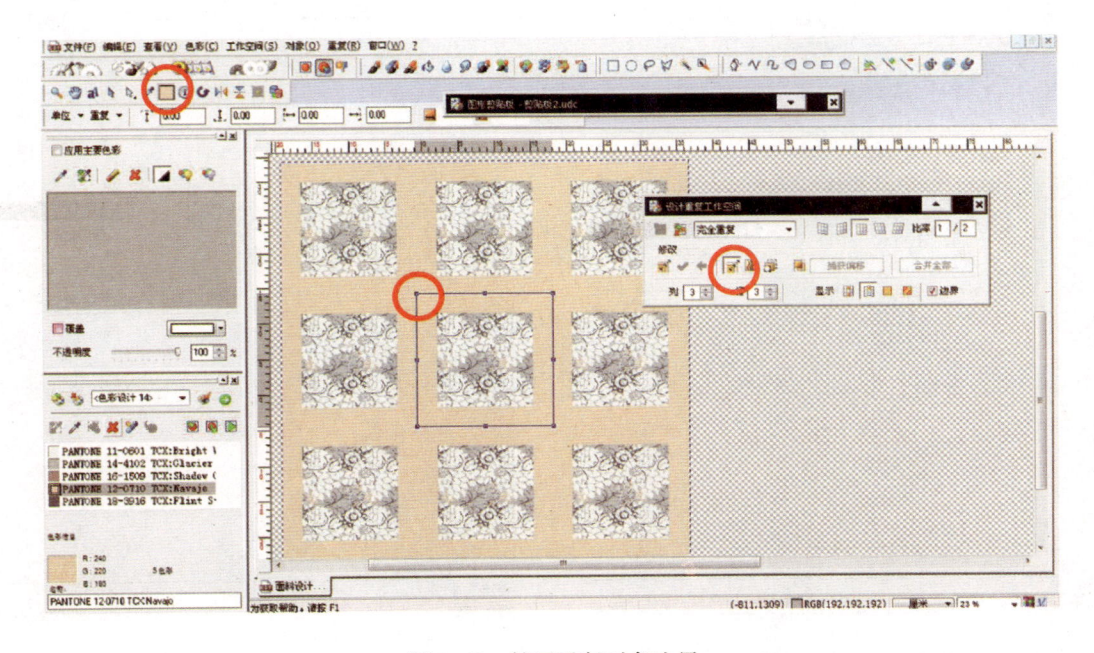

图 7-40 扩展重复对象边界

（三）自定义修剪和扩展

该工具会使用分割线在重复图像中添加或除去区域。此线可编辑水平或者垂直放置。具体操作步骤如下。

（1）绘制分割线：使用【吸管】工具将当前填充色改为灰色，选择【设计重复工作空间】对话框中的【定制修剪和扩展】。此时将显示粉色重复边框。在绘制条的边界中单击，鼠标变成一支笔的样式，按住鼠标左键绘制分割线形状，如图7-41所示。

（2）扩展拖动：确定分割线形状后，将鼠标放置在分割线上，鼠标变为双向箭头形状，拖动以修改或扩展重复，如图7-42所示。分别完成横向分割和纵向分割，如图7-43所示。

图7-41 绘制分割线

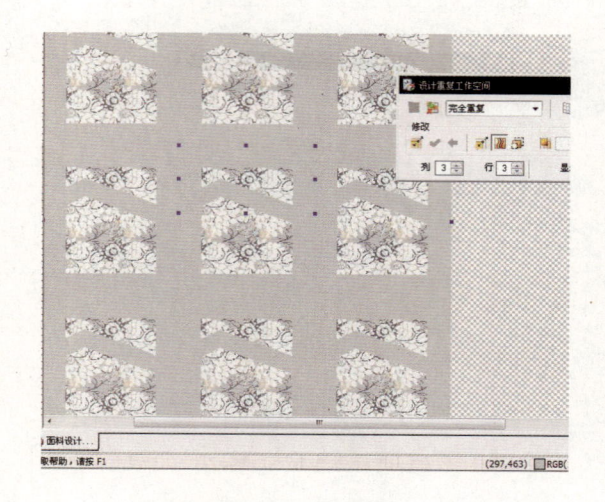

图7-42 纵向分割　　　　　　　图7-43 横向分割

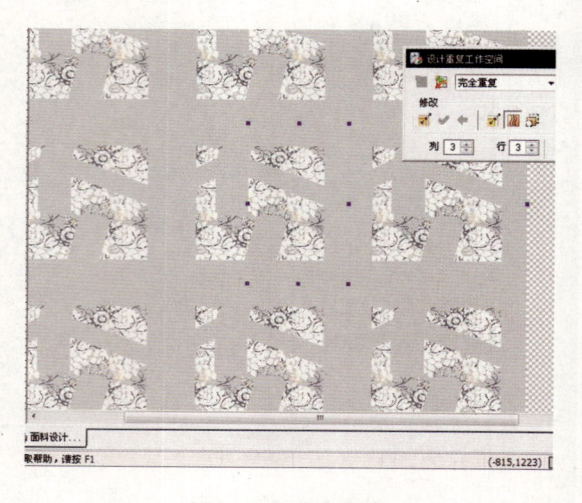

(四)综合边界修改设计

在横向和纵向分割的基础上,再进行更改边界的修改,会给面料花型循环设计带来意想不到的效果,如图7-44所示。

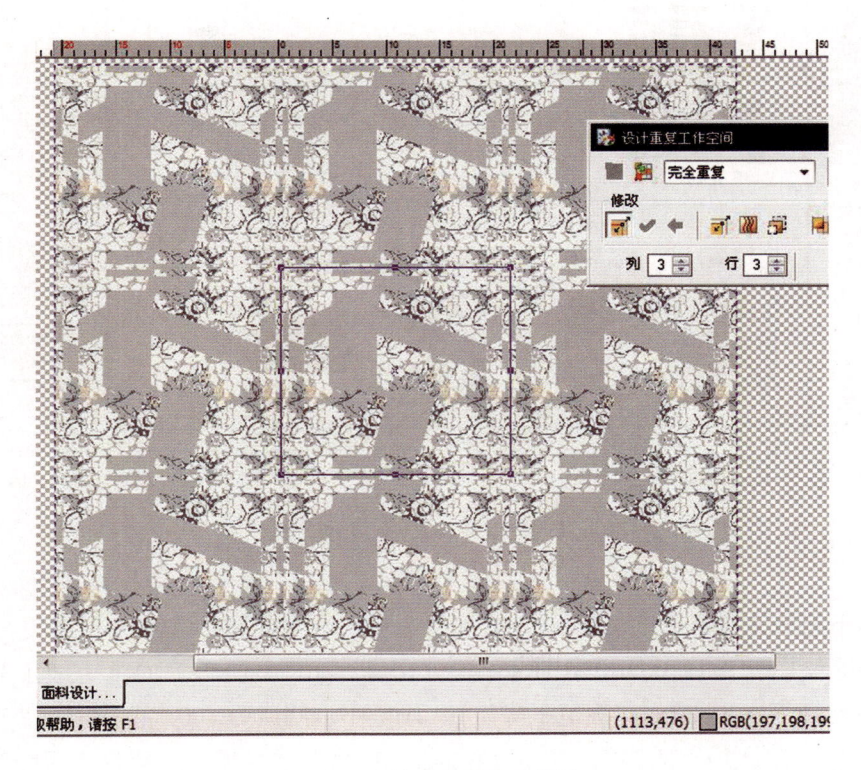

图7-44 综合边界修改设计

四、纹理设计模拟

纹理设计的目的是使所设计的图像模拟纺织产品纹理直观效果,法国力克公司可为设计者提供众多纺织产品的织物组织结构纹理方案。但是需要提醒设计者的是,纹理设计只能应用于真彩图。

以下将在学习Kaledo Print工具使用的同时,逐步绘制完成一幅针织提花面料设计。其操作步骤大致分为创建针织图案和针织纹理模拟两步。

(一)创建针织图案

具体操作步骤如下:

(1)创建画板:启动Kaledo Print,可进入其操作界面,单击菜单栏【文件】选项,在下拉菜单中选择【导入】,根据个人设计的色彩主题导入相应的图片,如图7-45所示。

(2)新建透明图像:选中导入的图像,按住Ctrl键放大图像并按住空格键移动图像到合适位置。鼠标点击标题栏【对象】下拉菜单中的【新建图像】。如图7-46所示,将对话框的内容设定好(图像尺寸大小依据导入图像左边和上方的标尺大小设定),选定当前单元(Kaledo

▶针织服装设计与CAD应用

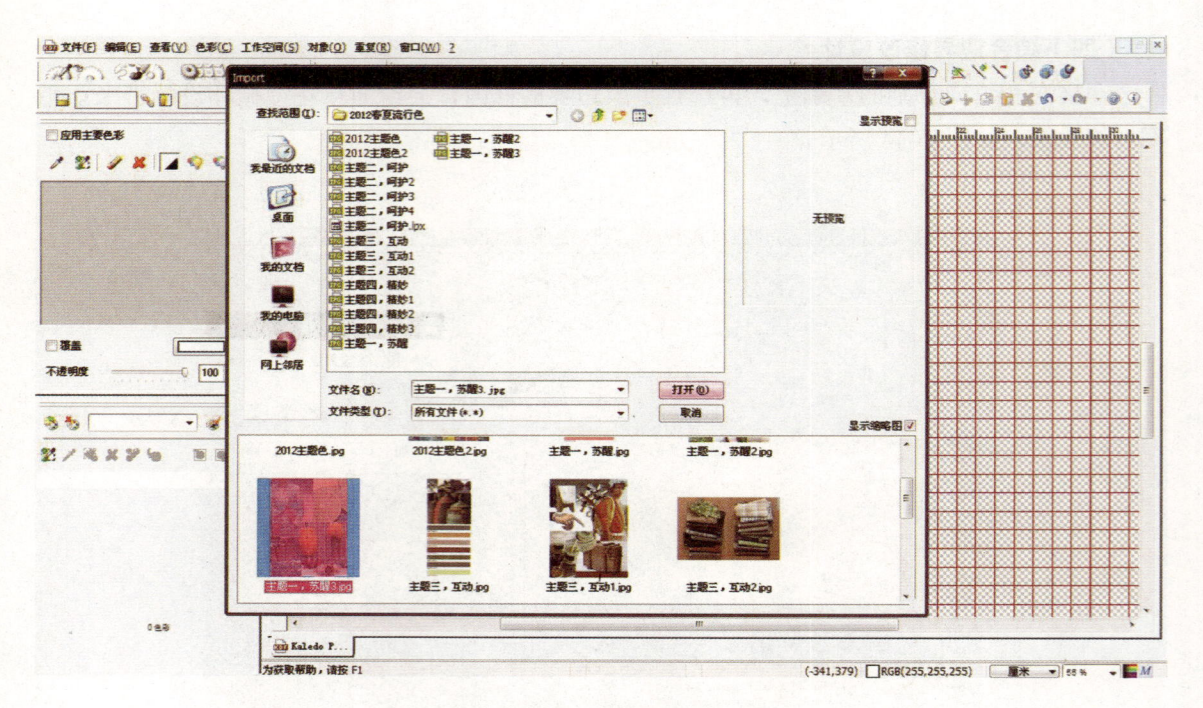

图7-45 导入真彩图

Print面板右下角状态栏有单位设定），选定底板色彩，透明度设计为50%不透明。

（3）画笔绘图：选择工具栏中的【画笔工具】，随即出现画笔的下一级工具栏。如图7-47所示设定画笔大小为2pt，画笔下降为0，画笔不透明度为100，色彩应用为平面，画笔路径为点到点。点击快捷键【7】，使用"1-2-3"贝塞尔曲线模式。然后使用吸管工具选定当前画笔颜色，在透明图像上拓印柠檬图案形状。

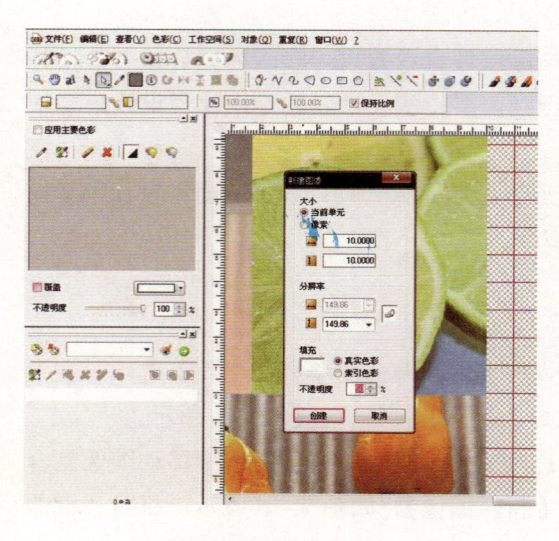

图7-46 新建图像　　　　　　　　　　图7-47 设置画笔

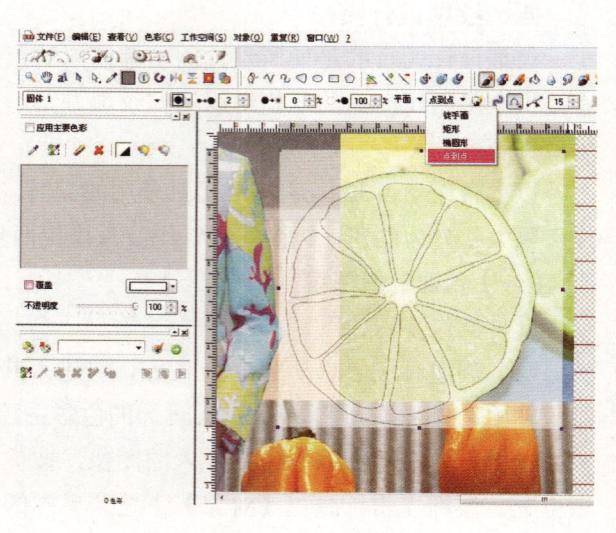

208

（4）保存新建图像：鼠标点击选中导入的图像，按删除键删除导入图像。然后选中新建图像，打开菜单栏文件下拉菜单【导出】，以"橘子.jpeg"格式命名并导出，如图7-48所示。然后再在Kaledo Print中重新打开"橘子"位图格式文件，如图7-49所示。

（5）色彩设计：如图7-50所示，点击【调色板查看器】中的【打开调色板】，使用【油漆桶】和【季节调色板】中的色彩，逐一对橘子进行填色，即完成，如图7-51所示。

（6）绘制剪贴图案：使用【画笔工具】，选择季节调色板中"色彩5"为画笔当前色，画

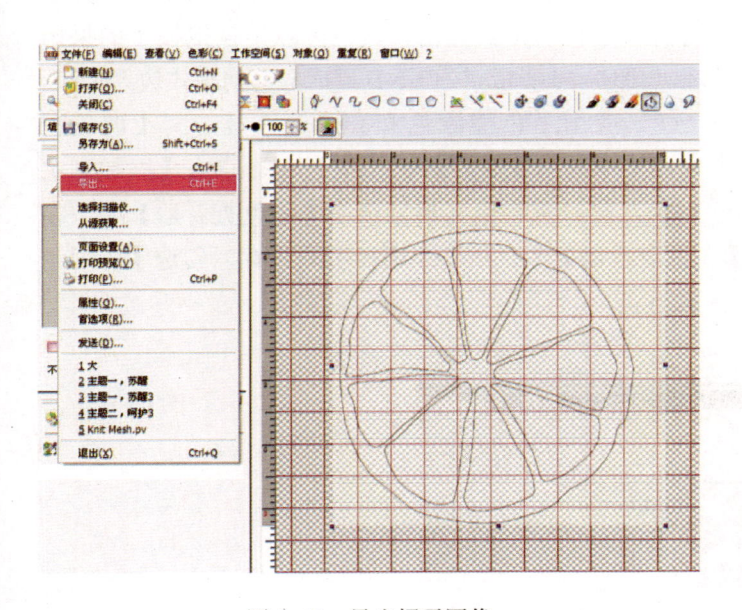

图 7-48　导出橘子图像　　　　　　　　　　　图 7-49　打开位图图像

图 7-50　打开调色板图标　　　　　　　　　　图 7-51　填色设计

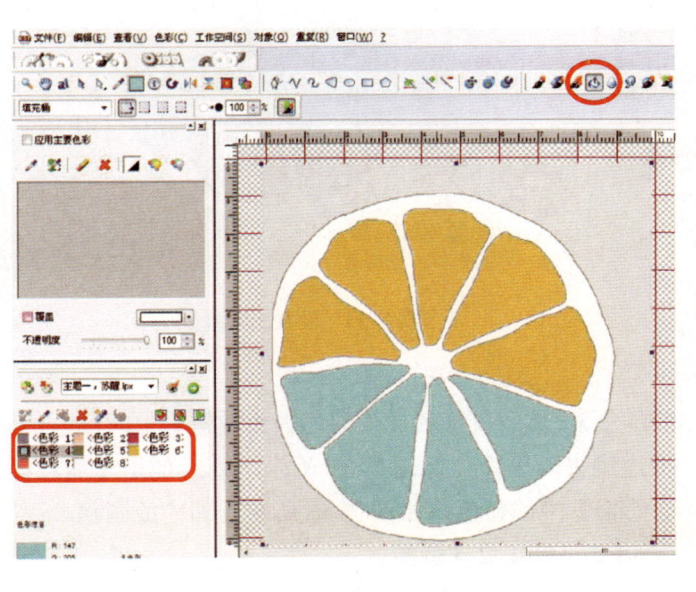

209

▶针织服装设计与CAD应用

笔大小设定为30pt，如图7-52所示，在选项卡空白区域内绘制5个圆点。鼠标全部框选中，点击鼠标右键,选择【合并图像】并【发送到剪贴板】。

（7）图案画笔：使用工具栏中的【查找边缘器】，并且和下一级工具栏中的【添加】选中所有蓝色和黄色区域。然后双击【图案画笔工具】，如图7-53所示，设置画笔角度、大小、挤压等选项。将剪贴板中的图案作为画笔形状填充到蓝色和黄色区域，模拟橘子的果肉肌理,如图7-54所示。按Ctrl+D最后取消动画式边界掩膜。

（8）应用主色清除色彩：按Shift键选择【调色板查看器】中除深灰色以外的所有色标，点击【添加到主色】，此时所有色标都显示在【主色查看器】中。在【主色查看器】中，按Ctrl选择所有色标，勾选【应用主

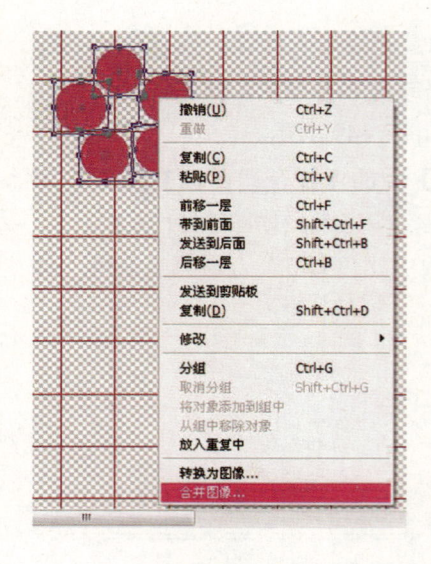

图7-52　绘制剪贴图案

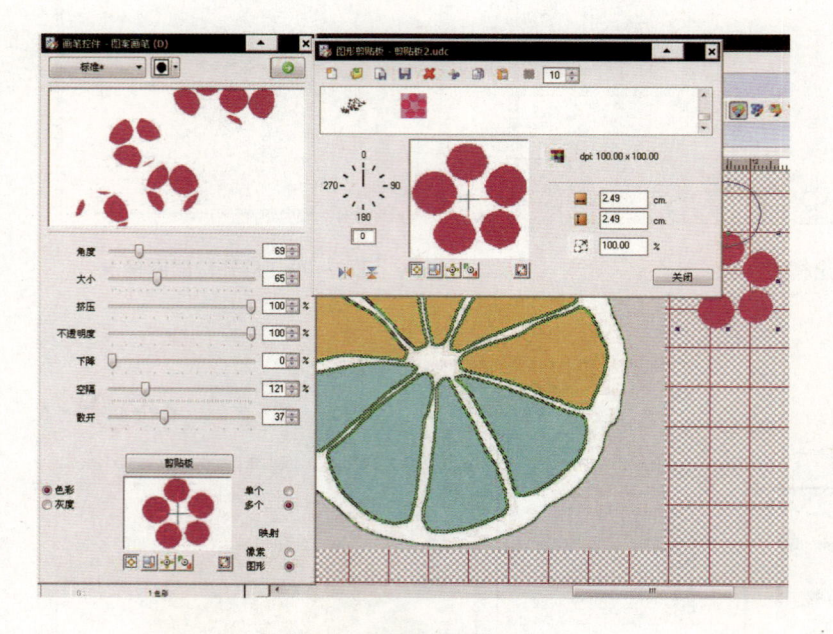

图7-53　设置图案画笔

图7-54　绘制橘子的果肉肌理

要颜色】，然后鼠标选择【调色板查看器】中的白色色标，使用【画笔工具】将橘子的深灰色描边线去除干净，如图7-55所示。最后使用【油漆桶】，将底板的灰色填充为【调色板查看器】中的粉色，如图7-56所示，即完成画稿。

（二）针织纹理模拟

具体操作步骤如下。

210

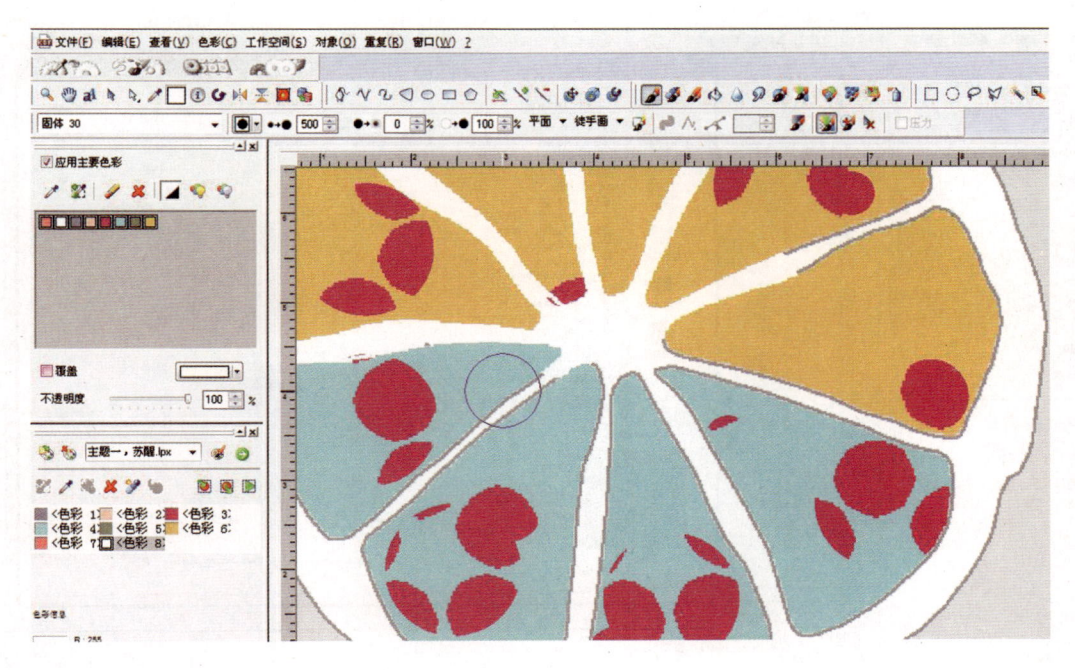

图 7-55　清除杂色

图 7-56　完成图

（1）确认图像为真彩模式：可以选中图像，选择点击【色彩】下拉菜单中的【转换到真实色彩】。

（2）导入织物纹理图像：点击【文件】下拉菜单中的【导入】。选择肌理文件夹中的".pv"格式的肌理文件，点击打开，此时肌理文件出现在选项卡界面中，如图 7-57 所示。

（3）发送到剪贴板：打开【剪贴板对话框】，鼠标点击被导入的肌理图片，拖入至剪贴板内，随后删除选项卡界面中被导入的肌理图片，如图 7-58 所示。

▶针织服装设计与CAD应用

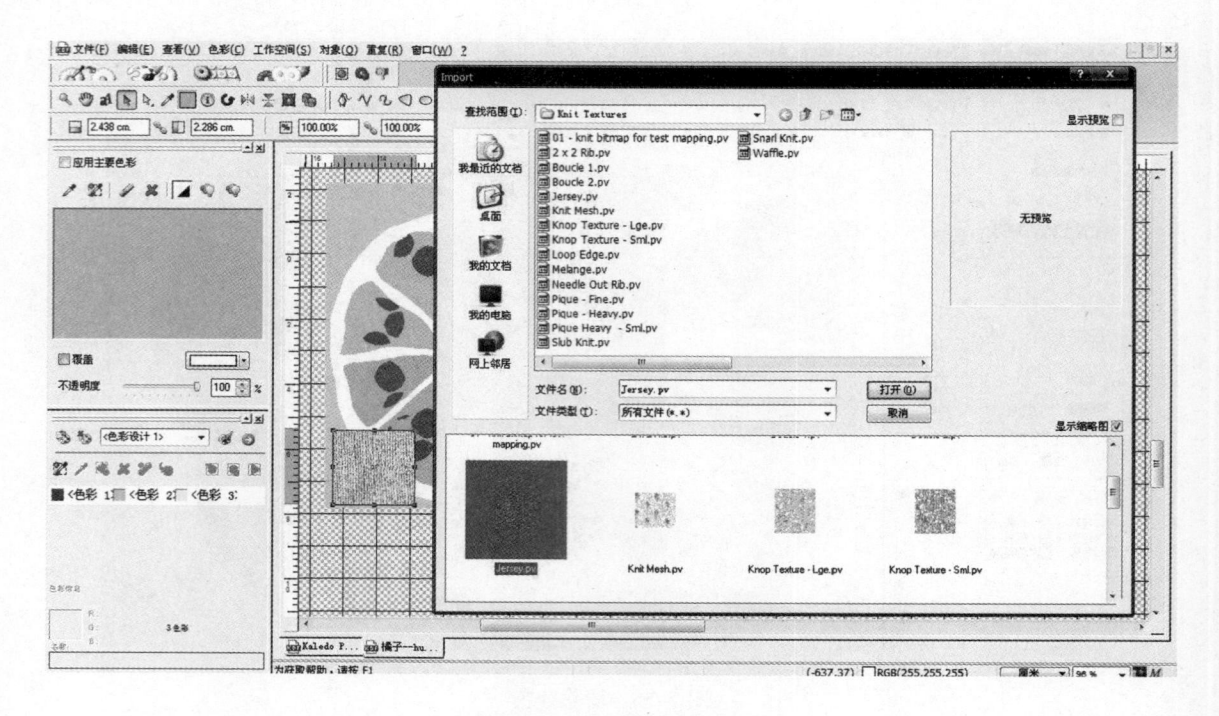

图 7-57 导入肌理图像文件

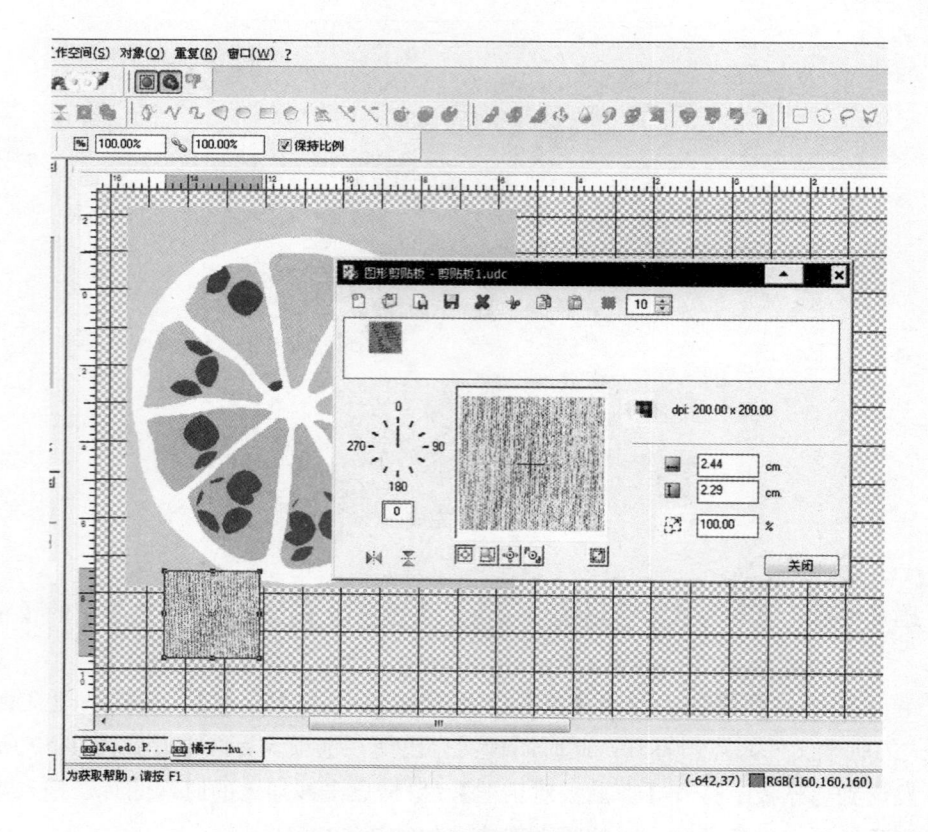

图 7-58 发送到剪贴板

第七章　Kaledo Print设计方法 ◀

（4）载入肌理纹样：鼠标单击选择【纹理画笔】，随即出现画笔的下一级工具栏。如图 7-59 所示选择色彩应用为平面，画笔路径为矩形，反显选择【要填充的画笔边界】。鼠标变成带有"+"字符号的矩形，在所设计的图像上拖拉选框，创建覆盖图案设计的矩形。

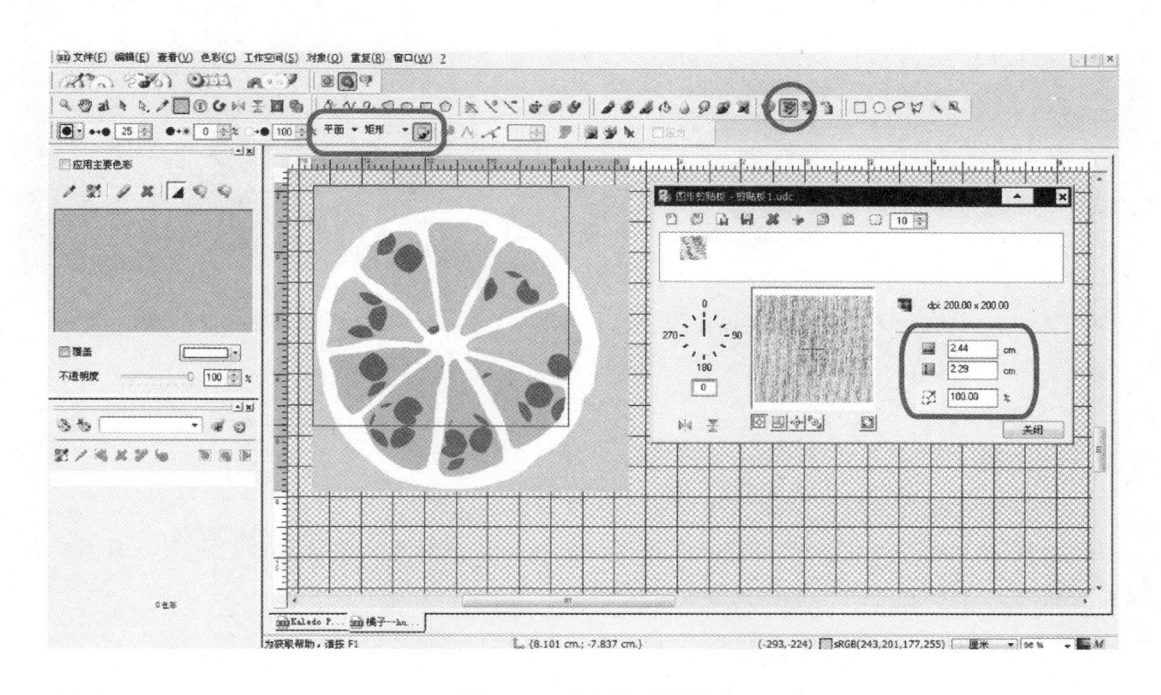

图 7-59　载入肌理纹样

（5）修改纹理密度：根据图案设计尺寸，修改剪贴板纹理密度，使图案在织物上的尺寸合理。要求针织产品设计师在创建纹理模拟时，要结合产品设计风格，注意图案与线圈密度的合理性设置，因为不同的纹理线圈密度设计所产生的织物风格截然不同，如图 7-60～图 7-63 所示。

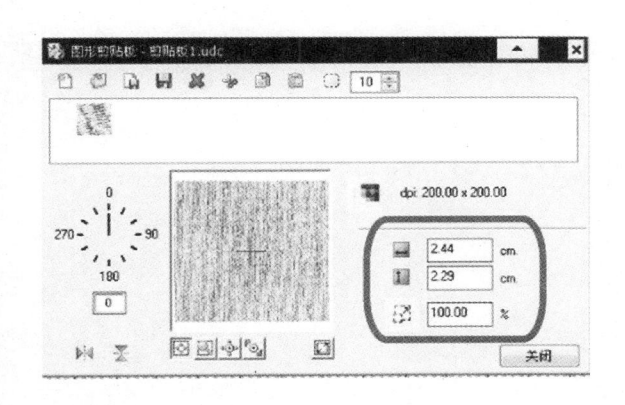

图 7-60　每厘米线圈密度大的设置 　　　　　　　图 7-61　线圈密度大的模拟效果

213

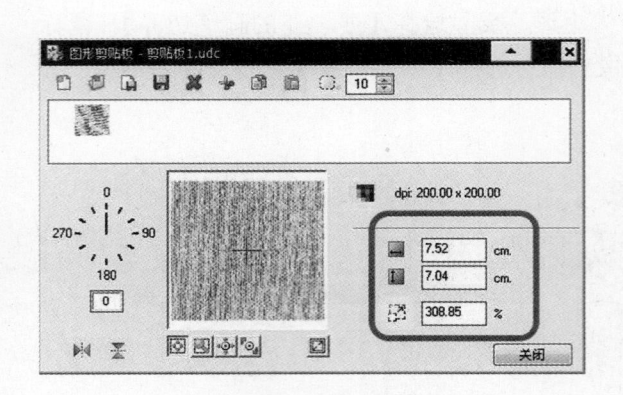

图 7-62　每厘米线圈密度小的设置　　　　　　图 7-63　线圈密度小的模拟效果

☞ **练习题**

1. 根据最新流行色趋势预测，建立 4 个季节调色板。
2. 使用 Kaledo Print 设计软件，以海洋为题材创作清地型、混地型和满地型三种系列针织面料设计，并且运用到 3 款针织服装效果图中。

第八章　Kaledo Knit 设计方法

　　Kaledo Knit 为所有的针织产品设计需求提供解决方案。这个软件能最大程度地利用各种设计工具并达到最大技术精度，令设计师迅速高效地把设计理念转化为清晰的视觉效果。在力克设计系统中，储存了几百款精细的针织样板，输入针织密度、针数、横列数等资料，可用于进一步的花型设计，是设计师的好帮手；同时，提供了针目效果的直接转换，备有移圈、绞花、集圈、提花等大量针法库。设计师可将针法调用搭配，配合颜色，直接在屏幕上看到实际产品效果，工作起来会更加逼真明了。设计者通过使用 Kaledo Knit 软件可以削减生产成本，缩短交付周期，并能减少设计错误，可以为设计师和其设计团队留下更多时间，以便集中精力进行创造性工作。

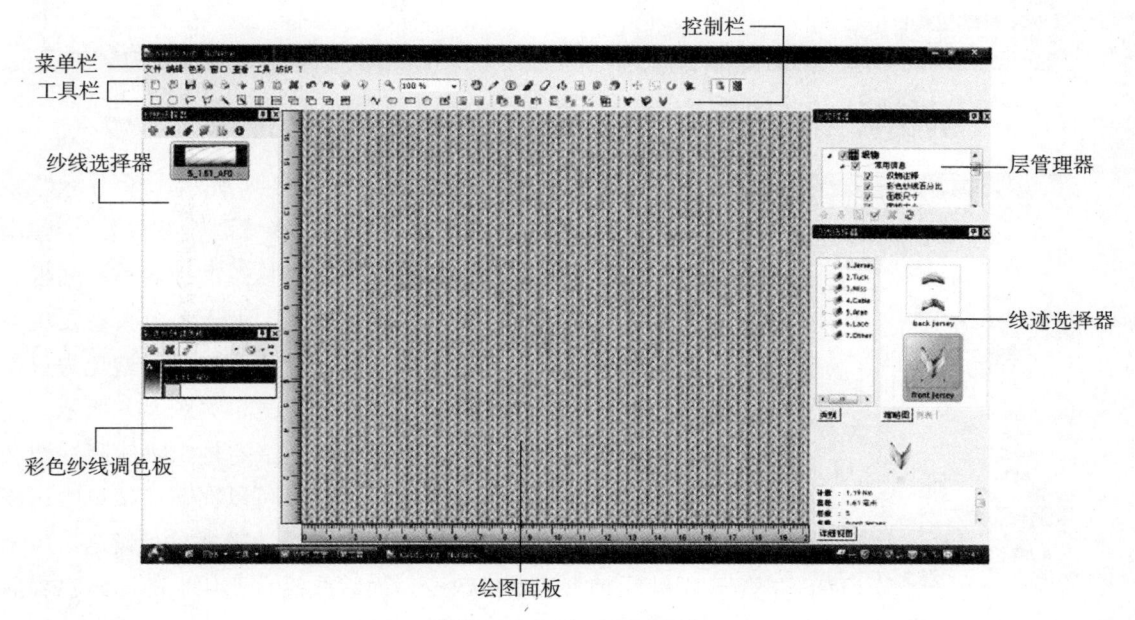

第一节　Kaledo Knit 界面

一、Kaledo Knit 工作环境

　　启动 Kaledo Knit ![Kaledo Knit V2R2]，可进入其操作界面。注意：在操作过程中，由于每次只能打开一个针织面板，所以务必确保在创建新面板之前先要保存正在使用的面板。

　　如图 8-1 所示，在 Kaledo Knit【纱线选择器】窗口显示可用的标准纱线模板，设计师所

图 8-1　Kaledo Knit 界面

需要的所有纱线都将显示在 Ysrn palette 中，详细信息选项卡中提供了所选定纱线的相关信息。【线迹选择器】窗口中包括针织线迹库。每当选中一个新的线迹时，该线迹便成为当前线迹。详细视图中将显示选定纱线颜色线迹的预览。【彩色纱线调色板】显示所有针织物中所使用的纱线类型以及色彩使用情况，原纱可以与彩色纱线调色板中的一个或者多个颜色相关联。工具栏中包括【Windows 文件管理工具】、【模式工具】、【主要工具栏】、【错误工具栏】、【选择工具栏】、【追踪工具栏】以及【复制粘贴工具栏】。

二、设置线迹和面板

使用 Kaledo Knit 设计软件做针织面料设计之前，设计师必须先设定【面板参数】，以设定当前设计作品的线迹大小和面板大小。具体操作步骤如下：

（1）改变单位长度：单击标题栏【文件】选项，在下拉菜单中选择【长度单位】，选择【米】，如图 8-2 所示。注意：根据实际工作需要，此处单位可以设定为米或者英寸，如图 8-3 所示。

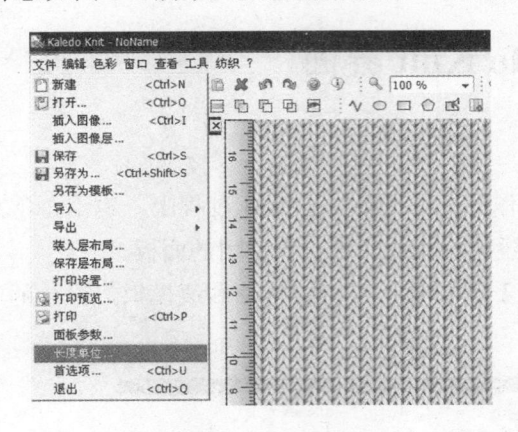

图 8-2　改变单位长度

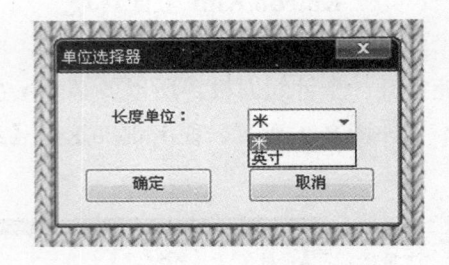

图 8-3　单位选择器设置

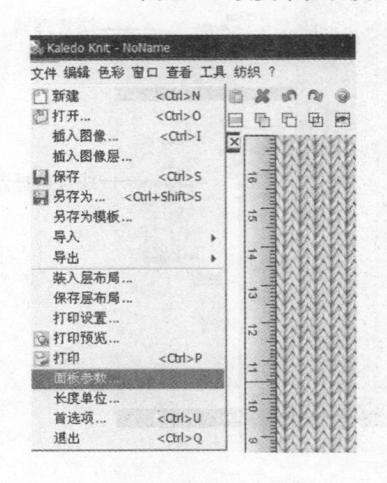

图 8-4　面板参数设置

（2）改变面板参数：如图 8-4 所示，单击标题栏【文件】选项，在下拉菜单中选择【面板参数】，会弹出面板参数窗口，如图 8-5 所示，修改面板名称、面板大小以及经线/纬线，并点击确定。由于面板大小发生变化，系统会自动提示面板尺寸警告窗口，以避免失误操作使设计数据丢失，点击确定完成，如图 8-6 所示。注意：经线/纬线对针织物而言，指的是织物线圈针数和横列数，按照针织物单位密度，可以在下拉菜单中选择相应的数值，也可以根据个人设计需要自行设定。由于针织物密度发生改变，而纱线没有变化，随即织物界面就会发生改变，如图 8-7 所示。

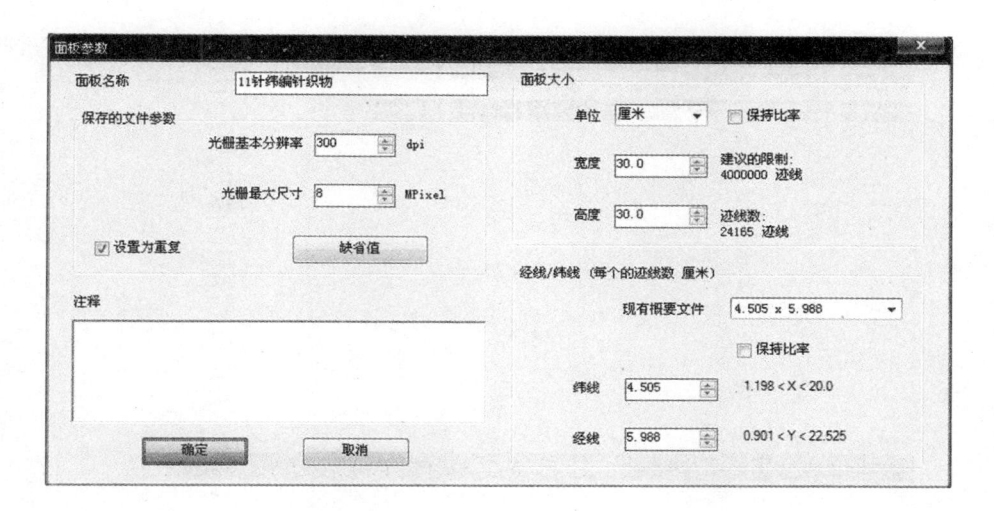

图 8-5　改变面板参数

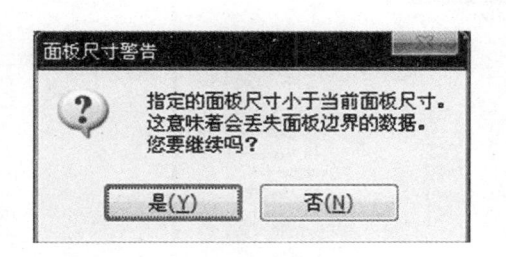

图 8-6　面板尺寸警告

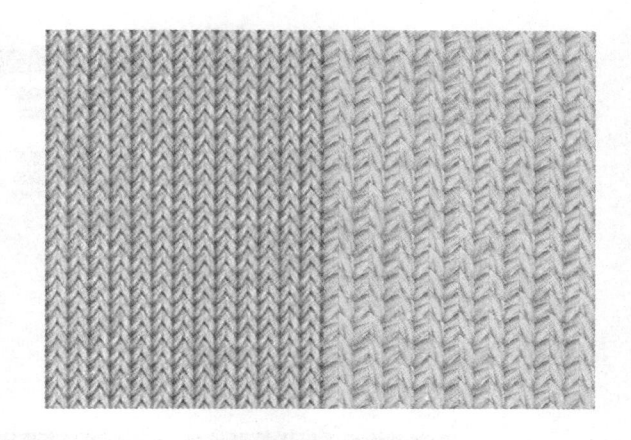

图 8-7　针织物密度变化后的效果对比

第二节　纱线设计

纱线设计包括创建纱线和移动交换纱线两步。在 Kaledo Knit 设计系统中配备了丰富的纱线库，设计人员可以很方便地通过【纱线选择器】找到相应的纱线模板。

一、创建纱线

具体操作步骤如下：

（1）创建纱线：在纱线选择器选项卡下，点击【添加】图标，弹出纱线选择器窗口，如图 8-8 所示。在纱线库（Yarn Library）中选择与设计相符的棉质三合股 S 捻纱线模板，如图 8-9 所示。点击【创建】，弹出纱线直径工作场所窗口，如图 8-10 所示。

217

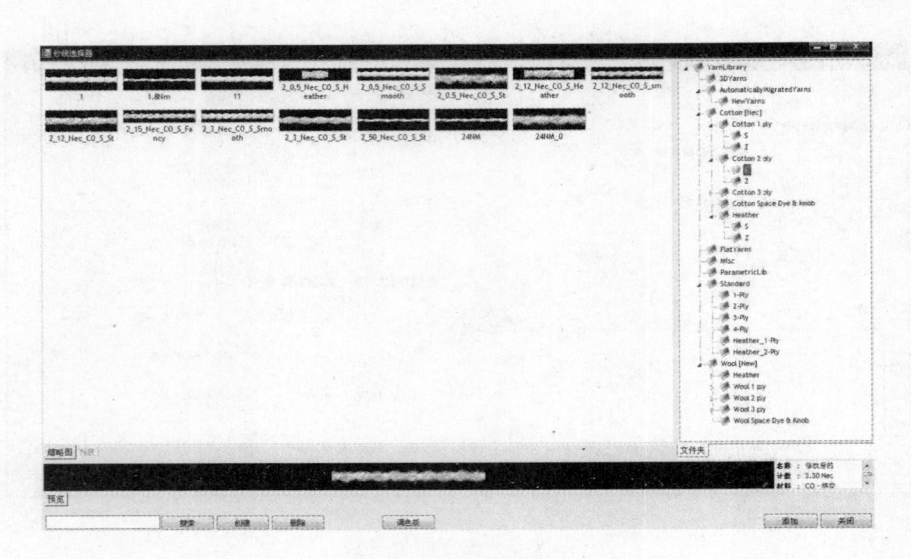

图 8-8　纱线选择器窗口

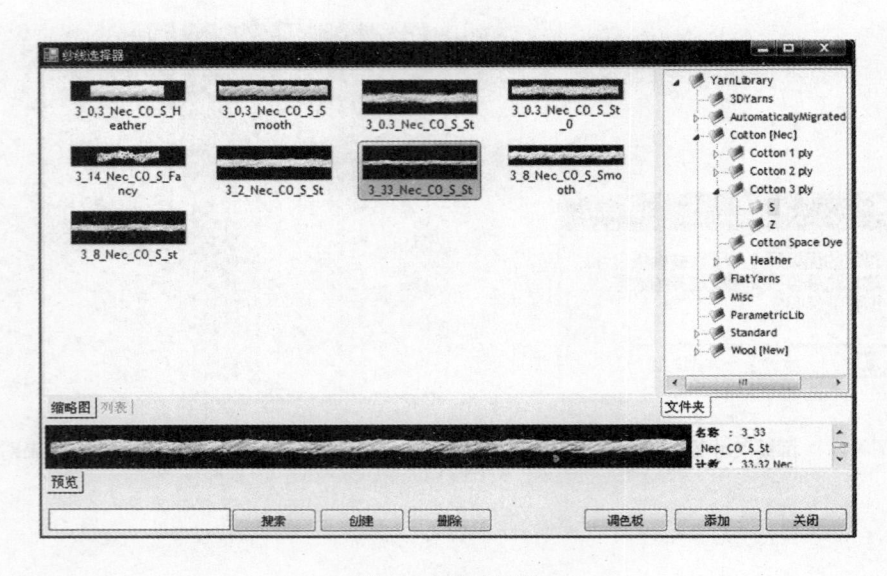

图 8-9　创建纱线

（2）修改纱线细度：在图 8-10 的纱线测量栏中，设计师可以根据需要设定纱线公制支数或直径，点击【另存为】，以系统默认的 *.kwy 格式保存新建纱线模板在原文件夹下，如图 8-11 所示。

（3）添加到纱线选择器：新建纱线保存完毕后，直接关闭纱线直径工作场所窗口，如图 8-12 所示，鼠标左键选中【纱线选择器】窗口中直径 0.7 的纱线模板，点击【添加】，关闭纱线选择器窗口。此时，新纱线被添加到纱线选择器中，如图 8-13 所示。

（4）替换面板织物纱线：在实际操作中需要删除之前的旧纱线，如图 8-14 所示，鼠标左键选中旧纱线图标后，再点击【除去】图标。如图 8-15 所示，单击确认对话框【是】，完成替换纱线，同时彩色纱线调色板中的纱线也随之被替换，如图 8-16 所示。

第八章　Kaledo Knit设计方法◀

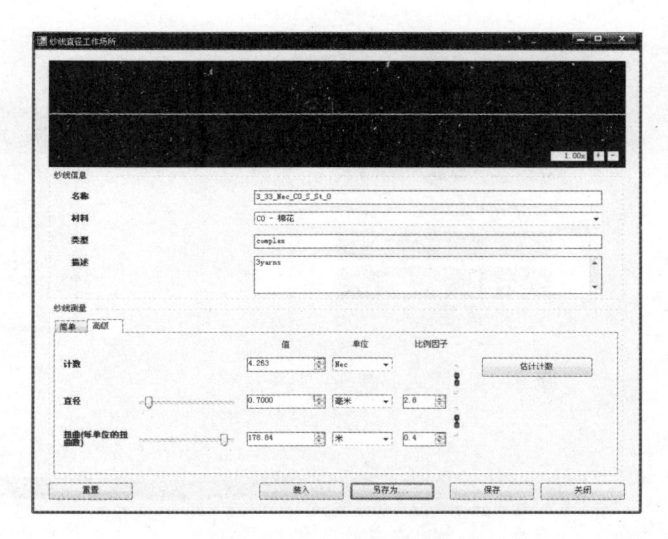

图 8-10　修改纱线细度

图 8-11　保存新的纱线模板

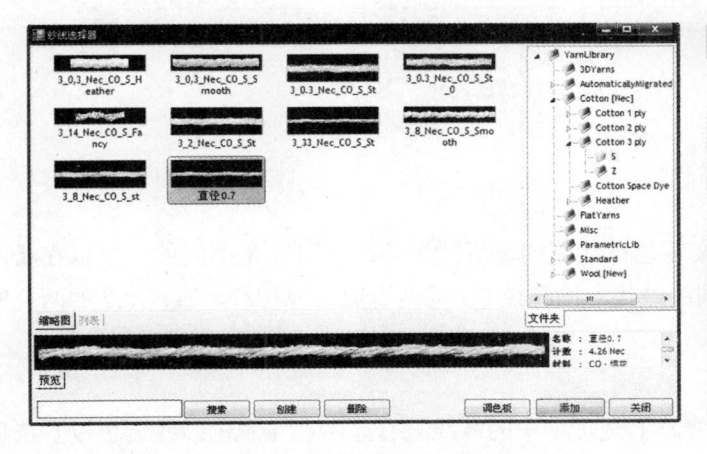

图 8-12　添加新建纱线至纱线选择器窗口　　　图 8-13　纱线选择器界面

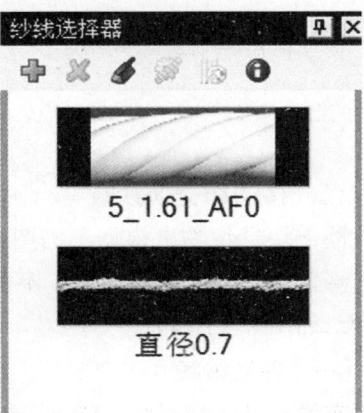

219

▶针织服装设计与CAD应用

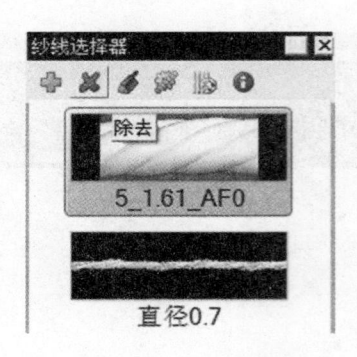

图8-14　除去旧纱线

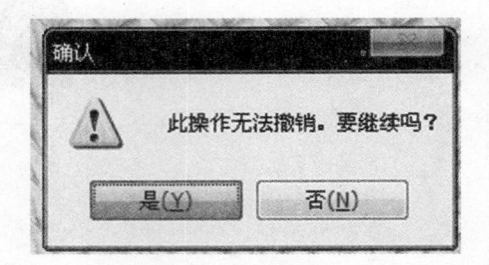

图8-15　警示窗口

图8-16　完成替换纱线

二、移动和交换纱线

同一块针织物上根据不同图案花色设计不同，所使用的纱线可以是不同的，可以在【纱线选择器】选项卡中添加若干不同的纱线，如直径0.7的两合股S捻棉纱、直径0.7的两合股毛纱，如图8-17所示。

（一）移动纱线

在设计针织面料时，【纱线选择器】选项卡中的纱线只有显示在【彩色纱线调色板】选项卡中才能被使用，所以设计前必须将【纱线选择器】选项卡中的纱线依次拖至【彩色纱线调

220

色板】选项卡中，因为同种规格纱线的颜色有可能不相同，所以在设计过程中，可以根据需要多次拖动同一根纱线，如图8-18所示。

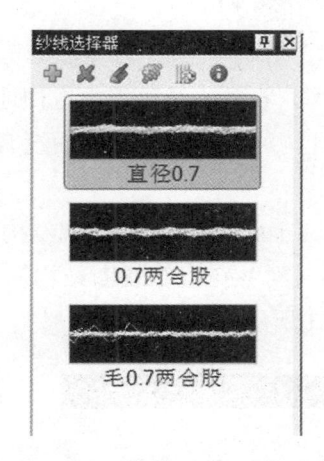

图8-17　织物种类设计　　　　　　　　　图8-18　移动纱线

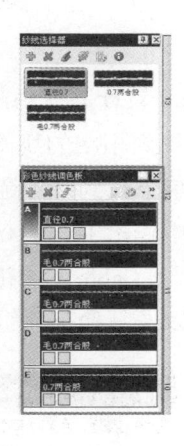

（二）交换纱线

根据设计的需要，在【彩色纱线调色板】选项卡中的纱线可以相互换位。使用鼠标左键选中并上下拖动就可以实现，但是纱线顺序位置的改变会影响织物外观效果，在进行设计时一定要注意，如图8-19所示（彩图见封三）。

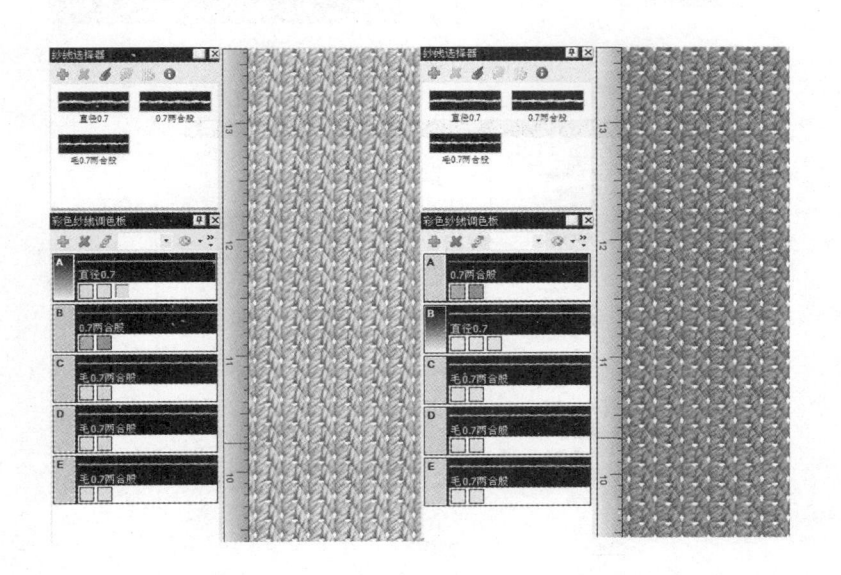

图8-19　纱线不同排列顺序带来的织物效果对比

（三）删除纱线

在设计过程中，设计师可以删除【彩色纱线调色板】选项卡中没有用到的多余彩色纱线，鼠标左键选中纱线图标后，再点击【除去】图标即可。

第三节 针织面料设计

在 Kaledo Knit 设计系统中配备了齐全的线圈结构库，设计人员可以很方便地通过【线迹选择器】选项卡找到相应的线圈结构进行织物组织设计。如果系统打开界面没有显示，可以在标题栏窗口菜单下找到线迹选择器，如图 8-20 所示。

线圈结构库中包括 Jersey（纬平针组织线圈结构）、Tuck（集圈组织线圈结构）、Miss（提花组织线圈结构）、Cable（绞花组织线圈结构）、Aran（阿兰花组织线圈结构）、Lsce（纱罗组织线圈结构）以及其他花色组织线圈结构，如图 8-21 所示。

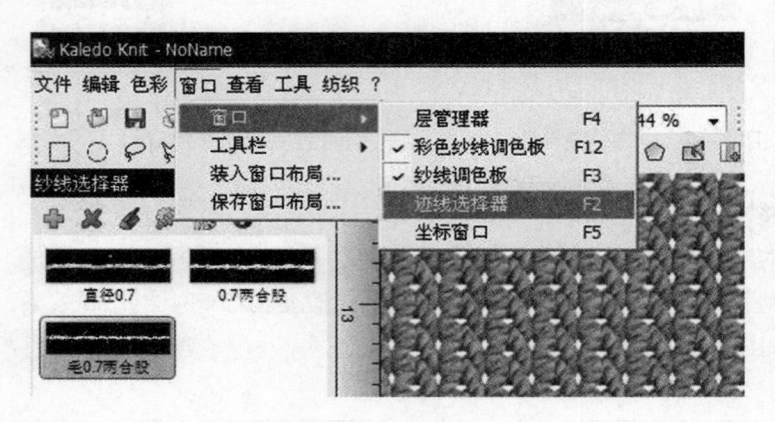

图 8-20 打开线迹选择器

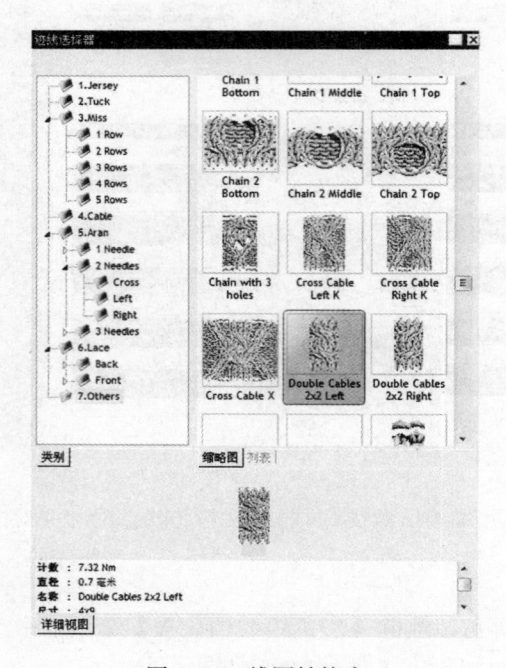

图 8-21 线圈结构库

一、素色针织物设计

设定好织物面板参数、纱线公制支数后,将【彩色纱线调色板】选项卡中多余的纱线删除,如图8-22所示,只保留一款"0.7两合股"纱线模板。鼠标选择【工具栏】中的【移动视图】图标 , 配合鼠标滚轴+Ctrl键控制窗口织物的大小与位置。在织物左下角可以显示与织物相关的名称、日期、大小、颜色、尺寸等信息。

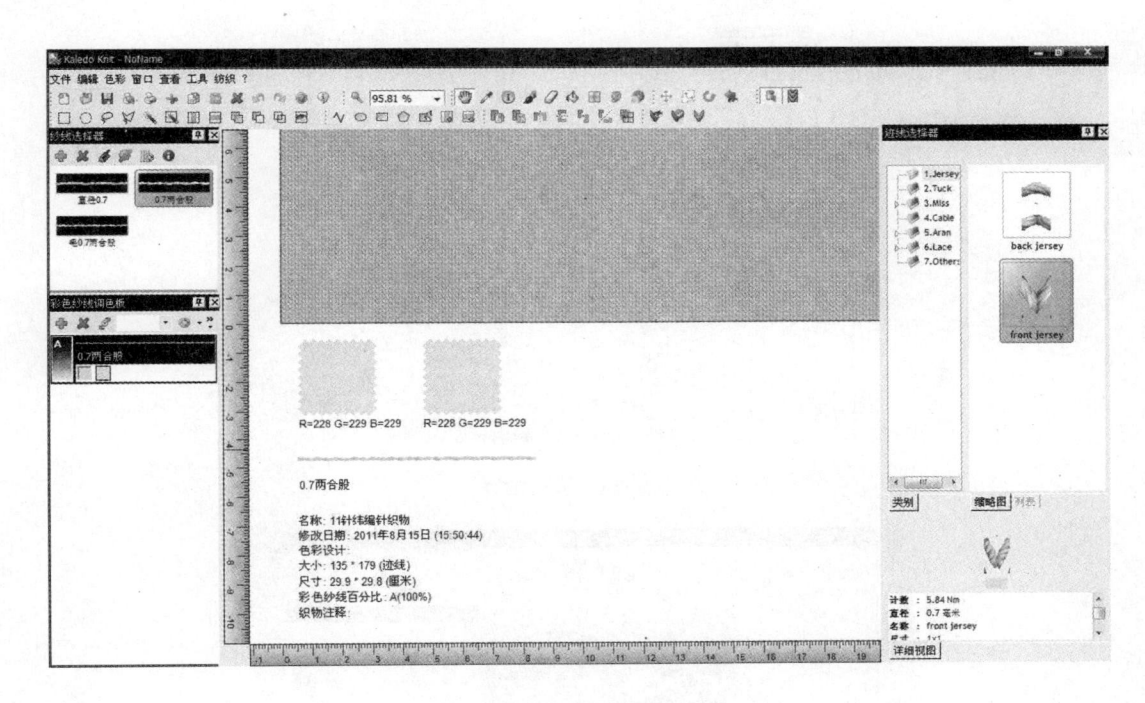

图8-22 素色织物界面设置

(一)简单素色针织物设计

以罗纹组织为例,其设计步骤如下:

(1)选择区域:鼠标点击【工具栏】中的【矩形选择区域】图标 [ ],鼠标回到织物面板,从左下角第一个线圈开始选择高度为8个横列、宽度为2针的线圈范围,点击鼠标左键确定,如图8-23所示,所选中的线圈被红色网格所覆盖。若选择失误,可以Ctrl+D取消选择。

(2)填充组织:首先在【线迹选择器】选项卡中打开Jersey(纬平组织针线圈结构)文件夹,选中【back jersey】图标 。然后鼠标点击【工具栏】中的【油漆桶】图标 ,鼠标回到织物面板网格处点击任意一个线圈,如图8-24所示,红色网格内的线圈全部变成纬平针反面线圈结构。

(3)循环组织:首先鼠标点击【工具栏】中的【矩形选择区域】图标 [ ],鼠标回到织物面板,从左下角第一个线圈开始选择高度为8个横列、宽度为4针的线圈区域,点击鼠标左键确定。然后鼠标点击【工具栏】中的【复制所选内容】图标 ,再点击【粘贴复制多个

223

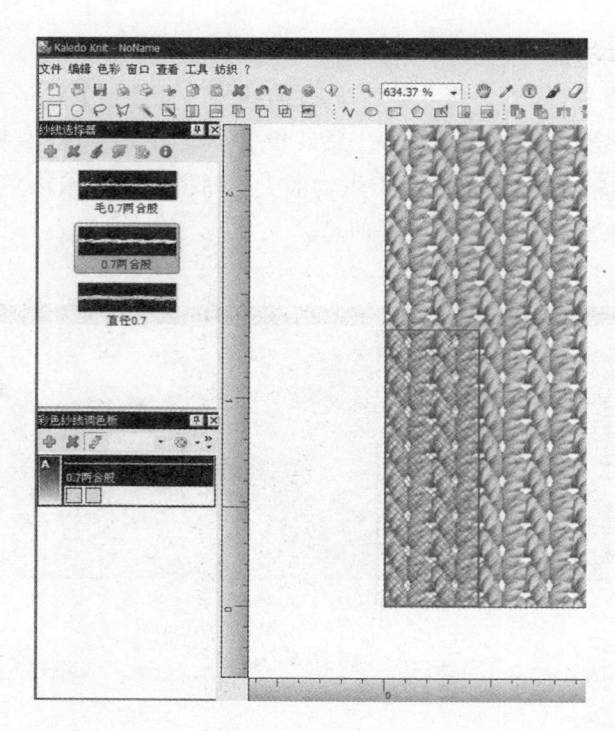

图 8-23 选择区域

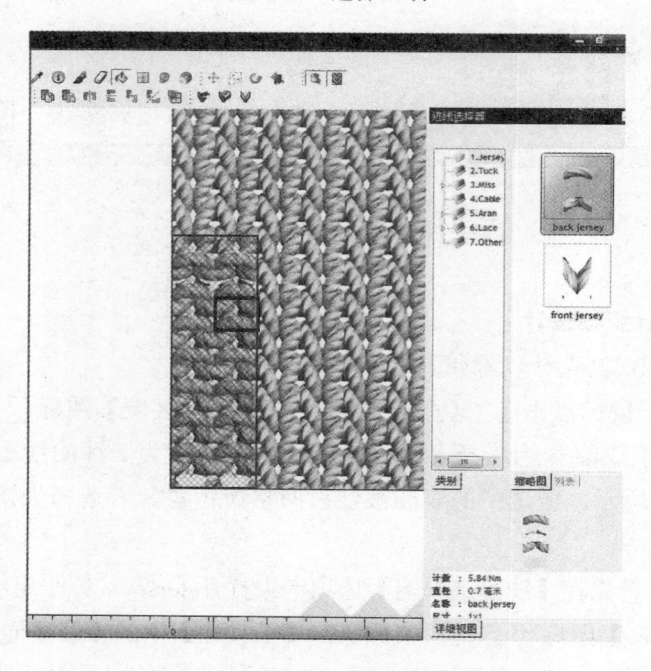

图 8-24 区域性填充织物组织

所选项】图标 ![icon]。此时红色网格可以自由移动，鼠标将其放回原位点击左键，如图 8-25 所示，随即出现重复尺寸窗口。根据设计高度定为 1，宽度定为 2，点击【确定】即可完成罗纹组织循环效果，如图 8-26 所示。

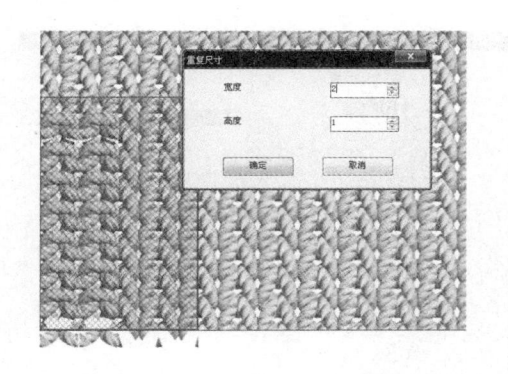

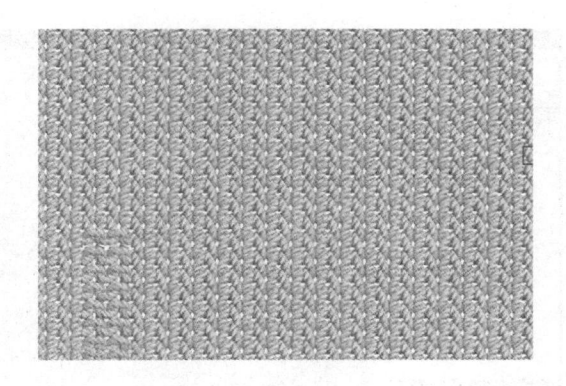

图 8-25 组织循环设置　　　　　　　　　　图 8-26 罗纹组织循环效果

（4）选择行：首先鼠标点击【工具栏】中的【选择行】图标，如图 8-27 所示，鼠标回到织物面板，在罗纹组织之上选取两横列线圈，用【back jersey】填充。然后以 Ctrl+D 取消选择即可。

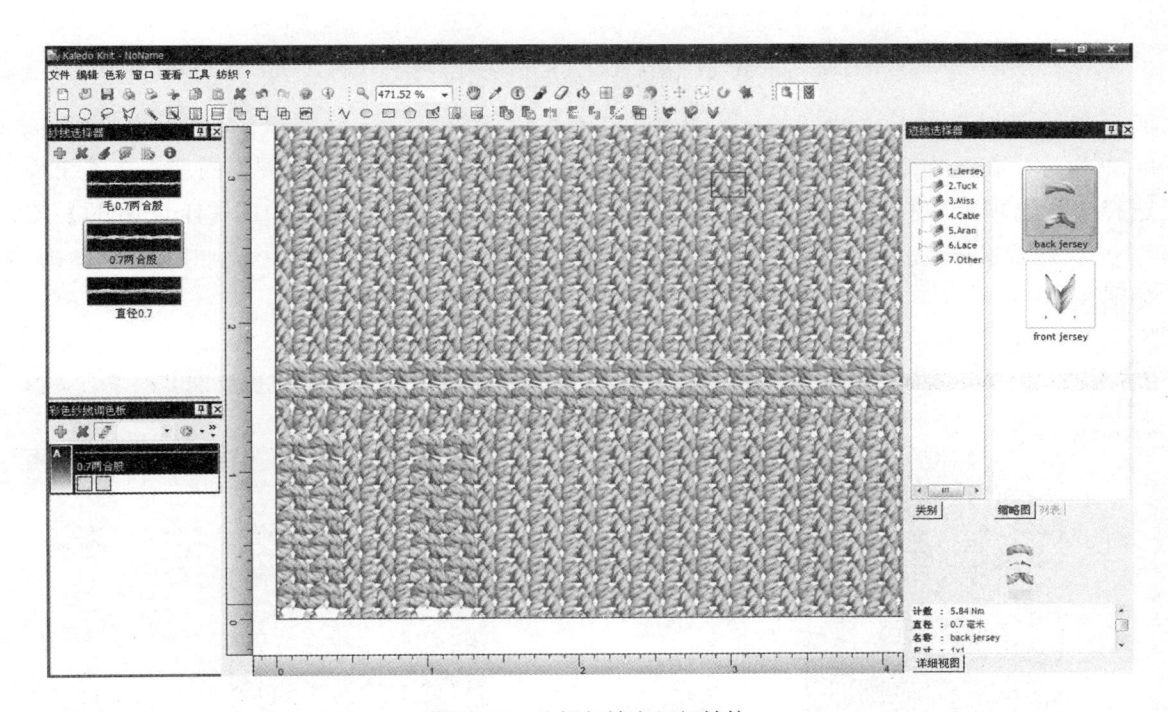

图 8-27 选择行填充组织结构

（5）画笔填充：首先在【线迹选择器】选项卡中打开 Miss（提花针线圈结构）文件夹，选中 3 Rows 中的【Back】图标。然后鼠标点击【工具栏】中的【徒手绘制工具】图标，如图 8-28 所示，在织物面板中点击添加。

（6）纱罗组织填充：在【线迹选择器】选项卡中打开 Lace（挑眼针线圈结构）文件夹，选中 Left 中的【Hole Left】图标。然后鼠标点击【工具栏】中的【徒手绘制工具】，如图

225

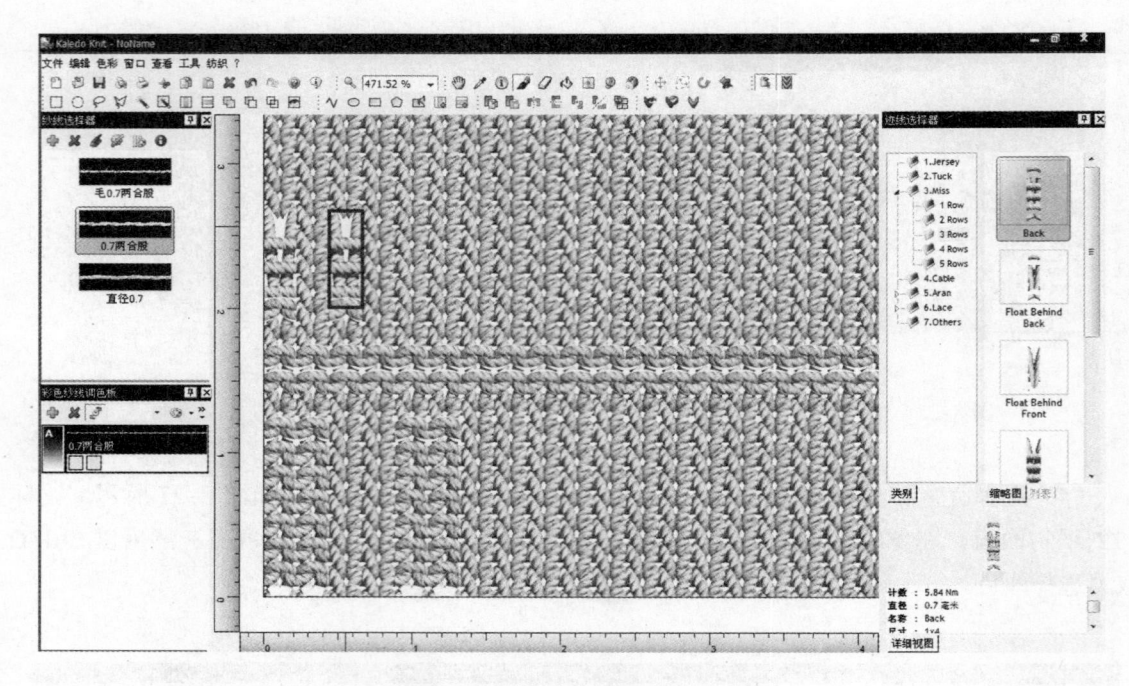

图 8-28 画笔绘制提花组织结构

8-29 所示，在织物面板选定线圈位置中点击鼠标左键绘制新的挑眼线圈。同理，在【线迹选择器】选项卡中打开 Lace（挑眼针线圈结构）文件夹，选中 Right 中的【Hole Right】图标 。然后鼠标点击【工具栏】中的【徒手绘制工具】图标，在织物面板中绘制对称移圈结构，如图 8-30 所示。

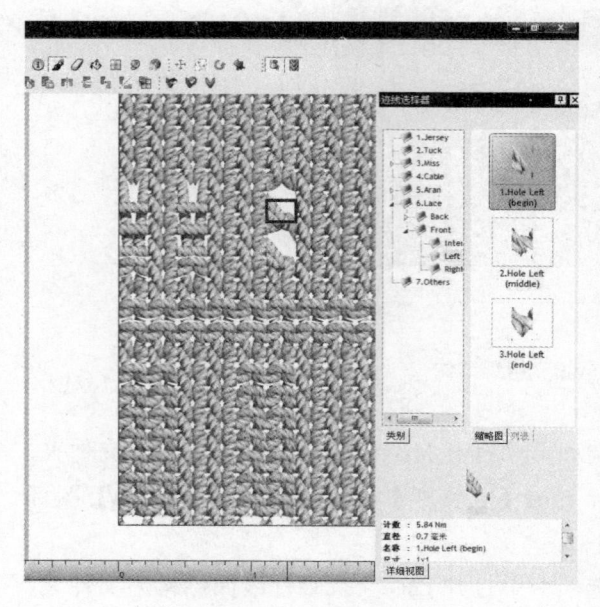

图 8-29　绘制左向挑眼线圈　　　　　　　　图 8-30　绘制右向挑眼线圈

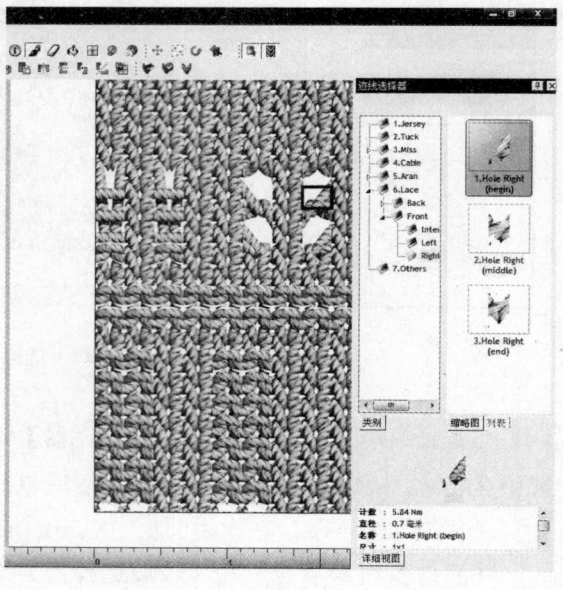

（7）组织结构循环：如图8-31所示，使用【矩形选择区域】图标选定循环元素。再点击【复制所选内容】图标和【粘贴复制多个所选项】图标。鼠标将选定的循环元素放回原位点击左键，如图8-32所示，随即出现重复尺寸窗口。高度和宽度输入值尽可能大，如图8-33所示，点击【确定】即可完成。最后使用快捷键 Ctrl+D 取消红色网格即可。

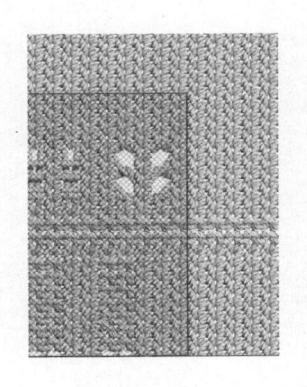

图 8-31　框选循环单元元素

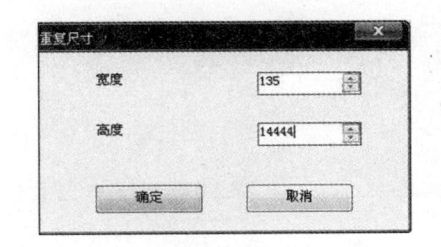

图 8-32　设置循环数量

（二）调线针织物设计

调线组织（Striped knitted fabric）又称为横行连接组织。它是在编织过程中轮流改变喂入的纱线，用不同种类的纱线组成各个线圈横列的一种纬编花色组织。调线针织物的外观取决于选用的纱线特征和组织结构的变化，可以得到彩色横条纹织物或凹凸条纹织物。由于调线组织可以在任何纬编组织的基础上进行，所以在针织物组织篇章中没有介绍，下面以一款实例进行操作演示。

图 8-34 所示（彩图见封三）的调线组织设计，首先是利用双反面组织中的正反面线圈结构进行相互配合设计，得到一个单位花型循环元素，再将花型循环到整个针织物中，然后进行色纱选配，最后将色纱横条循环到该针织物中。具体设计步骤如下：

图 8-33　完成素色针织物设计

（1）单位循环图案：如图 8-35 所示，使用【工具栏】中的【绘制矩形】和【在填充/轮廓模式之间进行切换】以及【纬平针反面线圈结构】绘制单位循环图案。

（2）旋转图案：使用【矩形选择区域】图标选定循环图案元素，再点击【复制所选内容】图标和【180°旋转】图标，将红色选区放置在对角线位置点击鼠标左键即完成，如图 8-36 所示。点击鼠标右键取消复制工作，红色选区回到原始位置。

（3）色纱设计：如图 8-37 所示，使用【矩形选择区域】图标选定循环元素图案，将

227

▶针织服装设计与CAD应用

图 8-34　设计实例

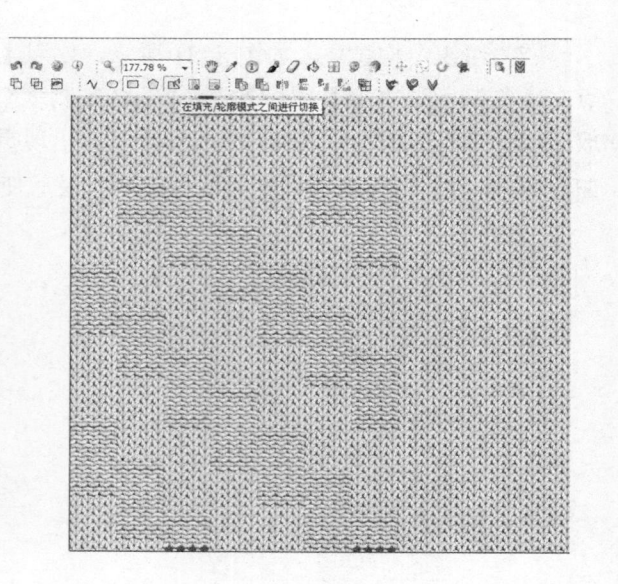

图 8-35　单位循环图案设计

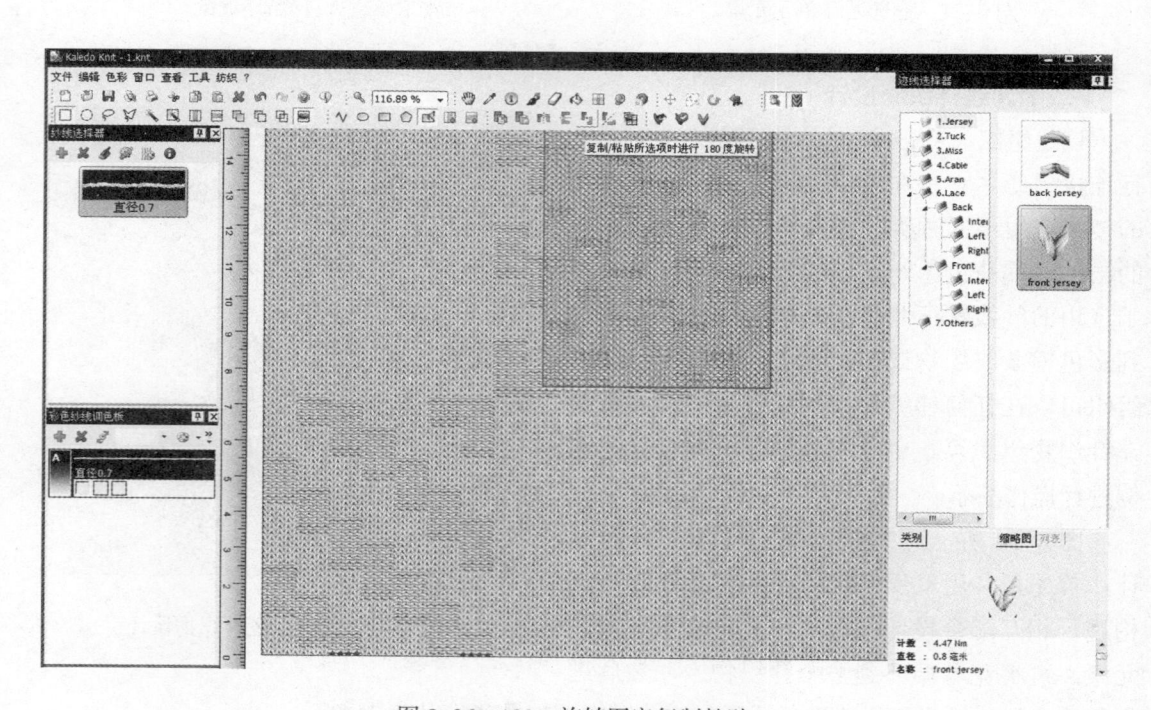

图 8-36　180°旋转图案复制粘贴

【纱线选择器】选项卡中的纱线使用鼠标左键拖至【彩色纱线调色板】选项卡中，建立【纱线B】。然后打开【彩色纱线调色板】选项卡中【季节调色板】图标 。

如图 8-38 所示，装入之前保存的"主题一，苏醒.lpx"调色板。如图 8-39 所示（彩图见封三），将其中的色彩分别拖至【彩色纱线调色板】选项卡纱线色标中，从而替换系统默认的灰色。注意：在【彩色纱线调色板】内拖动色标时，按住 Shift 键可以复制色标。在同一纱

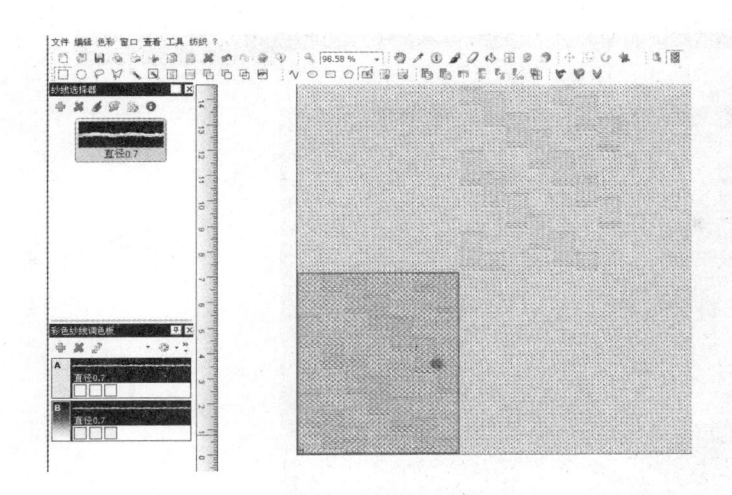

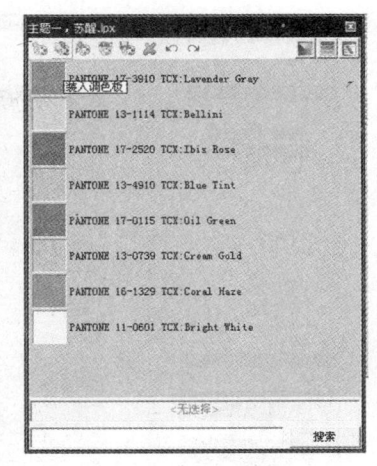

第八章　Kaledo Knit设计方法 ◀

图 8-37　创建纱线 B　　　　　　　图 8-38　季节调色板

线中按住 Ctrl 键可以交换纱线色标。

（4）变换织物色彩：鼠标点击【工具栏】中的【油漆桶】图标 和反显【使用色彩纱线】图标 ，在确定色纱 B 为反显选中状态下，鼠标回到织物面板网格处点击任意一个线圈，如图 8-40 所示（彩图见封三），红色网格内的线圈在结构不变的情况下，颜色全部替换为"色纱 B"。

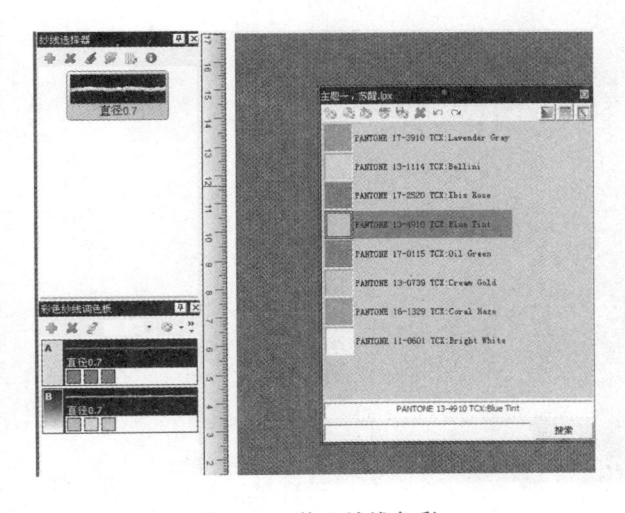

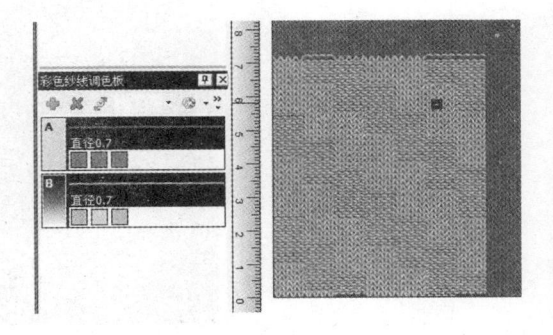

图 8-39　装入纱线色彩　　　　　　　图 8-40　改变区域纱线色彩

（5）变换组织：在反显【使用色彩纱线】图标 和【使用调色板】图标 的情况下，使用【在面板中选择线迹】图标 ，选定循环图案内正面线圈元素，此时，所有色纱 B 的正面线圈全都被选中。然后在【彩色纱线调色板】中鼠标选中纱线 A，再打开【线迹选择器】选项卡中的 Jersey（纬平组织针线圈结构）文件夹，选择【back jersey】组织结构 ，使用【工具栏】中的【油漆桶】 填充红色选区，如图 8-41 所示（彩图见封三）。同理，如图 8-42

229

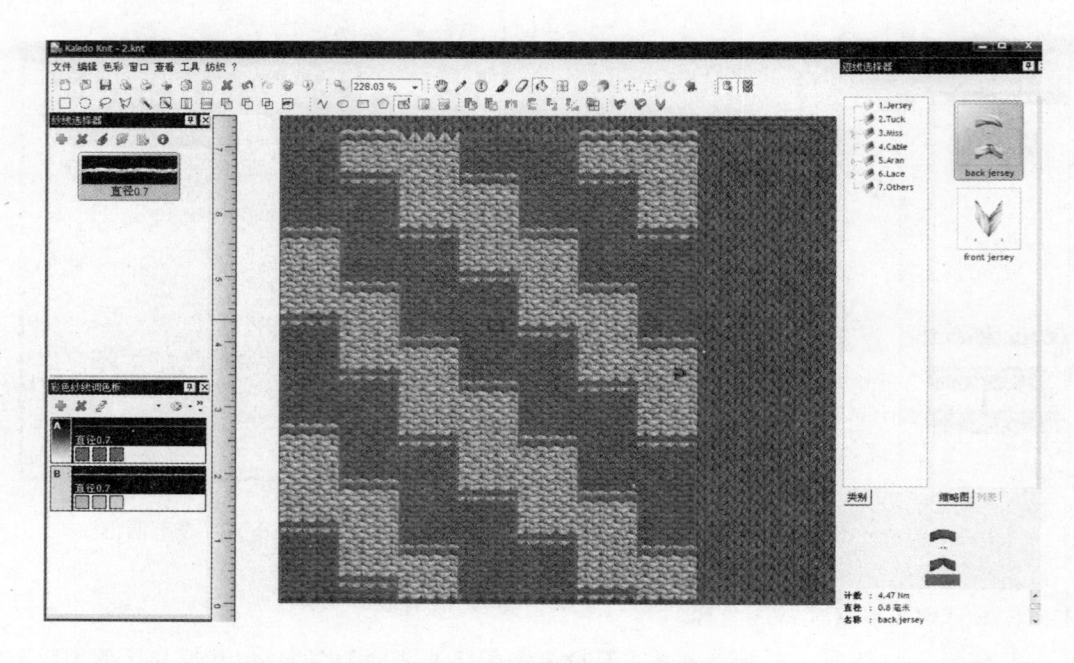

图 8-41 变换区域组织结构

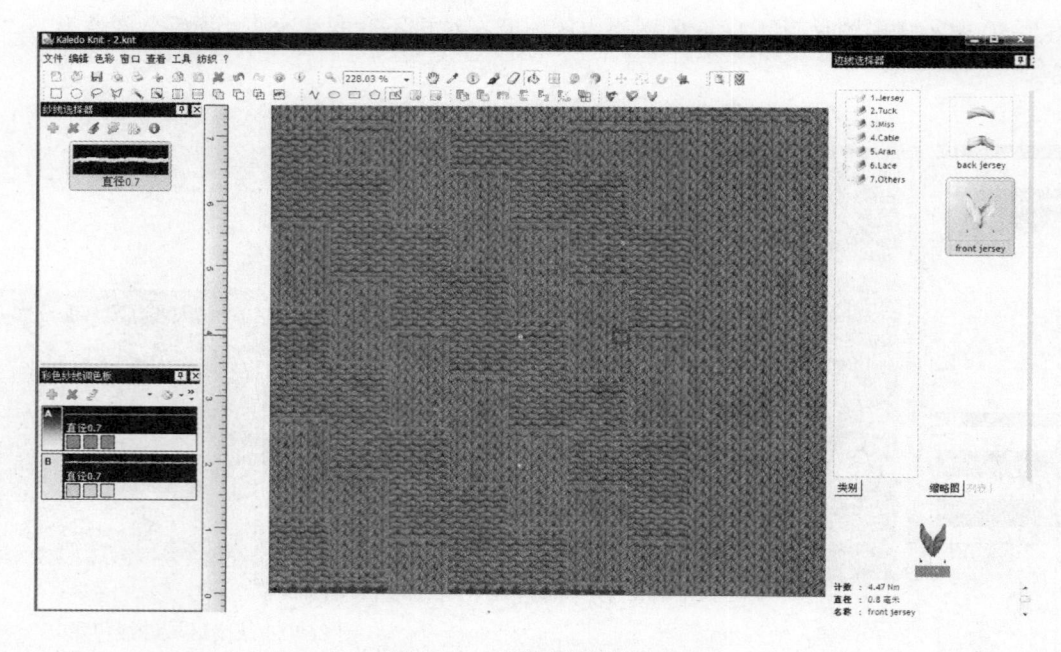

图 8-42 完成反向组织设计

所示（彩图见封三），鼠标重新选中色纱 B 后，再改变原先色纱 B 部分的组织和色彩。

（6）重组循环图案：同步骤（2）的方法一样，使用【矩形选择区域】图标、【复制所选内容】图标和【180°旋转】图标。如图 8-43 所示，组合完成新的循环单位元素设计。

第八章　Kaledo Knit设计方法◀

图 8-43　新的循环单位元素设计　　　　　图 8-44　完成素色面料花型循环设计

（7）完成面料花型循环：如图 8-44 所示完成面料花型循环设计。

（8）色纱循环设计：在【彩色纱线调色板】选项卡中建立几根纱线的设定与这块针织面料需要几种纱线相关。可根据设计需要建立色纱循环，将季节调色板中的色彩拖至色纱 A 和色纱 B 的色标中，如图 8-45 所示。可以建立多色绞合股色纱，也可以建立单色合股色纱，如图 8-46 所示。

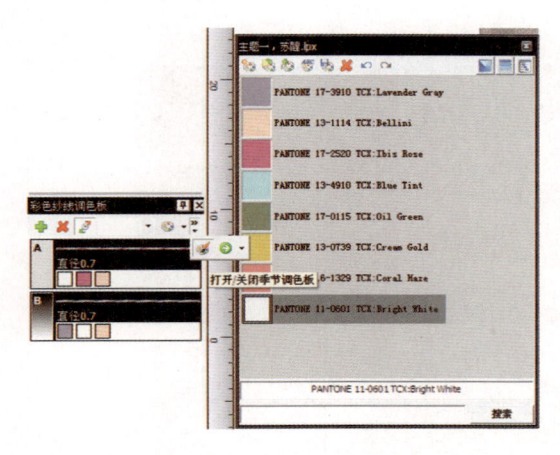

图 8-45　建立色纱循环　　　　　图 8-46　3 色绞合色纱与单色 3 合股色纱

（9）色纱填充：在花型循环区域内，点击工具栏中的【横向选择】，在织物中根据色彩搭配比例关系选择色纱区域，使用【油漆桶】分别填充不同的色纱区域。最后如图 8-47 所示，使用【矩形选择区域】图标选择最大花型色彩循环元素，再点击【复制所选内容】图标和【粘贴复制多个所选项】图标完成整块针织物的色纱循环设计。在做重复尺寸之前，务必注意查看工具栏中的【使用调色板】图标是否处于关闭状态，以避免组织结构同时发生循环现象。

231

▶针织服装设计与CAD应用

调线组织设计效果模拟如图 8-48 所示。

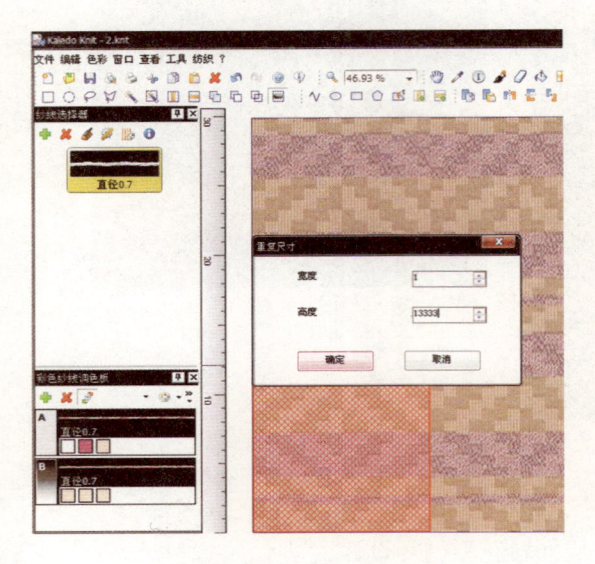

图 8-47　色彩循环设计　　　　　　　　　图 8-48　调线组织完成效果

（10）色彩设计：相同原料、相同组织结构的织物，通过改变【彩色纱线调色板】选项卡中纱线的色标，织物所呈现的情感也不相同，如图 8-49 所示。除了可使用同一个季节调色板内的色标做色彩系列设计以外，还可以通过 Kaledo Knit 设计系统的【色彩设计】来实现色

图 8-49　系列色彩设计

232

彩设计系列。以图8-50所示的设计为例：两种色纱总共使用了6个色标颜色，如图8-51所示。Kaledo Knit设计系统将自动进行6种色标间的随机相互配色，如图8-52所示，点击工具栏中的【色彩设计】图标，会弹出色彩设计窗口。鼠标点击【添加拖拽】图标。右边窗口即可出现系统自动生成的设计方案。其右下角可以给设计方案命名。如图8-53所示，点击确定后生成的设计方案可以在【彩色纱线调色板】选项卡下拉菜单中显现出来，方便设计师查找。

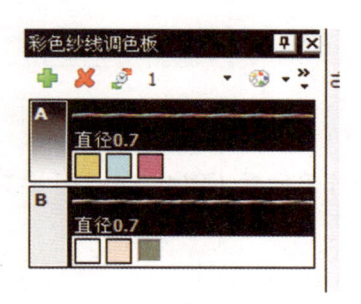

图8-50　设计案例　　　　　　　　　　　图8-51　色纱数量与色标设计

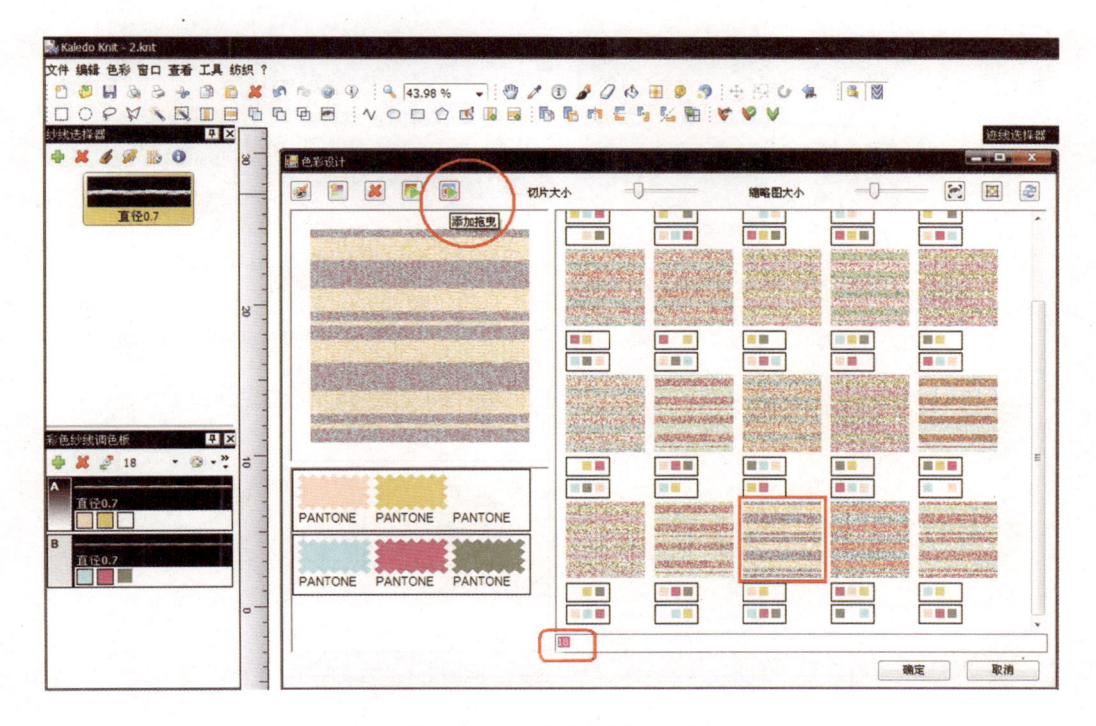

图8-52　随机色彩设计命名

233

▶ 针织服装设计与CAD应用

图 8-53　查找设计方案

（三）作品欣赏（图 8-54～图 8-75）

图 8-54　作品一

图 8-55　作品二

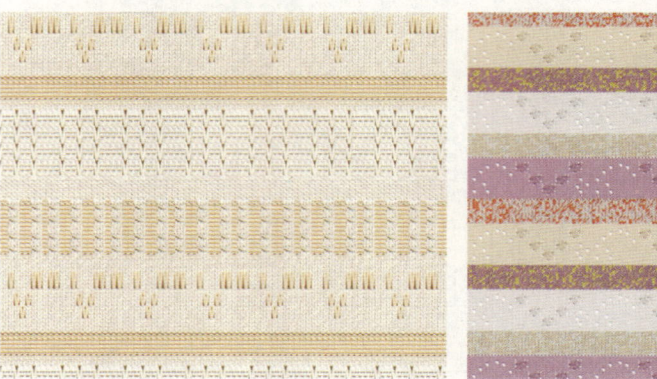

图 8-56　作品三

图 8-57　作品四

第八章 Kaledo Knit设计方法

图 8-58 作品五

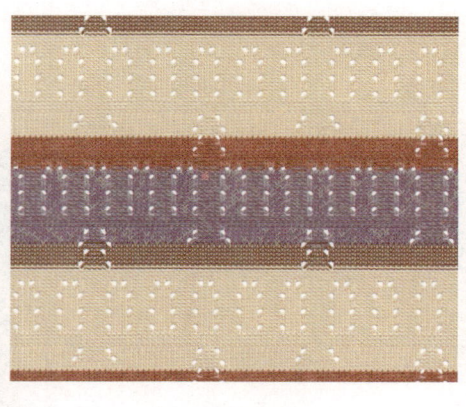

图 8-59 作品六

图 8-60 作品七

图 8-61 作品八

图 8-62 作品九

图 8-63 作品十

▶针织服装设计与CAD应用

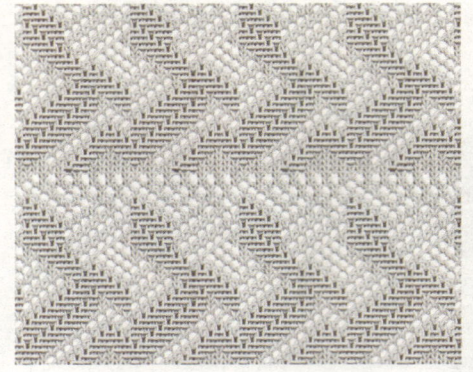

图 8-64　作品十一

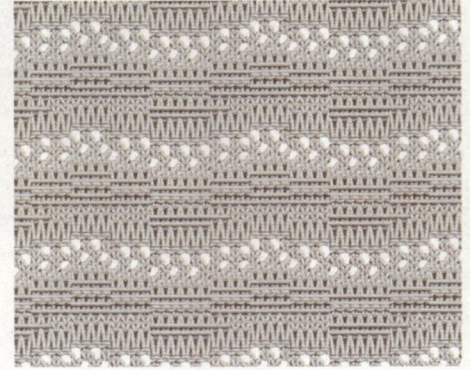

图 8-65　作品十二

图 8-66　作品十三

图 8-67　作品十四

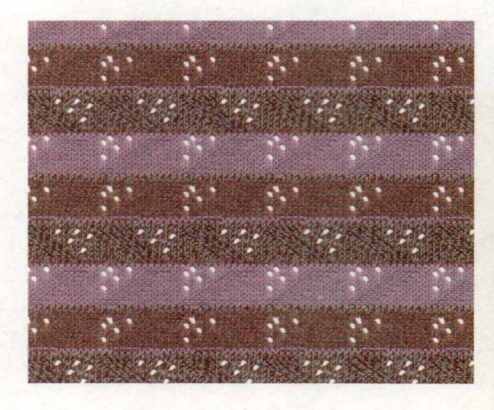

图 8-68　作品十五

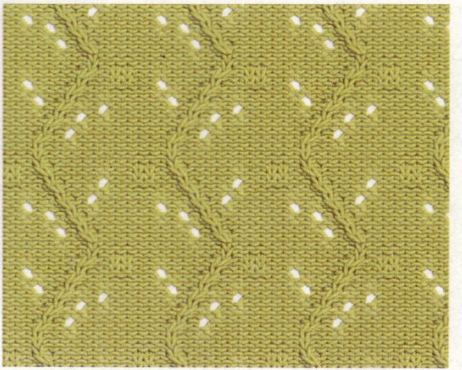

图 8-69　作品十六

236

第八章 Kaledo Knit设计方法

图 8-70 作品十七

图 8-71 作品十八

图 8-72 作品十九

图 8-73 作品二十

图 8-74 作品二十一

图 8-75 作品二十二

237

二、色彩提花针织物设计

色彩提花在针织产品设计中指嵌花设计、单面提花设计和双面提花设计。由于织造工艺的特点，针织物的提花设计所形成的花型具有逼真、别致细腻、纹路清晰的特点，如图 8-76 所示。

图 8-76　色彩提花设计案例

（一）菱形嵌花设计

利用 Kaledo Knit 设计软件，菱形嵌花设计过程需要完成两部分内容：创建单位循环花型、复制所选内容。具体操作步骤如下：

（1）保存面板模板：如图 8-77 所示，首先按照设计需要设定纱线原料及线密度或纱线

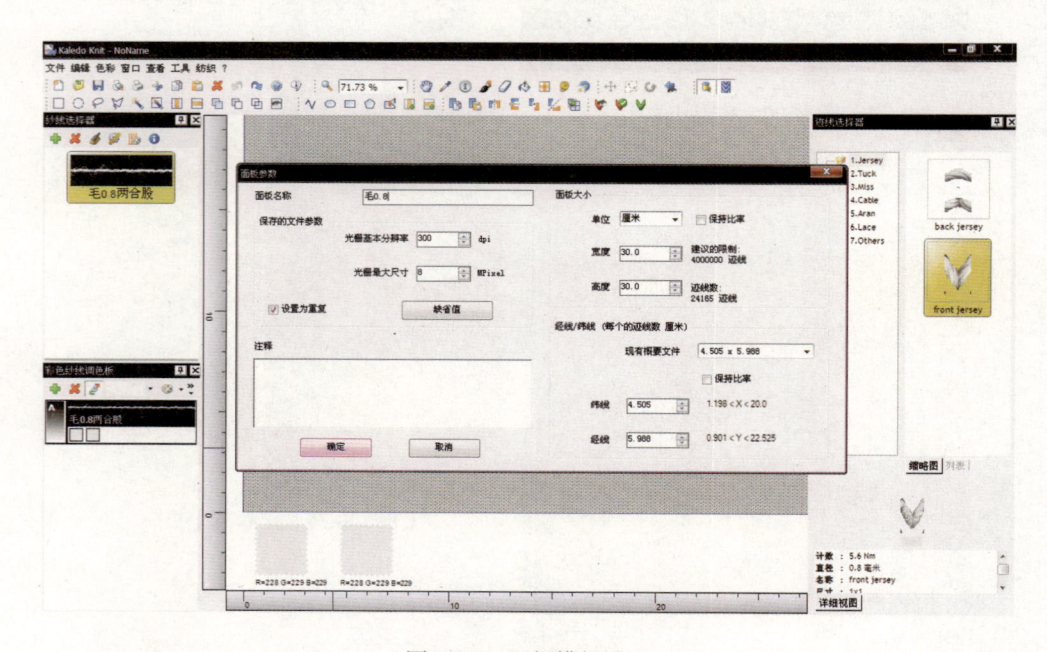

图 8-77　面板模板设置

直径，然后单击标题栏【文件】选项，在下拉菜单中选择【面板参数】，会弹出面板参数窗口，修改面板名称、面板大小以及经线/纬线。创建完新的模板之后，在【文件】选项下拉菜单中单击【另存为模板】，会弹出面板参数窗口，命名为"毛0.8两合股"将其保存到系统默认的 Templates 文件夹下，如图 8-78 所示，则以后设计时可以直接使用。

图 8-78 保存面板模板

（2）设计色纱颜色：根据设计预想需要使用 5 种色纱分别作为底色、菱形 3 色以及提线色。如图 8-79 所示，从【纱线选择器】选项卡中拖出 4 次纱线模板至【彩色纱线调色板】选

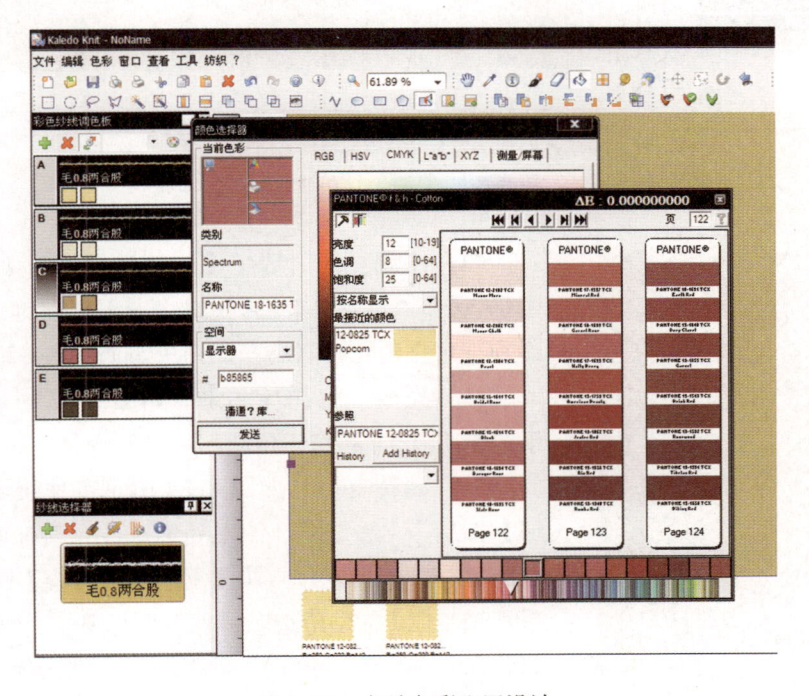

图 8-79 色纱色彩配置设计

239

项卡中，再用鼠标左键双击色纱色标，单击弹出【颜色选择器】窗口中的【潘通？库】按钮，系统将弹出 PANTONE 窗口，双击确定设计所需要的颜色，分别完成 5 种色纱色标的色彩配置。

（3）绘制三角形：绘制前，首先确定 图标是否处于反显工作状态，选择【front jersey】图标 。然后，如图 8-80 所示，选中【工具栏】中的【绘制多边形】 和【在填充/和轮廓之间进行切换】图标 ，选定"色纱 B"，鼠标回到面板左下角，按照标尺绘制直角三角形。注意：按 Shift 键绘制直线，转折点处点击左键确定，结束绘制点击鼠标右键完成。图 8-81 为已绘制好的三角形。

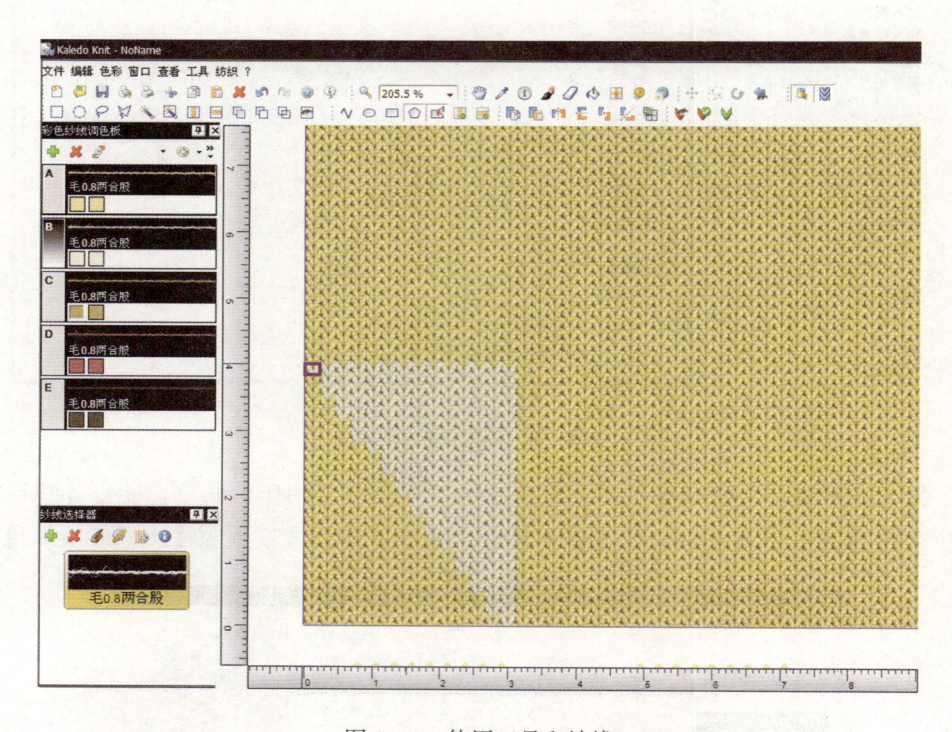

图 8-80　使用工具和纱线

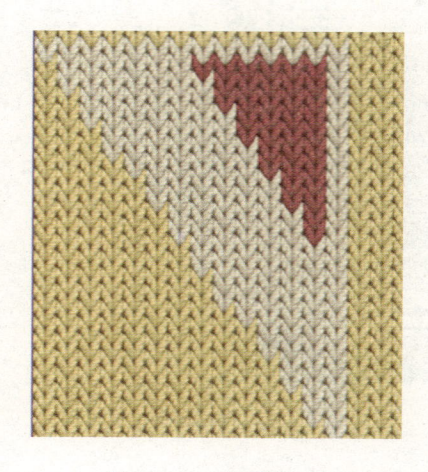

图 8-81　三角形绘制

（4）绘制直线：选中【工具栏】中的【绘制多义线】图标 和"色纱 E"，回到织物左下角左键点击第一个线圈到三角直角点，双击左键结束，如图 8-82 所示。

（5）完成单位循环元素：如图 8-83 所示，使用【徒手绘制工具】 将三角图案的色彩变化补充完整。

（6）旋转复制：如图 8-84 所示，使用【矩形选择区域】图标 选定循环图案元素，注意避让对称轴，如图 8-85、图 8-86 所示。点击【复制所选内容】图标 和【沿垂直轴复制/粘贴所选项镜像】图标 ，然后将红色选区放置在对称轴右侧位置，点击鼠标左键完成。以相同操作完成菱形嵌花单位循环如图 8-86 所示。

第八章　Kaledo Knit设计方法

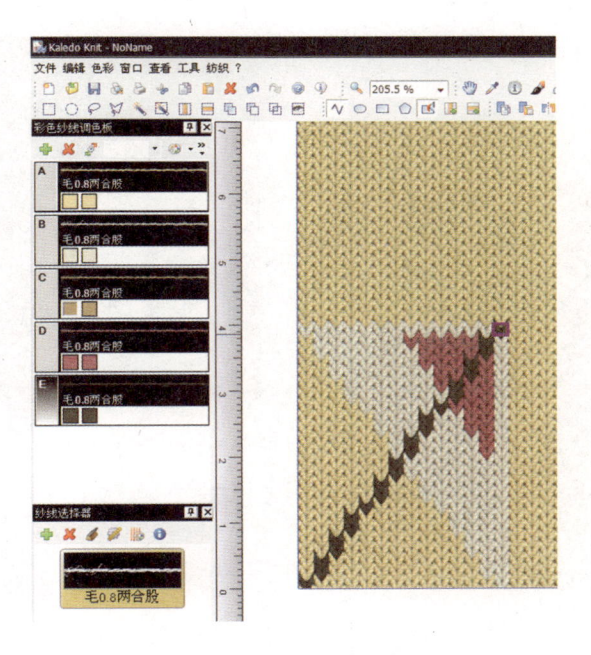

图 8-82　绘制嵌花提线

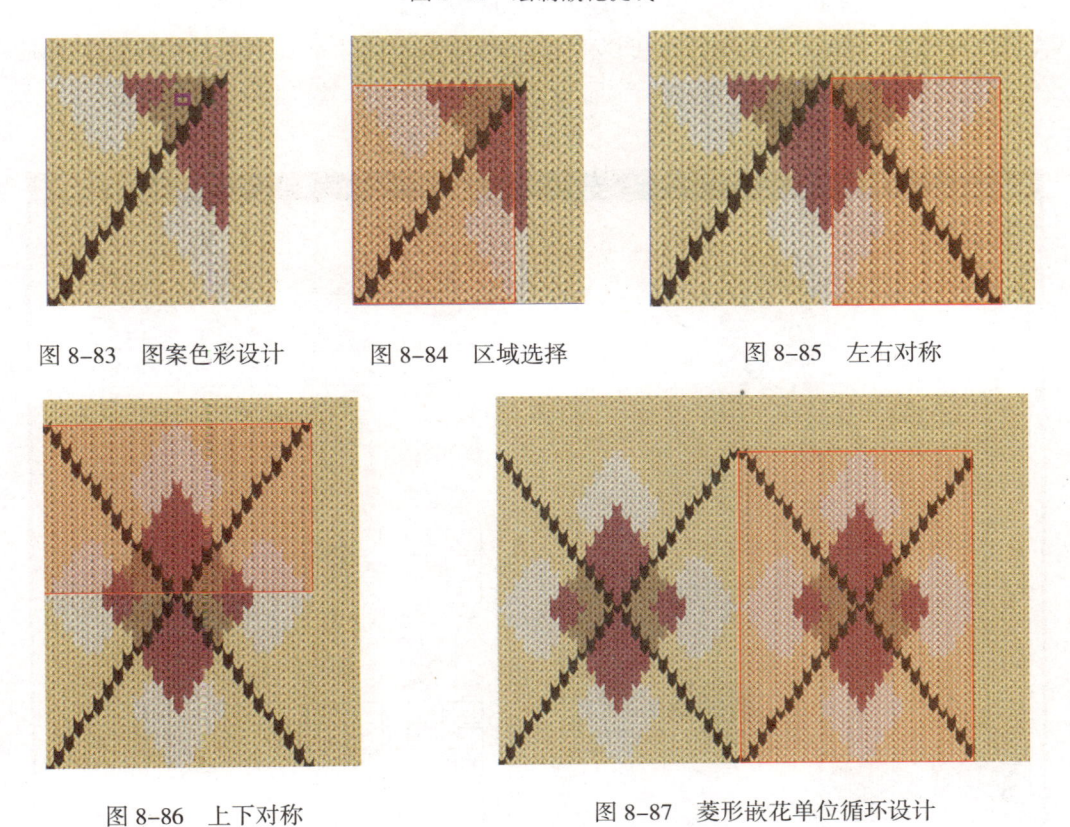

图 8-83　图案色彩设计　　　图 8-84　区域选择　　　图 8-85　左右对称

图 8-86　上下对称　　　　　图 8-87　菱形嵌花单位循环设计

（7）设计花色组合：如图 8-87 所示，选择复制一个新的菱形嵌花。如图 8-88 所示，使用【工具栏】中的【油漆桶】改变菱形色彩配合。

241

图 8-88　改变局部色彩　　　　　　　　　图 8-89　完成图

（8）完成：如图 8-89 所示，使用【复制所选内容】和【粘贴复制多个所选项】图标完成嵌花针织物设计。同时也可以通过 Kaledo Knit 设计系统的【色彩设计】工具，修改色彩设计方案，如图 8-90 所示。

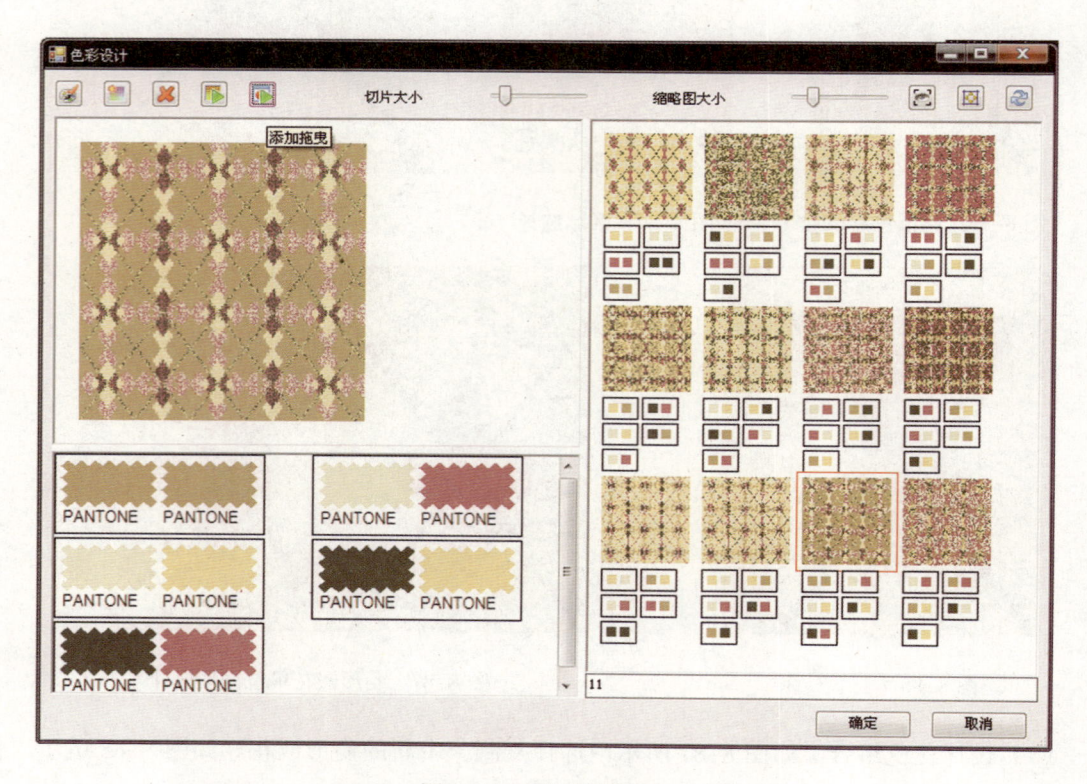

图 8-90　系列色彩设计

（二）单/双面提花设计

单/双面提花设计有两种方法。

1. 色彩减色法

该法是利用现有的位图图像经过色彩减色后插入到针织模板中。下面通过实际案例，分步讲解用色彩减色法进行提花设计。位图真彩图像如图 8-91 所示，单/双面提花模拟如图 8-92 所示。具体操作步骤如下：

图 8-91　位图真彩图像　　　　　　图 8-92　双面提花模拟

（1）处理位图真彩图像：打开 Kaledo Print，如图 8-93 所示，先将位图真彩图像减少为 5 种主要色彩，然后打开【文件】下拉菜单，点击【导出】，将图片以 *.tif 格式命名导出保存，

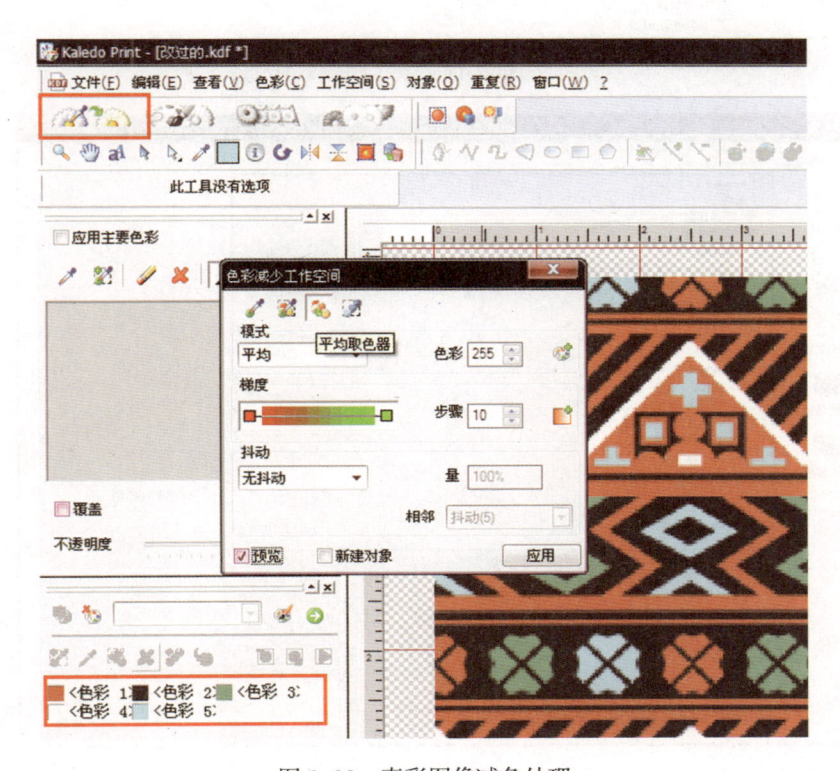

图 8-93　真彩图像减色处理

243

▶针织服装设计与CAD应用

如图8-94所示，导出图片时，注意要将图案尺寸修改为针织面料尺寸的约数，以方便后面的循环设计。

（2）打开模板：单击【打开】图标，将之前保存的"毛0.8两合股"模板打开，如图8-95所示。

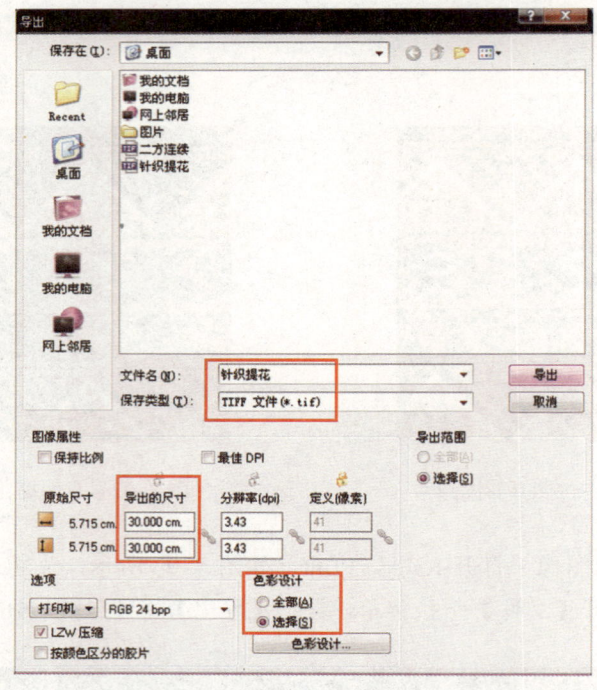

图8-94 导出

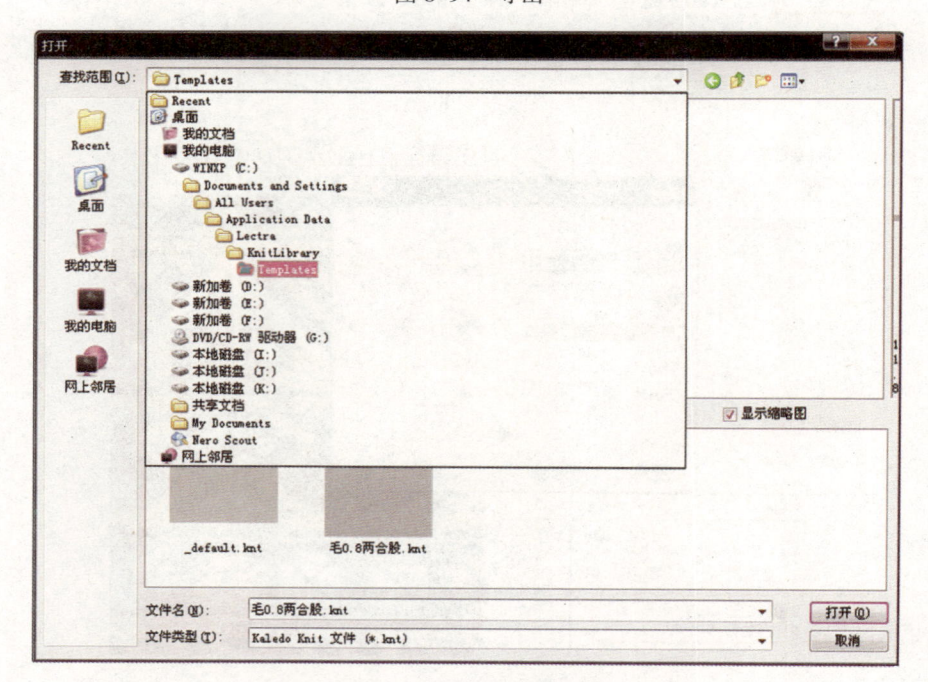

图8-95 打开针织面料模板

244

第八章　Kaledo Knit设计方法◀

（3）插入图像：如图 8-96 所示，单击标题栏【文件】下拉菜单中的【插入图像】，会弹出打开窗口，选中打开刚才保存的"针织提花.tif"，如图 8-97 所示。

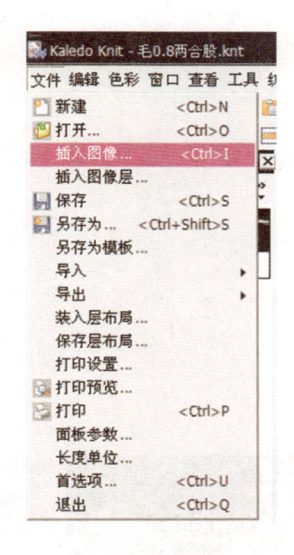

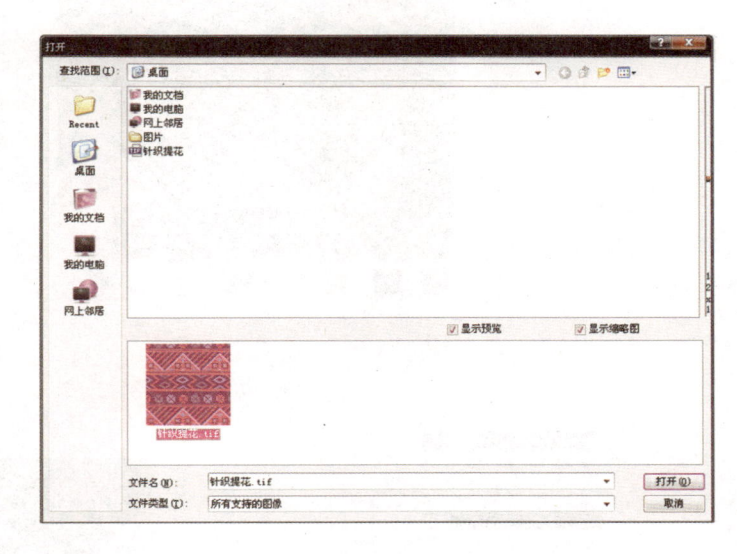

图 8-96　插入图像　　　　　　　　　图 8-97　打开图像

（4）完成：如图 8-98、图 8-99 所示，将图案对准针织模板，单击鼠标左键确定，然后再单击鼠标右键关闭插入图像。在"针织提花.tif"图像就被复制在针织模板的同时，【彩色纱线调色板】选项卡中色纱配置根据色彩数量自动生成，如图 8-100 所示。最终作品如图 8-101 所示。

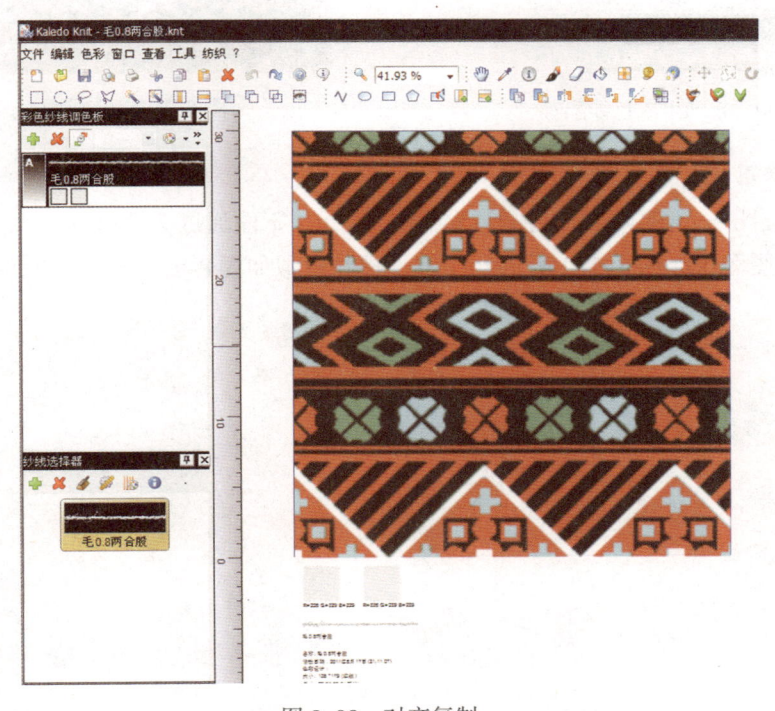

图 8-98　对齐复制一

245

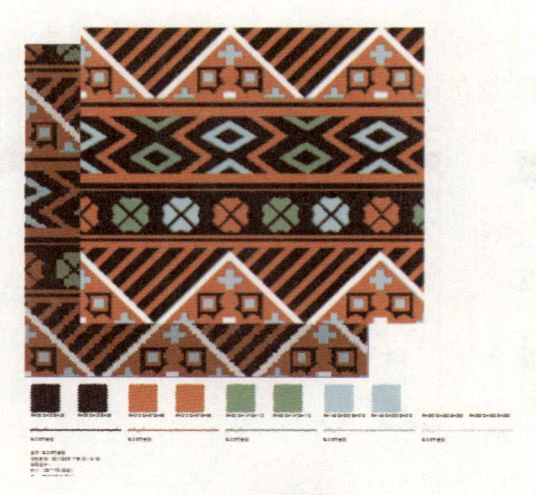

图 8-99　对齐复制二

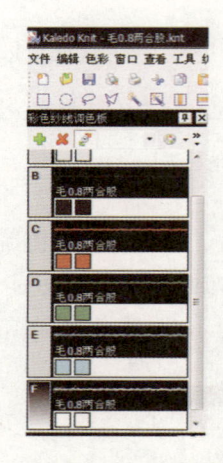

图 8-100　自动生成色纱配置　　　　　　　图 8-101　完成图

2. 插入图像层法

该法是将位图插入图像层进行描绘得到循环单元。下面通过案例讲解插入图像法的单/双面提花设计，位图图像如图 8-102 所示，单/双面提花模拟如图 8-103 所示。具体操作步骤如下：

图 8-102　位图真彩图像　　　　　　　　图 8-103　提花模拟效果

246

（1）打开模板：单击工具【打开】图标，将已保存的"毛0.8两合股"模板打开，如图 8-104 所示。

图 8-104　打开针织面料模板

（2）插入图像层：如图 8-105 所示，单击标题栏【文件】下拉菜单中的【插入图像层】，如图 8-106 所示，弹出打开窗口，打开"针织提花 2.jpg"。将图像层移动至织物模板中间位置。如图 8-107 所示，打开标题栏【窗口】下拉菜单中的【层管理器】选项卡。

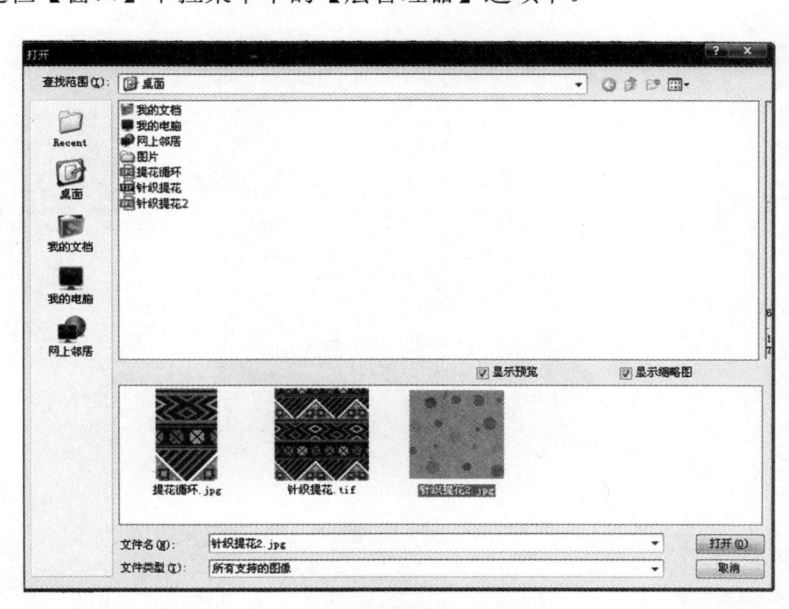

图 8-105　插入图像层　　　　　　　　　　图 8-106　打开位图真彩图像

247

▶针织服装设计与CAD应用

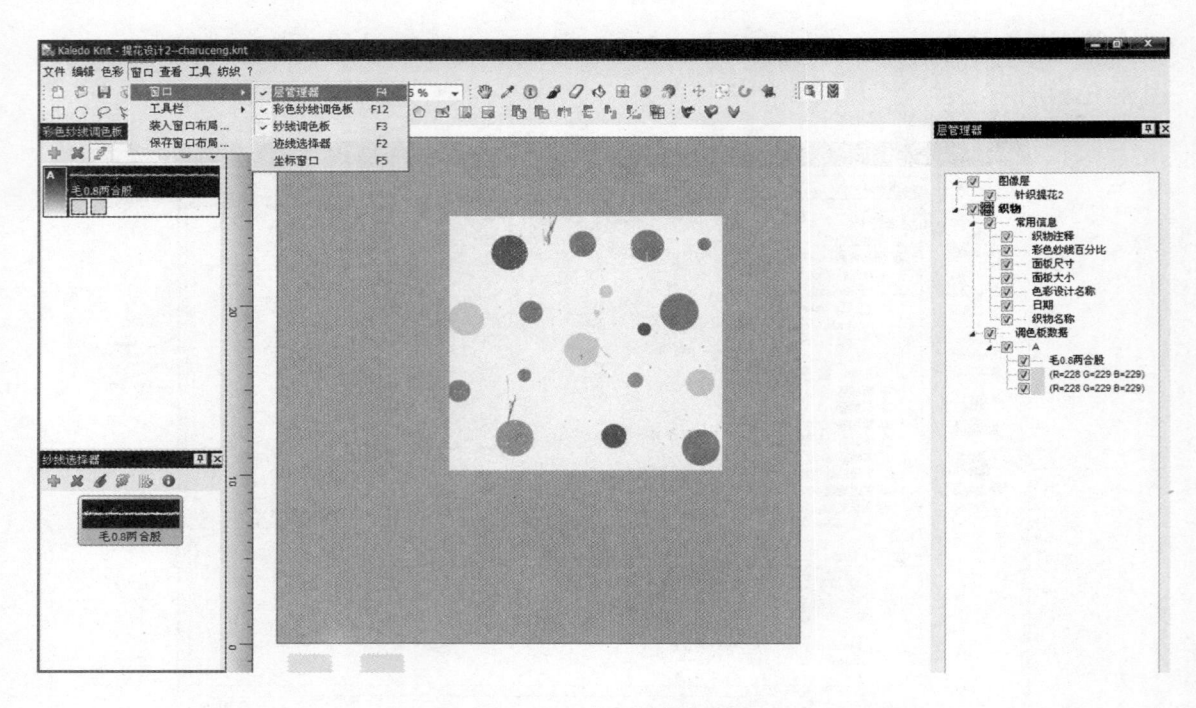

图8-107　打开层管理器

（3）改变透明度：单击【层管理器】选项卡中第一项【图像层】，上方即可出现【不透明性】，如图8-108所示，将滑动光标调至"0.31"。

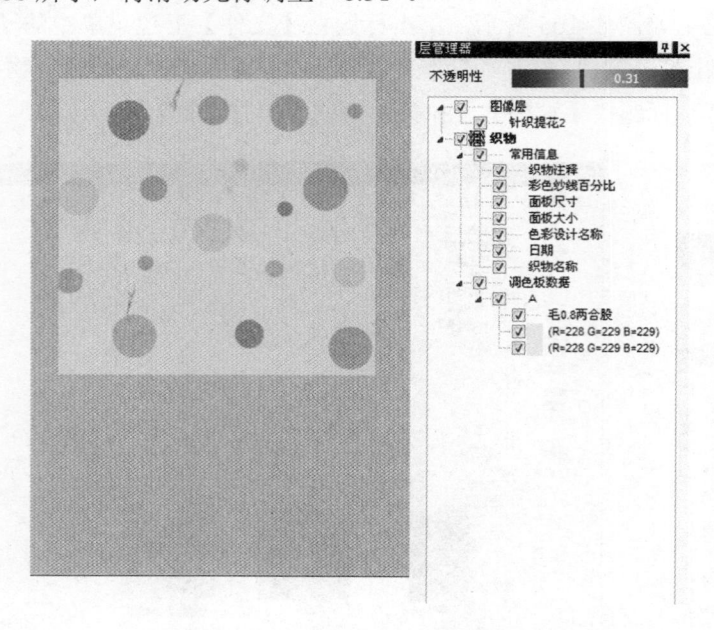

图8-108　改变透明度

（4）创建色纱：根据图像层色彩数量，在【彩色纱线调色板】选项卡中建立相应的色纱数。如图8-109所示，鼠标左键双击色纱色标，分别从潘通色库中填入设计所需要的颜色。

248

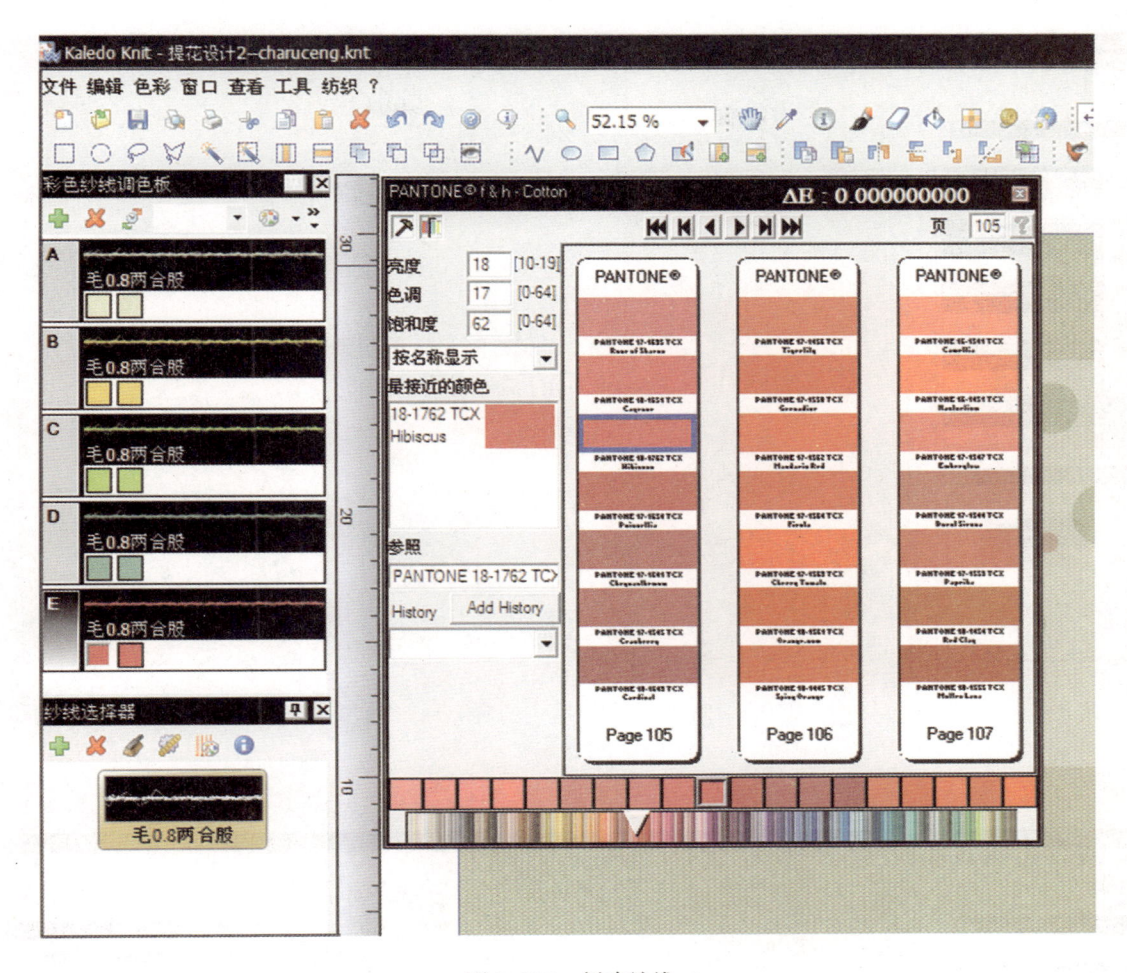

图 8-109 创建纱线

（5）绘制图案：如图 8-110 所示，首先确定色纱 A 作为底板色填充，然后选中【工具栏】中的【绘制椭圆】◯ 和【在填充/轮廓模式之间进行切换】，选定"色纱 E"，鼠标回到面板，在红色圆圈中心的位置点击鼠标左键配合 Shift+Alt 键画圆。因为针织物线圈的宽和高不等，所以在模板中很难画出正圆。以相同的操作步骤依次使用不同的色彩拓印出模板中所有的圆形，如图 8-111 所示。

（6）复制花型循环：如图 8-112 所示，首先勾选【层管理器】选项卡中第一项【图像层】，隐藏不需要的图像层，然后使用【矩形选择区域】图标 选定循环图案元素。点击【复制所选内容】和【粘贴复制多个所选项】，将循环花型移至织物模板左下角，点击左键确定，如图 8-113 所示，在弹出的对话框中输入横向和纵向的花型循环次数，点击确定完成循环，如图 8-114 所示。

（7）平板模式：由于 Kaledo Knit 设计软件模拟的是针织物的三维立体效果，因为纱线立体阴暗面的原因，模拟织物总体上要比实际颜色显灰，设计师可以通过标题栏【查看】下拉菜单中的【平板/仿真模拟】查看实际色彩，如图 8-115 所示。

249

▶针织服装设计与CAD应用

图 8-110　绘制圆形图案　　　　　　　　　　　　图 8-111　完成图案的拓印

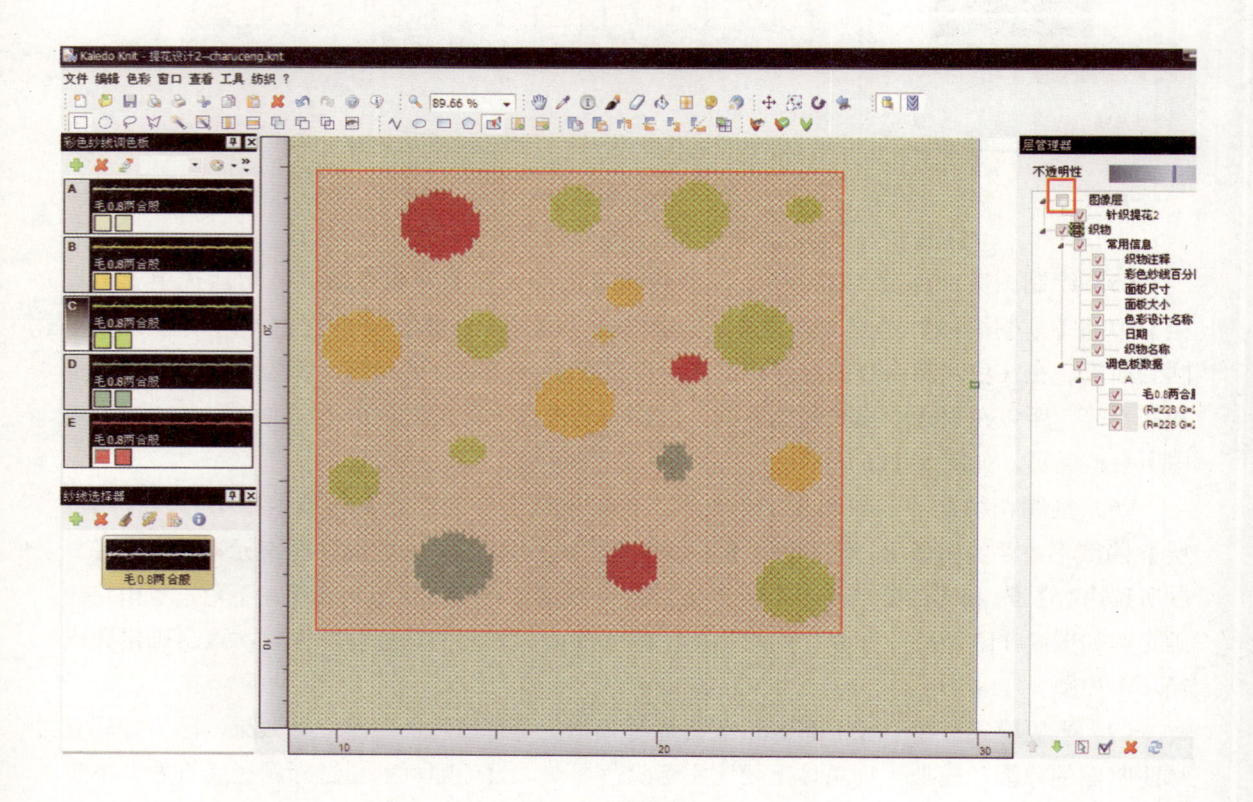

图 8-112　隐藏图像层

250

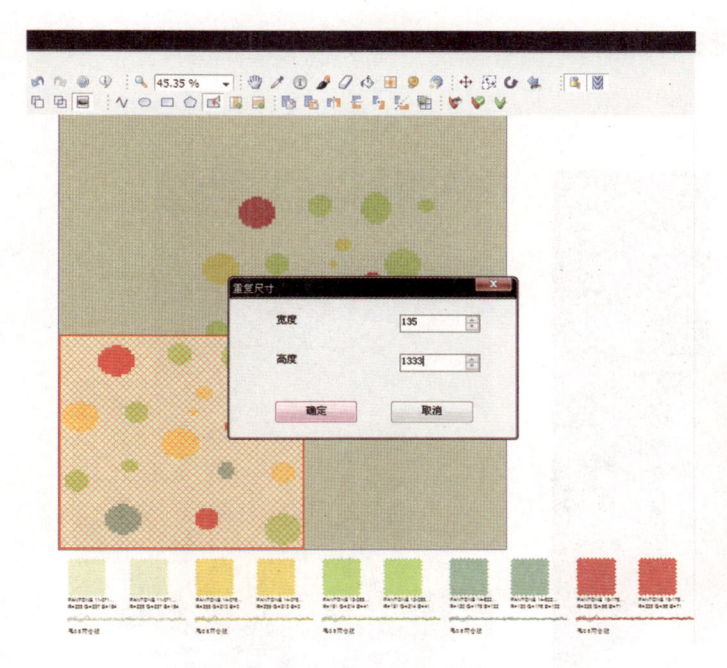

图 8-113 设置花型循环

图 8-114 完成图

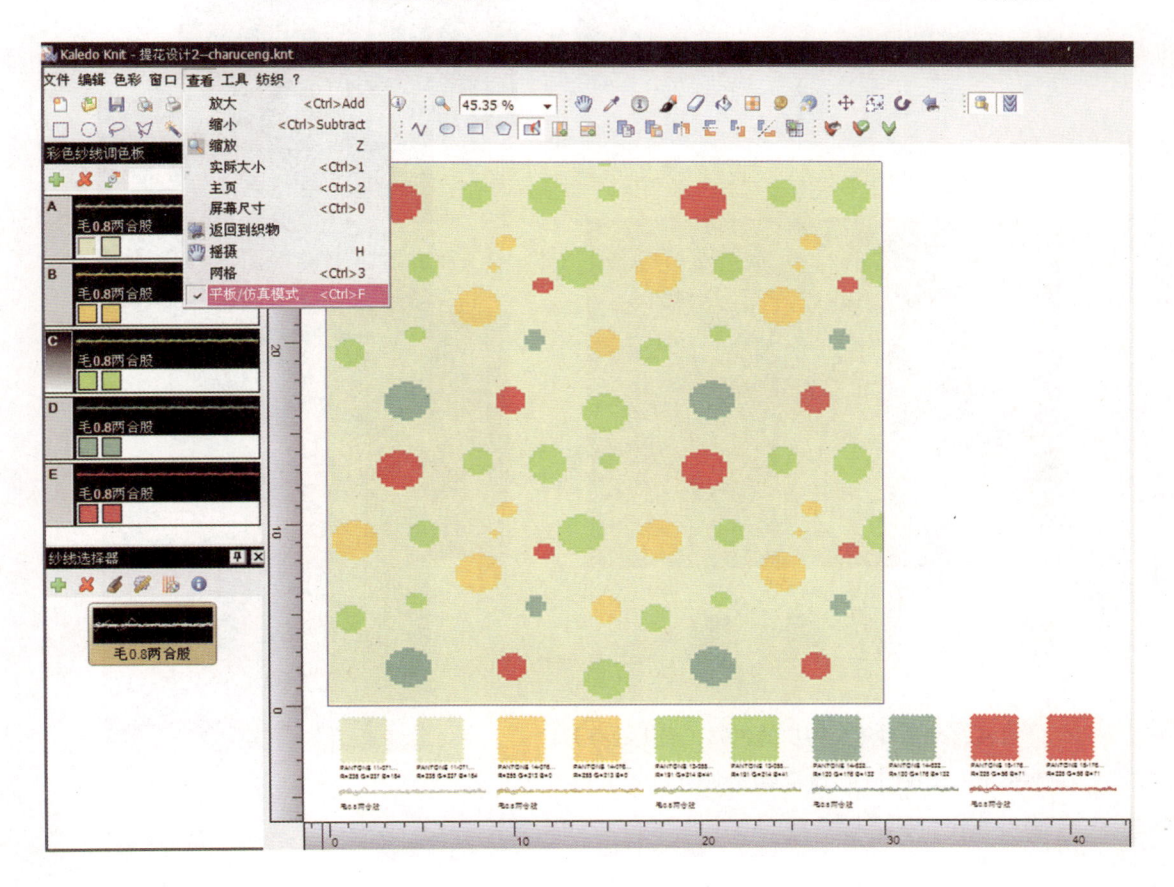

图 8-115 平板/仿真模拟切换

三、Kaledo Knit 针织服装设计作品欣赏

设计说明：

自然，又是自然！树皮的色彩，混土的芬芳！拿起铲子，让我们去播撒希望的种子！

图 8-116 色彩提花针织服装设计

第八章 Kaledo Knit设计方法 ◀

设计说明：

　　灵感来源于静卧树枝的瓢虫，天地万物于此时静止，时间在此刻驻足，它浸溶于大自然的清新亮丽，沉醉于大自然的宁静安然。幸福悄悄弥漫。面料主要采用正反面、挑花网眼以及绞花结构组织花型图案。

图 8-117　素色提花针织服装设计

253

▶ 针织服装设计与CAD应用

设计风格独特，外观时尚，织物组织结构简单，形成简约、优雅、时尚的织物风格。

■ —挑眼
■ —反针
□ —正针

图 8-118　素色男装针织毛衫设计

254

第八章　Kaledo Knit设计方法

不规则的图案设计，外观时尚、复古独具个性，体现幸福的牵连。

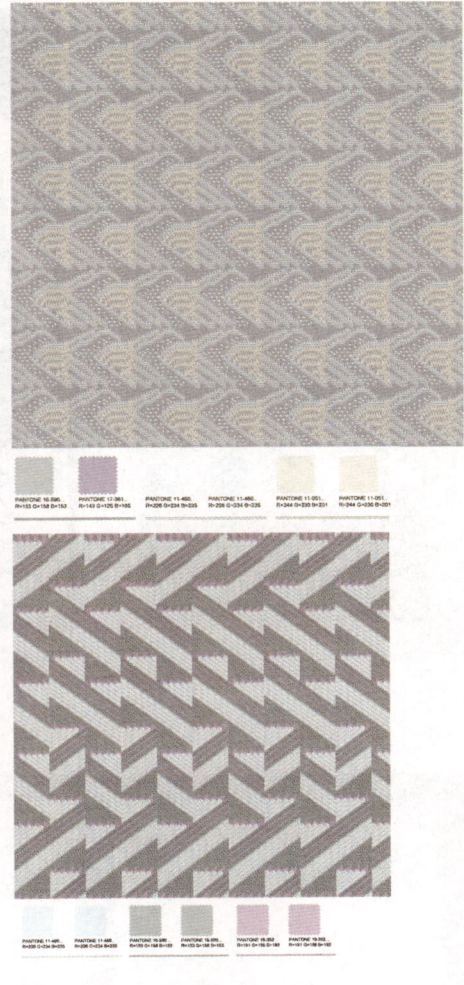

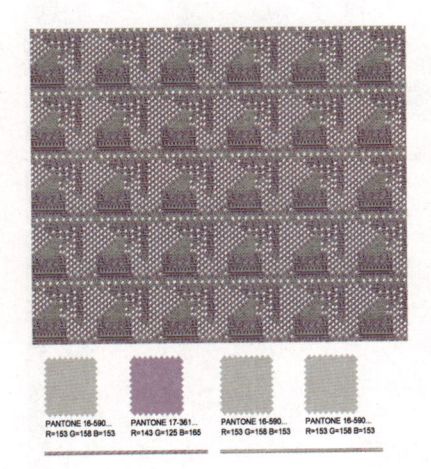

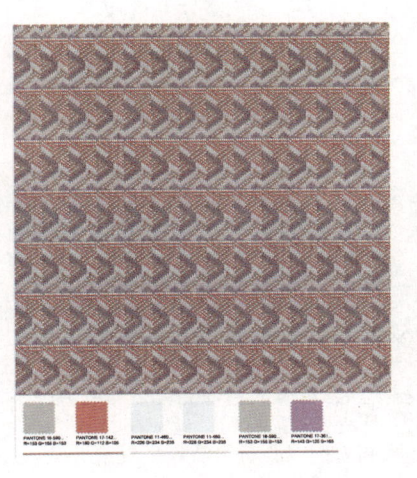

图 8-119　色彩提花男装针织毛衫设计

255

▶针织服装设计与CAD应用

以方格为主结构体现规规矩矩，方格外配以不规则的框架，像行云流水，寓意不受约束，狂放不羁。

图 8-120　双面提花针织女装设计

来自生活的点滴，容易被忽视，
也容易被遗忘，
有趣石子路，细雕的栏杆，镂空屏风……
但是却又最真切，最实在，
唤起人们内心对生活点滴真情
点点滴滴就是生活的奇迹

图 8-121　男装针织毛衫面料设计

☞ **练习题**

1. 使用 Kaledo Knit 设计软件，根据大自然中的肌理图片，设计 6 种素色针织面料。
2. 以海洋生物为主题，模拟设计 6 种针织面料，并且应用于针织服装效果图中。
3. 以世界某个民族为主题，设计一系列针织面料，并且应用于针织服装效果图中。
4. 学期成果作品——《羊绒针织系列产品开发》

主题：创新融合

设计要求：

a. 构思独特，时代感强，作品构成和谐。

b. 创新设计并充分考虑作品的穿着功能。

c. 贴近市场，具有潜在的商业价值。

作品要求：

a. 组品必须画在同一张效果图上。

b. 效果图尺寸为 400mm×600mm。

c. 色彩模式为 CMYK。

参考文献

[1] 荆妙蕾. 纺织品色彩设计[M]. 北京：中国纺织出版社，2004.
[2] 任夷. 服装设计[M]. 长沙：湖南美术出版社，2009.
[3] 李津. 针织服装设计与生产工艺[M]. 北京：中国纺织出版社，2005.
[4] 沈雷. 针织毛衫设计创意与技巧[M]. 北京：中国纺织出版社，2009.
[5] 石裕纯. 服饰图案设计[M]. 北京：中国纺织出版社，1997.
[6] 黄国松. 染织图案设计[M]. 上海：上海人民美术出版社，2005.
[7] 龙海如. 针织学[M]. 北京：中国纺织出版社，2004.
[8] 沈雷. 针织服装设计与工艺[M]. 北京：中国纺织出版社，2005.
[9] Г.М.Гусейнов,В.В.Ермилова,Д.Ю.Еримловаидр.Композиция костюм—М.,Издательскийцентр(Академия),2003.
[10] http://www.warpknitting.com.
[11] http://www.haibao.cn/fashion/.
[12] http://www.yfu.cn.

附录

针织专业术语对照

由于中国南北方差异,南北方地区在针织行业的专业术语不尽相同,和书面语也有一定差异,以下为读者列举一些,仅供参考。

针织专业术语对照

书面用语	企业用语
纬平针	单面、单边
满针罗纹	四平、双边
1行	1目、半专
添纱	盖面、双梭、吭毛、拉架
套针	拷针、平收
空气层	元筒、空转
罗纹空气层	四平空转
提花	拨花
工艺	吓数
作程序	制版
集圈	吊目、打花
密度	字码、度目、拉力
拉字码	拉目
牵拉梳	起底板
嵌花	引塔夏、挂毛
绞花	扭绳、麻花、拧麻花、绞八结
鸟眼	芝麻底
空气层双面提花	圆筒拨花
横条提花	三平拨花
抽条	坑条、正反针、正反组织、表里目、令士
下摆	下兰
贴边	门襟、附件
纱嘴	梭子头、喂纱器、导纱器

续表

书 面 用 语	企 业 用 语
滑块	梭箱（纱嘴上面与轨道摩擦的那块塑料）
波纹	扳花
纱罗	挑花
滑针	架空编织
单面有虚线提花	拨花
单面无虚线	挂
正针	前床织、面针
反针	后床织、底针
四平	前后床织
集圈	吊目、打花
挑孔	挑洞
正反针	令士、桂花目
分针	挑耳仔、挑半目
抽条	坑条、罗纹
柳条	双元宝、双鱼鳞
珠地	单元宝、单鱼鳞、玉米目
单面背后拉浮线提花	虚提、单面提花
后床1×1芝麻点提花	鸟眼
圆筒提花	空转提花、袋编提花
局部编织	引返
凸条	谷波
打样	画花、制版
起底	上梳